2022
Gansu Science&Technology Development Report

2022 甘肃科技发展报告

甘肃省科学技术厅 编

甘肃科学技术出版社

图书在版编目（CIP）数据

2022甘肃科技发展报告 / 甘肃省科学技术厅编． -- 兰州：甘肃科学技术出版社，2023.1
ISBN 978-7-5424-3025-0

Ⅰ．①2… Ⅱ．①甘… Ⅲ．①科学研究事业-研究报告-甘肃-2022 Ⅳ．①G322.742

中国国家版本馆CIP数据核字（2023）第002682号

2022甘肃科技发展报告
甘肃省科学技术厅 编

责任编辑　刘　钊
封面设计　孙顺利

出　版　甘肃科学技术出版社
社　址　兰州市城关区曹家巷1号
电　话　0931-2131572（编辑部）　0931-8773237（发行部）

发　行　甘肃科学技术出版社　　印　刷　甘肃城科工贸印刷有限公司
开　本　880毫米×1230毫米 1/16　　印　张　17.5　插　页　2　字　数　460千
版　次　2023年2月第1版
印　次　2023年2月第1次印刷
印　数　1~700
书　号　ISBN 978-7-5424-3025-0　　定　价　86.00元

图书若有破损、缺页可随时与本社联系：0931-8773237
本书所有内容经作者同意授权，并许可使用
未经同意，不得以任何形式复制转载

编 委 会

编委会主任：张世荣

编委会副主任：巨有谦　李兴华　朱晓力　何维华
　　　　　　　　　任贵忠　梁云升　王明学　吴志强

编委会成员（按姓氏笔画排序）：
　　　　　　　　马　锟　王　芳　王晓光　牛振明
　　　　　　　　成　于　吕　戈　刘叶梅　许瑞泉
　　　　　　　　杜　英　吴勇利　周晓云　庞一龙
　　　　　　　　夏宏伟　郭　涛　陶　涛　谢正团

主　　编：甘肃省科学技术厅

编　　辑：张爱宁　张小宁　程晓玲　付　英
　　　　　　　谢艳艳　周文霞　李睆玲

前 言

2021年，是"十四五"开局之年，也是构建新发展格局起步之年。面对新冠肺炎疫情的严重冲击，甘肃省科技系统落实了新时代科技改革发展的战略部署，坚决贯彻落实一手抓新冠肺炎疫情防控、一手抓经济社会发展的总要求，坚持"四个面向"，紧扣"三新一高"，聚焦优化科技创新生态，统筹推进重点创新平台建设、重大科技项目攻关、重要体制机制改革，持续提高创新供给质量，强化科技战略支撑，西部地区创新驱动发展新高地建设稳步开局。

统筹谋划科技创新，系统总结"十三五"时期创新型甘肃建设成效，编制《甘肃省"十四五"科技创新规划》，研究"强科技"行动实施方案，推动科技创新支撑和引领经济社会高质量发展。深化科技体制机制改革，制订《甘肃省科技成果评价办法》《甘肃省科研项目监督管理办法》《甘肃省高端人才引进扶持办法》等政策措施，规范科技成果评价工作。开展赋予科研人员职务科技成果所有权或长期使用权改革试点，重构科技管理制度体系。组织关键核心技术攻关，围绕新能源、新材料、石油化工、有色冶金、装备制造、生物医药、种质资源等领域，组织实施省级重大科技项目，启动实施振兴河西国家玉米繁育制种基地行动。搭建整合科技创新平台，获批省部共建干旱生境作物学国家重点实验室，获批3个国家野外科学观测研究站、2个国家级学科创新引智基地，增强创新源头供给。强化企业创新主体地位，在全国率先出台企业创新联合体管理办法，并在核技术、冶金及新材料、能源装备、绿色智慧交通等领域组建7家创新联合体，联合省内外近140家企业、高校院所开展产学研协同创新。积极践行科技惠民，在全国首创"双地"科技特派员帮扶机制，启动中西医结合防治新冠肺炎科研攻关，新认定国家临床医学研究中心分中心11家、省级临床医学研究中心22家。

2021年，甘肃省综合科技创新指数为53.71%，综合科技进步水平居全国第二梯队。全社会R&D经费投入达到129.47亿元，R&D投入占GDP的比例为1.26%。登记科技成果1618项，其中963项技术成果实现产业化应用，登记各类技术交易合同10 177项，技术合同成交额280.44亿元。高新技术企业数量达到1371家，科技进步对经济增长的贡献率达到56.42%。

蓝图已绘就，奋斗正当时。2022年，是党的二十大召开之年，也是深入实施"十四五"规划的关键之年。我们要以时不我待的紧迫感，责无旁贷的使命感，逐项对标"强科技"行动实施方案，争当"强科技"行动的"先锋队"和"排头兵"，确保在构建新发展格局中赢得先机主动，在高质量发展中实现争先进位。

编写组

2022年12月

目 录

综 合 篇

第一章 科技发展概况
- 第一节 国内外科技发展回顾 ………………………………………………… (3)
- 第二节 甘肃省科技工作概述 ………………………………………………… (9)
- 第三节 甘肃省科技创新水平 ………………………………………………… (17)
- 第四节 年度科技计划 ………………………………………………………… (35)

第二章 科技投入产出
- 第一节 科技活动投入 ………………………………………………………… (42)
- 第二节 专利发展情况 ………………………………………………………… (54)
- 第三节 技术市场 ……………………………………………………………… (62)
- 第四节 科技成果 ……………………………………………………………… (71)
- 第五节 科技论文 ……………………………………………………………… (105)

第三章 科技工作进展
- 第一节 兰州白银国家自主创新示范区和兰白科技创新改革试验区建设 ……… (112)
- 第二节 工业与高新技术领域科技进展 ……………………………………… (116)
- 第三节 农业农村领域科技进展 ……………………………………………… (118)
- 第四节 社会发展领域科技进展 ……………………………………………… (119)
- 第五节 基础研究工作进展 …………………………………………………… (122)
- 第六节 国际科技合作交流 …………………………………………………… (124)

第四章 科技创新环境
- 第一节 科技体制改革与政策 ………………………………………………… (127)
- 第二节 科技创新平台建设 …………………………………………………… (129)
- 第三节 科技创新人才 ………………………………………………………… (130)
- 第四节 大众创业万众创新 …………………………………………………… (133)
- 第五节 知识产权保护运用 …………………………………………………… (136)
- 第六节 科普工作 ……………………………………………………………… (138)

专 题 篇

新型研发机构建设进展

甘肃省新型研发机构科技创新进展概述 …………………………………………………… (145)
兰州大学白银产业技术研究院 ……………………………………………………………… (149)
甘肃省敦煌种业集团股份有限公司研究院 ………………………………………………… (152)
定西科技创新研究院 ………………………………………………………………………… (157)
甘肃重离子医院股份有限公司 ……………………………………………………………… (162)
甘肃长城电工电器工程研究院有限公司 …………………………………………………… (167)
兰州和盛堂药物研究院有限公司 …………………………………………………………… (172)
甘肃亚盛农业研究院有限公司 ……………………………………………………………… (175)
甘肃省商业科技研究所有限公司 …………………………………………………………… (179)
甘肃省中药现代制药工程研究院有限公司 ………………………………………………… (184)
兰州兰石能源装备工程研究院有限公司 …………………………………………………… (187)
兰州牧药所生物科技研发有限责任公司 …………………………………………………… (192)
甘肃省建材科研设计院有限责任公司 ……………………………………………………… (195)
甘肃省科学院磁性器件研究所 ……………………………………………………………… (198)
甘肃汇瑞发酵技术研究院有限公司 ………………………………………………………… (203)
临夏燎原乳业产业研究院有限公司 ………………………………………………………… (207)

研 究 篇

科技支撑甘肃"四强"行动主要路径研究 ……………………………………… 王华存 (215)
国家科技计划管理改革及对甘肃省的启示 ……………………………………… 丁明磊 (224)
"双碳"视域下甘肃新能源产业创新发展策略研究
　…………………………………………………… 马士聪　徐浩田　王铁柱　罗　魁 (233)
甘肃省新材料产业高质量发展研究与思考
　………………………………………… 周旗钢　李志辉　赵鸿滨　熊柏青　屠海令 (243)

科技大事记

科技大事记 …………………………………………………………………………………… (259)
附　录 ………………………………………………………………………………………… (269)
主要参考文献 ………………………………………………………………………………… (270)
后　记 ………………………………………………………………………………………… (272)

Contents

Comprehensive Chapter

Chapter 1 Overview of Scientific and Technological Development
Section 1 Review of the Development of Science and Technology at Home and Abroad ……… (3)
Section 2 Summary of Scientific and Technological Work in Gansu Province ………… (9)
Section 3 Innovation Level of Scientific and Technological in Gansu Province ………… (17)
Section 4 Annual Programs of Science and Technology Projects ………………………… (35)

Chapter 2 Science and Technology Input–Output
Section 1 Input of Scientific and Technological Activities ……………………………… (42)
Section 2 The Patent Development ……………………………………………………… (54)
Section 3 Technology Market …………………………………………………………… (62)
Section 4 Science and Technology Achievements ……………………………………… (71)
Section 5 Scientific Papers ……………………………………………………………… (105)

Chapter 3 Science and Technology Work Progress
Section 1 Construction of Lanzhou Baiyin National Independent Innovation Demonstration Zone and Lanbai Science and Technology Innovation Reform pilot Zone ……………… (112)
Section 2 Scientific and Technological Progress in the Field of Industry and High Technology … (116)
Section 3 Scientific and Technological Progress in Agricultural and Rural Areas ………… (118)
Section 4 Scientific and Technological Progress in the Field of Social Development ……… (119)
Section 5 Science and Tchnology in the field of Basic Research Progress ……………… (122)
Section 6 International Cooperation and Exchanges of Science and Technology ………… (124)

Chapter 4 Science and Technology Innovation Environment
Section 1 Reform and Policy of Science and Technology System ……………………… (127)
Section 2 Construction of Science and Technology Innovation Platform ……………… (129)
Section 3 Science and Technology Innovation Talents ………………………………… (130)
Section 4 Mass Entrepreneurship and Innovation ……………………………………… (133)
Section 5 Protection and Application of Intellectual Property Rights ………………… (136)
Section 6 Popularization of Science …………………………………………………… (138)

Special Articles

Progress in the Construction of New Research and Development Institutions
Overview of Scientific and Technological Innovation Progress of New Research and Development Institutions

in Gansu Province	(145)
Lanzhou University Baiying Institute of Technology	(149)
Research Institute of Gansu Dunhuang Seed Group Corporation Limited	(152)
Dingxi Science and Technology Innovation Research Institute	(157)
Gansu Heavy Ion Hospital Corporation Limited	(162)
Gansu Great Wall Electrical Engineering Research Institute Corporation Limited	(167)
Lanzhou Hesheng Tang Pharmaceutical Research Institute Corporation Limited	(172)
Gansu Yasheng Agricultural Research Institute Corporation Limited	(175)
Gansu Commercial Science and Technology Research Institute Corporation Limited	(179)
Gansu Modern Pharmaceutical Engineering Research Institute of Traditional Chinese Medicine Corporation Limited	(184)
Lanzhou Lanshi Energy Equipment Engineering Research Institute Corporation Limited	(187)
Lanzhou Institute of Animal Husbandry and Pharmacy Biotechnology Research and Development Corporation Limited	(192)
Gansu Building Materials Academy Corporation Limited	(195)
Institute of Magnetic Devices in Gansu Academy of Sciences	(198)
Gansu Huirui Fermentation Technology Research Institute Corporation Limited	(203)
Linxia Liaoyuan Dairy Industry Research Institute Corporation Limited	(207)

Research Papers

Science and Technology Support the Research on the Main Path of Gansu's "Strengthening Science and Technology, Industry, Provincial Capital and County" Actions	(215)
The Management Reform of National Science and Technology Plan and the Enlightenment to Gansu Province	(224)
Research on the Innovative Development Strategy of Gansu's New Energy Industry from the Perspective of "Carbon Peak and Neutrality"	(233)
Research and Thinking on High-Quality Development of New Material Industry in Gansu Province	(243)

Science and Technology Events

Science and Technology Events	(259)
Appendix	(269)
References	(270)
Afterwards	(272)

综合篇

第一章 科技发展概况

第一节 国内外科技发展回顾

2021年，新冠肺炎疫情形势依然不容乐观，人类社会面临的共同危机引起了各国的广泛关注，许多问题注重向科技寻求解决方案，开展国际科技合作的必要性和主动性更加强烈。科技进一步塑造世界地缘政治格局，创新竞争已成为国家竞争的战略重点，各国将科技创新作为推动结构性改革的核心，加大了基础研究的投资力度。重点布局科技产业和未来产业，以抢占未来技术制高点，科学技术竞争空前激烈。科技竞争也在推动新一轮科技革命和产业变革持续深入，全球技术创新保持活跃，技术研究领域交叉重叠现象明显，人工智能、量子科技、信息工程、先进制造、新材料、新能源、医药健康、生物技术等前沿技术领域取得新进展，为未来经济增长持续培育新动能。

一、科技创新能力

全球主要创新型国家继续保持科技创新的领先优势，中美等大国综合创新能力基本保持稳定，东方国家创新能力提升显著，世界创新核心区域呈现东移趋势。

《2021年全球创新指数报告》由世界知识产权组织发布，它是衡量一个经济体创新表现的重要参考工具。全球创新指数从创新投入、创新产出两个方面，通过制度、人力资本与研究、基础设施、市场成熟度、商业成熟度、知识与技术产出、创意产出等七大类81项指标，对全球132个经济体的综合创新能力进行系统衡量。结果显示：瑞士连续11年位居榜首，其次是瑞典、美国、英国、韩国。中国位列第12位，较上年度上升2位，位居中等收入经济体首位，超过日本、以色列、加拿大等发达经济体；韩国由2020年的第10位跃身2021年的第5位，上升趋势明显。全球创新指数组织高度评价中国在创新方面取得的进步，并强调了政府决策和激励措施对于促进创新的重要性。在"国内市场规模""提供正规培训的公司占比""本国居民专利申请量""本国居民实用新型申请量""高技术出口额占比""本国居民工业品外观设计申请量"和"创意产品出口在贸易总额中的占比"7项细分指标上中国位列全球第1，"全球研发公司"等7项指标位列全球前5，体现了中国部分创新指标已经进入了全球领先行列。中国有19个创新集群进入全球创新集群百强，仅比美国少5个，位列第2名。其中，深圳-香港-广州稳居第2位，北京上升至第3位，苏州、青岛、上海、南京、杭州等多地排名较上年度不同程度上升。区域创新能力建设取得显著成效，新的创新增长极正在加速形成。

《2021年度世界竞争力报告》由瑞士洛桑管理学院发布，对纳入评选的全球共63个经济体根据"经济表现""政府效率""营商效率"以及"基础建设"4项竞争力因素260个指标进行评估排名。本年度排名中，中国香港、瑞士、新加坡、美国、荷兰、爱尔兰、丹麦、卢森堡、瑞典以及阿联酋等分列前10位。中国从上年度第25位跃升至第18位，并且在人均国内生产总值不足2万美元的经济体中竞争力排名最高，"经济表现"指标高居全球第二位，在该竞争力因素下的"内部经济"和"就业"两项分指数中更是排名全球首位。

二、科技创新战略与政策

科技创新竞争空前激烈，世界各国加快调整科技创新领域布局，力求通过科技创新突破，实现突围发展。中国制订各项近中远结合科技创新战略规划布局，为今后科技发展指明方向。

[中国]　中国国家主席习近平在中国科学院第二十次院士大会、中国工程院第十五次院士大会和中国科学技术协会第十次全国代表大会上提出"加快建设科技强国，实现高水平科技自立自强"，为加快建设科技强国锚定了新的坐标。2021年3月《中华人民共和国国民经济和社会发展第十四个五年规划和2035年远景目标纲要》正式发布，把科技放在重要位置，提出坚持创新驱动发展，全面塑造发展新优势，强化国家战略科技力量，提升企业技术创新能力，激发人才创新活力，完善科技创新体制机制。2021年11月中央全面深化改革委员会第二十二次会议审议通过了《科技体制改革三年攻坚方案（2021—2023年）》，目的是从体制机制上增强科技创新和应急应变能力，加快建立保障高水平科技自立自强的制度体系，提升科技创新体系化能力。科技部等九部门研究制订《科技支撑碳达峰碳中和实施方案》，统筹提出支撑2030年前实现碳达峰目标的科技创新行动和保障举措，并为2060年前实现碳中和目标做好技术研发储备，为全国科技界以及相关行业、领域、地方和企业开展碳达峰碳中和科技创新工作起到指导作用。

[俄罗斯]　俄罗斯总统普京提出将2021年作为"俄罗斯科技年"，俄罗斯政府已为该项目拨款100多亿卢布，所有项目计划于2025年前完成。俄罗斯总理米舒斯京批准了"2021年至2030年前基础科学研究计划"，主要任务是建立有效的科学研究管理体系，建立科学创造的自由环境、公平公正的竞争，提升俄罗斯科学地位并吸引外国合作伙伴，传播和普及科学知识，建立突破性科研结果资源库，促进大学和实体经济融合，政府将为该任务提供超过2.1万亿卢布的经费支持。

[美国]　美国参议院于2021年6月通过《2021年美国创新与竞争法案》，将科技投入上升为国家战略，该法案主要由1个拨款方案和4个相互独立的法案构成，拟投资1900亿美元于芯片、锂电池、人工智能、量子等关键技术，约400亿美元将用于进行升级研究设施。美国总统拜登和日本前首相菅义伟同意共同投资45亿美元，开发被称为6G或"超越5G"的下一代通信技术。美国《2022财年国防授权法案》批准科技研发费用147亿美元，重点投资微电子、高超声速、人工智能和5G等"先进能力赋能器"技术。

[欧盟]　欧盟2022财年研发和创新投入约131亿欧元，设立欧洲创新理事会，并计划在未来7年

额外投资逾100亿欧元于自我感知人工智能、细胞和基因治疗、绿氢和活性材料等绿色、数字和健康技术。欧盟发布《2030年数字指南针》，在数字人才培养、数字基础架构构建和数字化升级等方面做出具体部署。

[德国] 德国推出了《德国可持续发展战略——继续前行2021》，对评选出的7个"未来创新集群"在十年资助4.5亿欧元，未来7年将7.8亿欧元用于"价值未来"中长期研究计划，以保持"德国制造"的领先优势，到2025年将追加资助超过2000万欧元强化极地研究，设立100亿欧元的"未来资金"在各个投资阶段为初创企业提供支持。

[法国] 法国于2021年10月发布"法国2030"规划，计划在关键产业投资300亿欧元，着重针对颠覆性技术研发，以期提振法国工业竞争力，提高经济增长能力。该规划重点关注包括新能源、环保、农业、生物医药、食品安全、文化、航天及海洋等多个领域。

[韩国] 韩国前总统文在寅提出了2030年成为综合半导体强国的国家目标，宣布升级国家半导体创新战略，计划10年内投入510万亿韩元建设芯片制造基地，并提供税收、贷款、人才培养等全方位支持。韩国科学技术信息通信部发表5G融合服务战略。韩国国会正式通过《碳中和与绿色增长法》，要求2030年温室气体排放量在2018年的水平上减少35%或更多，使韩国成为第14个承诺到2050年实现碳中和的国家。韩国政府确定了"碳中和技术创新推进战略"，明确了十大核心技术和技术确保战略，并制订了总规模6.7万亿韩元的"碳中和产业核心技术开发项目"的预备妥当性调查企划案。

[英国] 英国首相鲍里斯·约翰逊2021年1月初宣布组建国家网络部队，以加强英国网络防御和进攻能力；英国政府成立由世界杰出科学家领导的高级研究与发明局，政府将在未来4年提供8亿英镑资助高风险、高回报、有快速转化的科学研究。英美两国元首于2021年6月会晤并且签署新《大西洋宪章》，推动其在供应链安全、电池技术、人工智能技术、数字技术标准建设、开发量子和6G等未来技术等方面的合作。英国发布《英国创新战略：创造未来 引领未来》，旨在通过做强企业、人才、区域和政府四大战略支柱，打造卓越创新体系。

[日本] 日本政府2022年科技预算申请达到4.4704万亿日元，较上年增加7.9%，重点投资人工智能、大数据、物联网、量子技术、太空技术等领域。设置了国际先导研究科目，用于推进国际联合研究。申请了约66亿日元预算用于建设和强化世界顶级疫苗研发基地。日本将创建经济安全保障重要技术培育项目，推进AI和量子技术等重要领域尖端技术研究开发。日本通过了《数字改革关联法》，成立数字厅，促进政府机构的信息化与标准化。

[南非] 南非政府2021年5月批准了科创部《科学、技术和创新十年计划草案》，该草案是南非政府《2019年科技创新白皮书》的实施计划，重点支持的发展领域包括生物技术、空间科学与技术、能源、知识产权管理、纳米技术、机器人、光子学以及其他技术融合领域。南非加大了新冠相关科研基础设施投资力度，以推进基因组学、流行病学、疫苗制造及相关领域研究工作；提倡鼓励通过现有创新成果利用，促进经济发展。

[澳大利亚] 澳大利亚政府于2021年11月发布《关键技术蓝图》及配套行动计划，明确了先进

材料与制造，人工智能、计算与通信，生物技术，基因技术与疫苗，能源与环境，量子技术，传感、授时与导航，交通、机器人与太空等七大领域的63项关键技术，阐明了发展和保护关键技术有关措施，推动关键技术为澳大利亚经济发展和国家安全服务。

〔巴西〕 巴西制订了5G网络实施战略、国家物联网推进计划等一系列科技创新战略与政策，确定生物技术、绿色能源、信息技术为今后科研创新的关键领域，着力推动与美欧日等传统科技强国的双边科技合作、金砖国家合作机制下的多边合作等一系列国际科技创新合作。持续推进东北部中心、大西洋沿岸热带雨林中心、湿地中心和水资源中心等战略技术中心建设。

三、重点产业领域前沿技术

世界各国加强对前沿技术的探索和应用，重点产业领域新技术不断涌现，基础研究取得重要进展，信息技术、智能制造、生物医学、新材料、能源环保等领域高度交叉、深度融合，航空航天、海洋探索领域不断取得新突破，正在深刻影响未来科技与产业发展。

基础研究领域前沿不断拓展。中国科学家和美国费米国家实验室联合进行缪子反常磁矩实验，以更高的测量精度揭示了缪子的行为与标准模型理论预测不相符，为新物理的存在提供了强有力证据。中国科学院国家天文台使用"中国天眼"FAST成功捕捉到FRB 121102的极端活动期，首次展现了FRB的完整能谱，深入揭示了FRB的基础物理机制。俄罗斯在贝加尔湖启用了北半球最大的深水中微子望远镜"Baikal-GVD"，用于记录来自天体的超高能中微子流，研究地球物理学、水文学和淡水生物学现象。加拿大国家粒子加速器中心在欧洲核子研究组织粒子物理实验室进行了ALPHA-2反氢捕获实验，研究产生了迄今为止温度最低的反物质，有助于在未来加深对反物质的研究。美国康奈尔大学Muller团队使用叠层成像技术捕捉到了迄今为止最高分辨率的原子图像，这使得研究人员能够更加清晰地观察更稠密的原子样本，并获得更好的分辨率。美国科学家团队重现了存在于太阳核心的极端温度和压力，利用强大的激光脉引发了燃料丸的核聚变爆炸，产生了1.35MJ（兆焦）能量，在无限聚变能源的道路上迈出了一大步。英国企业研发出一个机器学习框架，能帮助数学家发现新的猜想和定理，这是计算机科学家和数学家首次使用人工智能来帮助证明复杂数学领域的新定理。

信息技术领域融合延伸。中国实现500km量级现场光纤量子通信，刷新世界纪录。中国开发出"祖冲之二号"与"九章二号"量子计算机，在超导与光量子计算机领域达到世界领先水平。俄罗斯莫斯科国立心理与教育大学开发出一种独特的系统，可以在"凝视"下用"意念"来控制计算机，该系统建立在读取大脑磁场的原理之上，能帮助残疾人使用计算机。美国马里兰大学、Adobe公司和中国字节跳动AI实验室研究人员联合创建出PaintBot算法，能够复制艺术大师的作品。美国华盛顿大学和英国DeepMind公司联合开发出高精确的蛋白质结构预测程序RoseTTAFold，可以预测蛋白质和一些分子复合物的精确三维原子结构和蛋白质之间结合形式，有助于帮助研究人员确定关键生物学信息，从而更好开展药物研发。德国埃尔朗根-纽伦堡大学实现超高像素3D点云合成成像，有望为虚拟现实等应用拓展边界。德国实现纠缠光子无损检测，成功地两次检测到单个光子在光纤中的运动而不产生破坏。英国通过量子传感器实现对人脑神经元的高精度检测。澳大利亚国际射电天文学研究中心和西澳大利亚大学等机构的研究人员将相位稳定技术与先进的自导向光学终端相结合，创造了在大气层中最稳定传输激光信号的世界纪录。韩国研究人员研发出模仿人类大脑突触结构的"神经形态"半导体，能够以类似于人类思维过程的方式处理信息，并以超低功耗执行人工智能技术。

智能制造领域进展显著。中国中科院上海微系统所陶虎团队与上海交通大学合作，开发出基因重组蜘蛛丝蛋白光刻胶，其优异的机械强度和良好的生物相容性可进一步助力可载药、可驱动、可降解的4D纳米功能器件开发，在智能仿生感知、药物递送纳米机器人、类器官芯片等研究领域具有明确的应用前景。浙江大学李铁风等从深海狮子鱼提取仿生灵感，揭示了深海极端压力条件下软机器人功能器件破坏及驱动失效的内在机制，研制的自供电软机器人实现了10 900m海底深潜和驱动，该研究大幅降低了深海机器人的重量及经济成本。德国弗劳恩霍夫生产技术和应用材料研究所与爱立信联合测试一种超可靠、低延时通信的5G传感器技术，能够精确检测机床故障。英国汽车电池制造商Hyperbat公司通过与英国电信、爱立信、英伟达合作，将全球首个"5G虚拟现实数字孪生解决方案"应用于混合动力和电动汽车生产制造过程。英国拉夫堡大学开发出"材料处理挤出增材制造"（MaTrEx-AM）的混合方法，该方法可通过改变丙酮的使用量和使用位置来控制零件的变形方式等机械性能，为材料成型能力增加了新的维度。美国劳伦斯·伯克利国家实验室和加州大学伯克利分校开发出"3D生长"增材制造技术，可控制晶体材料结晶形成所需结构，该技术有望在纳米级微调电子和光学设备的制造方面提供更高精度。

能源环保领域不断探索。美国斯坦福大学和比利时鲁汶大学的研究团队提出了一种新的分子机制，能在室温下将甲烷转化为甲醇，这将比天然气和纯氢更容易储存和运输，并大大减少甲烷的排放量，带来显著的环境效益。法国领衔的国际研究团队借助卫星观测对全球所有近22万个冰川的厚度及质量变化进行了首次完整而精确的测绘分析。德国弗劳恩霍夫下属的太阳能研究所实现硅基太阳能电池双面接触26%的功效纪录。英国玻璃企业皮尔金顿在利物浦市的圣海伦斯工厂启动了使用100%氢气生产浮法玻璃的试验，旨在测试氢在制造业中取代化石燃料方法。日本海洋研究开发机构与丰桥技术科学大学发现在北冰洋科研航海中采集的一种定鞭藻类浮游植物"Dicrateria rotunda"具有与石油相当的饱和碳氢化合物合成能力，该成果有助于实现生物燃料开发。日本东京都立大学开发出可回收空气中二氧化碳，且吸收效率最大能达到目前二氧化碳捕集物质10倍的方法。

生物医药领域成绩斐然。清华大学娄智勇、饶子和与上海科技大学高岩等发现并重构了病毒"加帽中间态复合体""mRNA加帽复合体"和"错配校正复合体"，揭示了新冠肺炎病毒转录复制机器的完整组成形式，为发展新型、安全的广谱抗病毒药物提供了全新靶点。奥地利科学院生物学家和团队使用人类多能干细胞培养出芝麻大小的心脏模型，这项进展使得科学家能创造出迄今为止最真实的心脏类器官，为制药公司将更多药物引入临床试验提供了可能。英国伦敦大学研究人员发现CRISPR技术能使一种突变基因失活，这项研究在能够灭活、修复或替换身体任何部位的致病基因方面迈出了关键的一步。美国加州大学伯克利分校将两种不同类型的CRISPR酶相结合，创造出快速检测新冠病毒RNA的新方法。美国多所大学联合发现了一种全新的生物繁殖方式，并创造出可进行自我复制多代的活体机器人，该技术有望用于精准的药物递送，自我复制能力或可为出生缺陷、对抗创伤、癌症与衰老提供开创性的解决思路。美国德克萨斯大学达拉斯西南医学中心研究人员使用人类多能干细胞分化诱导出人类早期胚胎样结构，能正确表达相应的基因与蛋白，并且可在体外发育2~4d，该项研究能够帮助深入研究胚胎的早期发育，了解人类早期重大疾病造成的流产、畸形儿、女性受孕障碍等现象，并寻找可行的解决方案。美国和西班牙开发出将信息直接发送到大脑视觉皮层的"人工视觉脑"，帮助盲人获得基本视觉。韩国大邱庆北科学技术院开发出由干细胞制成的微型机器人，可绕过血脑屏障通过鼻子进入大脑。瑞典查尔姆斯理工大学开发出生成式深度学习方法ProteinGAN，有助于快速开发基于蛋白质的药物和疫苗。俄罗斯科学院神经研究所开发出可帮助盲人看清物体的大脑皮层神经植入物。

新材料领域多点突破。复旦大学彭慧胜、陈培宁等发现纤维锂离子电池内阻与长度之间独特的双曲余切函数关系，在此理论指导下构建的纤维锂离子电池具有优异且稳定的电化学性能，能量密度较过去提升了近2个数量级，而稳定性和安全性更加优异，并建立起世界上首条纤维锂离子电池生产线。中国科学院天津工业生物技术研究所马延和等在实验室采用模块化反应适配与蛋白质工程手段实现了从二氧化碳和氢气到淀粉分子的人工全合成。中国浙江大学、香港城市大学和韩国IBS低维碳材料中心共同开发了一种冷缩法制备大面积独立支撑超薄石墨烯纳米膜的方法，可以实现从基片上分离大面积氧化石墨烯组装纳米薄膜。美国麻省理工学院通过机器学习优化具有韧性和抗压强度等多种性能的新型3D打印材料，将加速新材料的研发进程。美国劳伦斯·伯克利国家实验室利用新技术改进用于辅助反应的铜催化剂的表面，提高了二氧化碳向液体燃料的转化效率。日本东京大学联合开发了一种工艺，通过回收废弃混凝土并将其与捕获的二氧化碳结合来制造新的碳酸钙混凝土。澳大利亚新南威尔士大学在室温下使用液态镓将二氧化碳转化为氧气和高价值的固体碳产品，未来可用于电池、建筑或飞机制造。俄罗斯量子中心科研人员首次在室温下获得了磁性超导材料，借助该技术，未来可创建不需要复杂、昂贵冷却装置的量子计算机。韩国首尔国立大学受自然界变色龙的"伪装"启发，将热致变色液晶层与垂直堆叠的、图案化的银纳米线加热器集成在多层结构中，制造出"人造变色龙皮肤"，并制作了一个软体机器人进行演示实验。德国亥姆霍兹柏林能源与材料研究中心发明了一种放置在硅和钙钛矿中间的自组装甲基单层膜材料，提高了填充性能以及太阳能电池的稳定性，并创造了钙钛-硅串联太阳能电池效率的世界纪录。英国剑桥大学的研究人员创造出一种基于植物的、可持续的、可伸缩的聚合物薄膜，可以取代一次性塑料并能在自然环境中安全降解。

航空航天领域成果丰硕。中国天问一号探测器成功着陆于火星乌托邦平原南部预选着陆区，首次火星探测任务着陆火星取得成功，中国成为第二个成功着陆火星的国家。中国神舟十二号载人飞船发射成功，实现天和核心舱首次与载人飞船进行交会对接。神舟十三号载人飞船发射成功，实现了中国载人飞船在太空的首次径向交会对接。中国科学院地质与地球物理研究所和国家天文台利用超高空间分辨率的定年和同位素分析技术对嫦娥五号月球样品玄武岩进行了精确的年代学、岩石地球化学及岩浆水含量的研究，大幅提高内太阳系星体表面撞击坑定年的精度，揭示采样月幔源区并不富含放射性生热元素和水，对未来的月球探测和研究提出了新的方向。俄罗斯开创太空拍摄电影并重启太空旅游，利用"联盟MS-19"飞船将两名电影工作者送入国际空间站并停留12d以拍摄影片，用"联盟MS-20"飞船将2名日本游客送至国际空间站，并停留12d后安全返回。法国泰雷兹、Drones-Center和ZenT公司利用一架由氢燃料电池技术驱动的无人机联合完成了演示飞行测试。美国科学家设计出一种新型聚变火箭，较当前使用技术将使人类奔赴火星的速度快10倍。美国NASA的"朱诺"号探测器到达木卫三仅1038km处。"帕克"太阳探测器发射三年后，于2021年4月28日到达太阳大气的最外层（日冕），并停留了5h。

海洋领域持续深化拓展。美国"阿尔文号"载人深潜器完成改造，下潜能力提高到6500m。中国"海斗一号"自主遥控潜水器成功在10 000m海底执行10h探测任务。法国研制的水下自主滑翔器可自主测量1000m深水流速度。俄罗斯投资约717万美元研发具有高度自主性的先进无人潜航器，其或将在1000m水下自主运行至少24h。德国推出新型海底采矿装备，可降低深海采矿对深海环境的影响。日本研发出全球首套商业化深海稀土采矿系统，可在6000m海底进行稀土采矿作业。

第二节 甘肃省科技工作概述

一、2021年科技工作回顾

2021年，是"十四五"开局之年，也是构建新发展格局起步之年。在甘肃省委省政府的坚强领导下，甘肃省科技厅认真学习贯彻党的十九届六中全会精神，坚持"四个面向"，紧扣"三新一高"，聚焦优化科技创新生态，统筹推进重点创新平台建设、重大科技项目攻关、重要体制机制改革，持续强化科技战略支撑，甘肃省科技工作实现"十四五"良好开局。

（一）坚持系统观念，突出科技创新统筹谋划

以习近平新时代中国特色社会主义思想为指导，深入践行习近平总书记关于科技创新的重要论述和对甘肃重要指示要求，充分发挥党和政府作为重大科技创新领导者、组织者的作用，系统总结"十三五"时期创新型甘肃建设成效，积极适应新时代科技发展趋势和规律，编制《甘肃省"十四五"科技创新规划》。认真贯彻甘肃省委全会暨省委经济工作会议以及甘肃省"两会"精神，全面落实甘肃省委主要领导调研科技创新时的讲话精神，按照甘肃省政府统一部署，研究"强科技"行动实施方案。深入开展省市协同提升区域科技创新能力调研活动，组织召开优秀青年科技人才座谈

会、高校院所企业科技创新座谈会，携手为"强科技"行动把脉施策。

（二）强化政策引领，深化科技体制机制改革

会同甘肃省财政厅等有关部门共同制订《关于深化科技体制机制改革创新 推动高质量发展的若干措施》，从8个方面提出83个政策点。修订《甘肃省科学技术奖励办法》，优化奖励机制，增加奖项数量，提高奖金额度。制订《甘肃省科技成果评价办法》，完善科技成果评价机制，规范科技成果评价工作。深化科技人才等重点领域改革，与甘肃省委组织部、甘肃省人社厅、甘肃省科协等部门共同出台《甘肃省高端人才引进扶持办法》，开展赋予科研人员职务科技成果所有权或长期使用权改革试点，实施减轻科研人员负担、激发创新活力专项行动。启动科技管理流程再造，按照"体系化、规范化、高效化"的原则，重构科技管理制度体系。加强科研监督与诚信制度建设，制订《甘肃省科研项目监督管理办法》，协同行业主管部门分领域开展科研诚信专项整治行动。

（三）立足提质赋能，加强科技创新平台建设

获批省部共建干旱生境作物学国家重点实验室，获批3个国家野外科学观测研究站、2个国家级学科创新引智基地。通过地方政府专项债和地方财政配套资金共1.5亿元，启动同位素实验室一期工程建设，积极申报全国重点实验室。聚力推进"兰白两区"争先进位，推动兰白自创区与上海张江高新区在新能源、生物医药、科技金融、大数据等领域达成系列合作。2021年，兰白试验区GDP首次突破千亿元，兰白自创区GDP预计达到467亿元。最新公布的国家高新区综合评价结果显示，兰州和白银高新区在全国高新区排名均明显提升，各上升12位，分别位列全国第53位、第116位。组织申报嘉峪关国家高新区，新设立陇西、庆城2家省级高新区。

（四）聚焦动能转换，实施关键核心技术攻关

结合国家重大战略需求，组织优势科研力量，在核物理、稀土、动物疫病、青藏科考和牛羊新品种选育等领域申报国家重点研发计划。与甘肃省交通厅、甘肃省政府国资委等部门签订科技合作协议，与嘉峪关、金昌市政府建立厅市会商机制，通过深化厅际、厅市科技工作会商，共同凝练科技需求、共同设计研发任务、共同组织项目实施，围绕新能源、新材料、石油化工、有色冶金、装备制造、生物医药、种质资源等领域，组织实施省级重大科技项目。引入院士专家团队，启动实施振兴河西国家玉米繁育制种基地行动。突出市场应用导向，促进成果转化和产业化应用，甘肃省累计认定登记技术合同10 177项，技术交易总额达280.44亿元，较上年分别增长37.47%和20.28%。

（五）坚持引育并举，激发企业自主创新动能

在全国率先出台企业创新联合体管理办法，并在核技术、冶金及新材料、能源装备、绿色智慧

交通、动物疫苗、玉米种业等领域组建由企业牵头的7家创新联合体，联合省内外近140家企业、高校院所开展产学研协同创新。制订《甘肃省科技企业孵化器考核评价体系》，引导孵化器建立专业化服务体系，不断增强孵化功能。修订《甘肃省科技创新型企业认定管理办法》，建立"入孵初创企业-科技型中小企业-省级科技创新型企业-高新技术企业"的梯次培育体系，结合企业不同发展阶段匹配相应扶持政策，实现高新技术企业培育、申报、认定及奖补政策兑现等全流程服务。扎实推进各类惠企政策应知尽知、应享尽享，落实奖补资金6455万元，支持企业加大研发投入，提升自主创新能力。

（六）践行科技惠民，保障和改善民生福祉

启动中西医结合防治新冠肺炎科研攻关，开展甘肃省人类遗传资源调查工作，新认定国家临床医学研究中心分中心11家、省级临床医学研究中心22家。持续加大食品安全、环境保护、自然灾害防范等领域研发部署。积极参与科技创新支撑平安甘肃建设行动。深化科技人文融合创新，首批认定省级科技文化融合基地10家、非物质文化遗产传承保护创新坊23家。精准对接甘肃省农业产业发展技术瓶颈，组织实施农业科技计划项目169项，支持经费5285万元。在全国首创"双地"科技特派员帮扶机制。深入开展津企陇上行等系列活动。争取天津市设立东西部协作科技创新专项资金，为每个帮扶县支持科技创新资金不少于100万元。设立鲁甘科技协作专项，推动山东省示范性科技创新成果在甘肃省帮扶地区转移转化。

（七）围绕动能升级，开展"双创"和科普活动

组织参与全国"双创周"甘肃分会场相关线上线下活动，持续推进省级创新型县（市、区）建设试点，大力推动大众创业万众创新，培育发展新动能。加强对众创空间分类指导，鼓励发展专业化众创空间，新认定10家省级众创空间。成功举办第六届中国创新挑战赛（甘肃·兰州），41支挑战团队与企业签订产学研合作协议。组织承办第十届中国创新创业大赛（甘肃赛区），推荐20家企业参加全国行业赛，1家企业在全国赛决赛中获成长组"优秀企业奖"。修订《甘肃省技术市场条例》，完善技术市场治理体系，批复庆阳市建设省级科技成果转移转化示范区。深入开展科技活动周系列活动，成功举办甘肃省第六届科普讲解大赛，推动文化科技卫生"三下乡"，提升全民科学素养。

（八）坚持开放创新，深化科技对外交流合作

与中国工程院签订省院科技合作协议，共同组建中国工程科技发展战略甘肃研究院，启动首批6项战略咨询研究项目。与钢研科技集团、有研科技集团、矿冶科技集团和机械科学研究总院等4家中央科技型企业签订战略合作协议，全方位推进科技合作。启动农业科技"100+N"开放协同创新体系建设，承办中国有色金属学会第十三届学术年会，举办科技创新·知识产权高峰论坛，扩大甘肃省科技影响力。积极参与"一带一路"科技创新行动计划，圆满完成中俄科技创新年活动11项重

点任务，持续加强中以、中新、中匈、中塔等国际科技合作，成立中国-匈牙利技术转移中心兰州分中心，建成中国（甘肃）-塔吉克斯坦食品检测与研发联合实验室。制订外国人来甘工作便利化服务若干措施，组织参加深圳国际人才交流大会并获"最佳组织奖"。

二、"强科技"行动思路

甘肃省委全会暨省委经济工作会议后，甘肃省政府就"强科技"行动迅速做出安排部署，要求甘肃省科技厅牵头制订甘肃省"强科技"行动方案。甘肃省政府分管负责同志多次给予具体指导。方案起草工作已初步完成，正在征求意见。"强科技"行动总的思路是：坚持党对科技工作的全面领导，贯彻落实中央和甘肃省委经济工作会议精神，以狠抓科技政策扎实落地为主题，以"强科技"引领支撑"强工业""强省会""强县域"为主线，以提升科技成果就地转化效率为突破，集聚有限资源，凝练关键任务，采取"非对称"策略，加强科技创新统筹谋划，增强重大科技活动的组织力；强化战略科技力量，增强关键核心技术的攻坚力；深化体制机制改革，增强科技创新发展的支撑力。通过组织力、攻坚力、支撑力"三位一体"的系统发力，打通基础研究、技术发明与产业发展之间的通道，推动创新链、产业链、资金链、人才链、政策链深度融合，驱动引领新旧动能转换，加快走出一条特色化、差异化的"强科技"之路。

（一）抓战略科技力量培育

以争创国家区域科技创新中心为目标，通过"国家队"+"地方队"模式，加快构建一支使命驱动、任务导向，既体现国家意志又具有鲜明区域特色的战略科技力量。一是持续加大对兰州大学、中科院兰州分院、中央在甘单位等科技"国家队"的资源投入，增强承担重大科技任务和服务甘肃省产业转型升级的能力。二是抢抓重组国家重点实验室体系的契机，力争甘肃省国家重点实验室"只增不减"。三是强力推动兰白两区赋能升级，加强创新资源配置和产业发展统筹，盘活存量、引入增量、提高质量、增强能量、做大总量，提升支撑力和带动力，支撑"强省会"行动。四是全力推动嘉峪关高新区创建国家高新区，因地制宜、因园施策、赋权赋能，建设创新驱动发展示范区和高质量发展先行区。五是加快推进省级科技创新平台重构，通过"撤并转改"进行优化整合、力量重塑，增强研发实力。六是支持省属高校实施国家"一流学科"突破工程，支持省属科研院所增强技术创新和成果转化能力，支持创新能力强的骨干企业成长为科技领军企业。

（二）抓科技人才队伍建设

贯彻落实甘肃省委人才工作会议精神，坚持人才第一资源理念，大力实施非均衡人才资源开发战略，努力营造有利于人才"稳、育、引"的良好发展环境。一是充分发挥现有高端人才和优秀创新团队的作用，在科技创新平台建设和重大科技项目方面给予倾斜支持，保障良好的工作和生活条件，强化重大平台项目的人才吸附功能。二是优化科技领军人才发现机制和项目团队遴选机制，对领军人才实行人才梯队配套、科研条件配套、管理机制配套的特殊政策，靶向引进一批"高精尖缺"人才。三是加强对青年科技人才的培养力度，优化完善省级科技计划资助体系，支持青年人才挑大梁、当主角。四是充分发挥中国工程科技发展战略甘肃研究院"高端智库"作用，持续深化央地和东西部科技人才合作，拓宽柔性引才渠道。五是更好发挥科技特派员作用，试点开展"强工业"科技特派员制度，服务企业科技创新。完善科技特派员激励机制，壮大东西部"双地"科技特派员队伍，引导支持科技人才服务乡村振兴。六是加快建立以创新价值、能力、贡献为导向的人才评价体系，以信任为基础的人才使用机制，积极构建充分体现知识、技术等创新要素价值的收益分配机制，赋予科研人员职务科技成果所有权或长期使用权，加大精神激励力度，让有贡献的科研人员"名利双收"。

（三）抓创新型企业发展壮大

制订务实管用措施，促进各类创新资源向企业集聚，不断强化企业创新主体地位。一是围绕构建"1+N+X"产业发展布局体系，系统梳理产业链上下游重点环节技术瓶颈，建立健全"链长制"科技支撑服务体系，靶向扶持"链主"企业。二是实施科技创新型企业和高新技术企业倍增计划，支持培育一批"专精特新"企业、瞪羚企业、"隐形冠军"企业和科创板上市企业。三是强化企业创新联合体引领辐射功能，支持创新联合体承担重大科技项目，建设全产业链创新平台。四是完善科技型企业孵化平台体系，在关键产业领域组建若干功能任务清晰、突破传统科研管理模式、政府研发资金持续保障、创新团队正向激励到位的新型研发机构；支持众创空间、科技企业孵化器、大学科技园、留学生回国创业园等加快发展，全面增强孵化能力。五是促进鼓励企业研发的政策应享尽享，探索金融支持科技创新的新机制、新模式，支持企业设立研发机构，引导企业成为技术创新、研发投入、成果转化的主体。六是鼓励采取"企业出课题、高校院所搞攻关""高校院所研发成果、企业承接转化"等模式，引导科技成果向应用聚焦，聚力破解科技成果就地转化效率不高等问题。力争到2025年，甘肃省高新技术企业数实现倍增；规模以上工业企业研发经费支出占营业收入比重、高技术产业营业收入占工业营业收入比重等关键指标实现大幅提升。

（四）抓关键核心技术攻关

以科技赋能产业升级为目标，按照"找得准、打得狠、攻得下"的思路，采取"揭榜挂帅"、帅才科学家领衔等方式，集中精锐力量攻克一批关键核心技术，加快形成局部领跑的核心竞争优势。工业领域，支撑"强工业"行动，聚焦传统产业改造升级和新兴产业培育壮大，攻克一批产业化工程化关键技术。实施科技支撑引领碳达峰碳中和行动，开展新能源关键共性技术攻坚行动。融入黄河国家战略，打造甘肃黄河科技引领高技术产业带。数字经济领域，在智能制造、数字孪生、城市大脑、边缘计算、脑机融合等领域布局一批前瞻性技术研发项目。推进5G、物联网、云计算、大数据、人工智能、区块链等新一代信息技术在产业数字化升级和社会治理现代化等领域的研发应用。农业领域，以种质资源创新、耕地质量提升、现代农机装备制造等关键共性技术为主攻方向，加强粮食、畜禽、果蔬等新品种选育，推进农业智能生产、设施农业、特色农产品精深加工、中药材标准化种植等关键技术研发，促进甘肃省现代农业高质量发展，支撑"强县域"行动。生态环保领域，围绕祁连山、黄河上游流域等典型生态脆弱区生态保护，大气、水、土壤污染防治，以及再生资源利用和循环经济发展等组织实施一批重点研发项目，提升生态保护科技支撑力度。生物医药领域，深化新冠肺炎疫情防控科研攻关，探索建立突发疫情防控科研攻关体系。推动生物医药产业加快创新发展，提升动物疫苗研发和产业化水平。支持重离子治癌装置临床应用及产业化。

（五）抓科技改革举措落地

落实国家科技体制改革三年攻坚方案，扎实开展科技政策落地"最后一公里"专项行动，积极营造良好的科技创新生态，为"强科技"行动提供强有力的机制保障。一是推进科技管理流程再造，加快转变科技管理职能，构建决策高效、响应快速的决策管理体制，推动科技管理向抓战略、抓改革、抓规划、抓服务转变。二是全面落实科研项目和经费管理改革，按照"创新需求、目标导向、任务牵引"的原则，建立与创新活动任务目标高度耦合的科技资源配置体系。完善厅际、厅市会商机制，优化改革重大科技项目立项和组织管理方式，推动重大研发任务更多由产业界出题、由政府自上而下张榜招贤。三是深化科技领域"放管服"改革，按照"能放尽放"原则，赋予科学家更大技术路线决定权、更大经费支配权、更大资源调度权，最大限度为科研人员松绑减负。四是坚持开门办科技，面向更大范围、更深层次构建科技对外开放合作新格局，借力增强甘肃省科技力量。五是完善考核督查和奖惩机制，扎实推进国家和甘肃省有关科技政策全面落实，打通科技改革举措落地"中梗阻"，最大限度激活创新要素、释放创新潜能、提升创新效能。

三、2022年科技创新重点工作任务

（一）扎实做好全国重点实验室重组工作

跟进掌握国家政策导向和工作进展，突出使命驱动、任务导向，通过优化整合和体系重塑，力争甘肃省现有国家重点实验室规模数量不减，并尽快实现入轨运行。省级层面建立工作协调机制，帮助指导各建设依托单位制订重组方案、完善工作任务、补齐短板弱项。针对各建设依托单位自身难以解决的矛盾困难，采取"一室一策、一事一议"的办法，及时向甘肃省委省政府和国家有关部委做好汇报、寻求支持。在"保"的同时竭力做好"增"的文章，在核物理、干旱气候与环境、文物保护等领域积极谋划争取国家级创新平台布局。深入推进省级科技创新平台重构，重点建设一批从事基础研究的高水平重点实验室、产学研用深度融合的技术创新中心、多功能综合集成的科技服务平台。

（二）持续深化科技体制机制改革

深入贯彻落实新修订的《科学技术进步法》，做好修订甘肃省《科学技术进步条例》的前期准备。加快推进科技体制改革三年攻坚任务落实，围绕制约区域创新体系建设瓶颈问题开展改革攻坚，转职能、补短板、抓落实、增活力。持续深化科技计划管理改革，从科技资源配置的全链条出发，重塑省级科技计划体系，推动科研力量优化配置和资源共享，不断提升项目谋划的精准度。加大科研领域简政放权力度，推动实施以信任和绩效为核心的科研经费管理改革，完善减轻科研人员负担的长效机制，以更大力度打破制约创新创造的繁文缛节。聚焦"建设西部地区重要人才中心和创新高地"目标，以更大力度推进科技人才体制机制改革，为各类科技人才施展才华、实现抱负提供更广阔舞台。确定今年为科技政策"督导落实年"，通过强化政策解读、强化政策宣传、强化任务分解、强化重点协调、强化基层指导、强化监督评估、强化问题整改、强化跟踪问效，促进科技体制机制更加成熟定型，提升区域创新体系整体效能。

（三）着力突破重要领域关键核心技术

加强对重大科研项目的组织和指导，全覆盖开展厅市科技工作会商，构建关键核心技术攻关的高效组织体系。参与国家"基础研究十年行动方案"，依托传统优势学科，大力加强基础研究和原始创新，争取形成更多独创独有的研究成果。聚焦"强工业"科技需求，充分发挥科技创新对石油化工、有色冶金、新材料、装备制造、军民融合等产业发展的催化、倍增和叠加效应，争取开发一批新技术、新产品、新工艺，提升产业链供应链韧性。围绕落实"双碳"战略，研究制订科技支撑引领碳达峰碳中和实施方案、新能源关键共性技术三年攻坚行动方案，重点在冶金、化工、建材、交通等碳减排，以及新能源装备制造、上游原材料供给、下游能源消纳等方面加大科技攻关力度，构建绿色低碳技术创新体系。推动实施《振兴河西国家玉米繁育制种基地实施方案》，组建玉米种业领域创新研究院、玉米育种研究中心、基因编辑育种省级重点实验室等创新平台，聚力突破甘肃省玉米制种产业技术瓶颈。

（四）加速壮大创新型企业集群

完善科技型企业梯次培育发展体系，加强高新技术企业培育库建设，择优选择发展潜力足、市场前景好的科技型中小企业认定为省级科技创新型企业，通过政策和项目支持精准培育高新技术企业。试点开展"以赛代评"制度，对在省级以上创新创业大赛中获得相应奖励等次的企业，可免申报直接认定为省级科技创新型企业，并作为后备高新技术企业予以重点培育。以承接东部产业转移为契机，积极引进一批高新技术企业，对在有效期内整体迁入的优先给予省级科研项目支持。探索建立科创板上市企业培育库，组织开展上市培训，推动符合条件的高新技术企业到科创板上市发展。引导金融市场和金融工具加大对科技型企业的支持力度，助力创新型企业发展壮大。实施企业技术创新能力提升行动，在新能源、新材料、精细化工、生物医药、电子信息、种业等领域，继续培育并组建一批企业创新联合体，推动产业链供应链创新链优化升级。

（五）聚力推进"兰白两区"提质增效

全面落实"省统筹、市建设、区域协同、部门协作"工作推进机制，多维度协同，深层级供给，凝聚齐抓共管合力，保持大事大抓强劲态势。充分发挥先行先试政策红利，加紧出台《兰白自创区条例》，明确抓建责任，规范建设活动，争取在优化政策体系、强化财政投入、推进"三制"改革、完善考评制度、改善营商环境等方面实现更大突破。强化产业链供应链科技支撑，做强做大石油化工、装备制造、生物医药、新材料等主导产业，拓展军民融合、航空航天、新能源等新兴产业。务实推进与上海张江等东部地区的战略协作，按照具体化、可视化的思路，梳理合作项目清单，重点围绕生物医药和新能源等产业发展，推动与上海张江共建中药经典名方研究院、先进能源技术创新平台和科创企业服务中心，启动陇粤共建"大湾区·兰白自创区中医药创新发展示范区"。以两区为主要承载区，启动建设甘肃黄河科技引领高技术产业带。

（六）加快建设高水平新型研发机构

按照"引进共建一批、培育新建一批、优化提升一批、整合组建一批"的思路，多级联动，分类施策，多措并举，板块协同，高质量推进新型研发机构建设。采取"合同科研"评价模式，对现有新型研发机构进行绩效评估，对绩效评价优秀的落实奖励政策。瞄准国内一流，支持世界企业500强、中国企业500强和国内外一流高校院所等在甘肃省设立独立法人的新型研发机构，鼓励依托综合实力强的企业创新联合体组建新型研发机构。强化政策引导和管理体制创新，完善甘肃省新型研发机构建设与运行制度，借鉴国内外先进发展模式和管理经验，探索科学家合伙制、混合所有制、理事会领导下的院（所）长负责制等管理模式，推广合同制、动态考核、末位淘汰等人才激励制度，鼓励"人才团队持大股"，强化提升新型研发机构运营能力、市场开拓能力和风险管控能力，助力新产业新业态新模式加快发展。

（七）努力提升科技成果转化效率

加快构建以企业为主体、市场为导向、"政产学研金用"相结合的创新体系，加速科技成果产出和转化应用。充分发挥市场出题者作用，系统梳理技术需求清单，凝练科研任务清单，组织实施一批重大产业化项目，提升科研项目与市场的契合度。完善科技成果评价机制，健全科技成果分类评价体系，引入第三方专业评价机构，科学评价科技成果的价值。深化职务科技成果权属改革，探索建立科技成果转化行为负面清单，调动科研人员开展科技成果转化的积极性。拓宽科技成果转化资金市场化供给渠道，引导社会金融资本为科技成果转化提供组合式金融服务。加快市场化技术转移机构建设，加强专业化技术转移人才培养，探索联席预谈判机制，常态化组织路演推介活动，积极发挥行业协会等社会团体的纽带作用，推动科技成果加速迈向市场应用。

（二）持续深化科技体制机制改革

深入贯彻落实新修订的《科学技术进步法》，做好修订甘肃省《科学技术进步条例》的前期准备。加快推进科技体制改革三年攻坚任务落实，围绕制约区域创新体系建设瓶颈问题开展改革攻坚，转职能、补短板、抓落实、增活力。持续深化科技计划管理改革，从科技资源配置的全链条出发，重塑省级科技计划体系，推动科研力量优化配置和资源共享，不断提升项目谋划的精准度。加大科研领域简政放权力度，推动实施以信任和绩效为核心的科研经费管理改革，完善减轻科研人员负担的长效机制，以更大力度打破制约创新创造的繁文缛节。聚焦"建设西部地区重要人才中心和创新高地"目标，以更大力度推进科技人才体制机制改革，为各类科技人才施展才华、实现抱负提供更广阔舞台。确定今年为科技政策"督导落实年"，通过强化政策解读、强化政策宣传、强化任务分解、强化重点协调、强化基层指导、强化监督评估、强化问题整改、强化跟踪问效，促进科技体制机制更加成熟定型，提升区域创新体系整体效能。

（三）着力突破重要领域关键核心技术

加强对重大科研项目的组织和指导，全覆盖开展厅市科技工作会商，构建关键核心技术攻关的高效组织体系。参与国家"基础研究十年行动方案"，依托传统优势学科，大力加强基础研究和原始创新，争取形成更多独创独有的研究成果。聚焦"强工业"科技需求，充分发挥科技创新对石油化工、有色冶金、新材料、装备制造、军民融合等产业发展的催化、倍增和叠加效应，争取开发一批新技术、新产品、新工艺，提升产业链供应链韧性。围绕落实"双碳"战略，研究制订科技支撑引领碳达峰碳中和实施方案、新能源关键共性技术三年攻坚行动方案，重点在冶金、化工、建材、交通等碳减排，以及新能源装备制造、上游原材料供给、下游能源消纳等方面加大科技攻关力度，构建绿色低碳技术创新体系。推动实施《振兴河西国家玉米繁育制种基地实施方案》，组建玉米种业领域创新研究院、玉米育种研究中心、基因编辑育种省级重点实验室等创新平台，聚力突破甘肃省玉米制种产业技术瓶颈。

（四）加速壮大创新型企业集群

完善科技型企业梯次培育发展体系，加强高新技术企业培育库建设，择优选择发展潜力足、市场前景好的科技型中小企业认定为省级科技创新型企业，通过政策和项目支持精准培育高新技术企业。试点开展"以赛代评"制度，对在省级以上创新创业大赛中获得相应奖励等次的企业，可免申报直接认定为省级科技创新型企业，并作为后备高新技术企业予以重点培育。以承接东部产业转移为契机，积极引进一批高新技术企业，对在有效期内整体迁入的优先给予省级科研项目支持。探索建立科创板上市企业培育库，组织开展上市培训，推动符合条件的高新技术企业到科创板上市发展。引导金融市场和金融工具加大对科技型企业的支持力度，助力创新型企业发展壮大。实施企业技术创新能力提升行动，在新能源、新材料、精细化工、生物医药、电子信息、种业等领域，继续培育并组建一批企业创新联合体,推动产业链供应链创新链优化升级。

(五)聚力推进"兰白两区"提质增效

全面落实"省统筹、市建设、区域协同、部门协作"工作推进机制,多维度协同,深层级供给,凝聚齐抓共管合力,保持大事大抓强劲态势。充分发挥先行先试政策红利,加紧出台《兰白自创区条例》,明确抓建责任,规范建设活动,争取在优化政策体系、强化财政投入、推进"三制"改革、完善考评制度、改善营商环境等方面实现更大突破。强化产业链供应链科技支撑,做强做大石油化工、装备制造、生物医药、新材料等主导产业,拓展军民融合、航空航天、新能源等新兴产业。务实推进与上海张江等东部地区的战略协作,按照具体化、可视化的思路,梳理合作项目清单,重点围绕生物医药和新能源等产业发展,推动与上海张江共建中药经典名方研究院、先进能源技术创新平台和科创企业服务中心,启动陇粤共建"大湾区·兰白自创区中医药创新发展示范区"。以两区为主要承载区,启动建设甘肃黄河科技引领高技术产业带。

(六)加快建设高水平新型研发机构

按照"引进共建一批、培育新建一批、优化提升一批、整合组建一批"的思路,多级联动,分类施策,多措并举,板块协同,高质量推进新型研发机构建设。采取"合同科研"评价模式,对现有新型研发机构进行绩效评估,对绩效评价优秀的落实奖励政策。瞄准国内一流,支持世界企业500强、中国企业500强和国内外一流高校院所等在甘肃省设立独立法人的新型研发机构,鼓励依托综合实力强的企业创新联合体组建新型研发机构。强化政策引导和管理体制创新,完善甘肃省新型研发机构建设与运行制度,借鉴国内外先进发展模式和管理经验,探索科学家合伙制、混合所有制、理事会领导下的院(所)长负责制等管理模式,推广合同制、动态考核、末位淘汰等人才激励制度,鼓励"人才团队持大股",强化提升新型研发机构运营能力、市场开拓能力和风险管控能力,助力新产业新业态新模式加快发展。

(七)努力提升科技成果转化效率

加快构建以企业为主体、市场为导向、"政产学研金用"相结合的创新体系,加速科技成果产出和转化应用。充分发挥市场出题者作用,系统梳理技术需求清单,凝练科研任务清单,组织实施一批重大产业化项目,提升科研项目与市场的契合度。完善科技成果评价机制,健全科技成果分类评价体系,引入第三方专业评价机构,科学评价科技成果的价值。深化职务科技成果权属改革,探索建立科技成果转化行为负面清单,调动科研人员开展科技成果转化的积极性。拓宽科技成果转化资金市场化供给渠道,引导社会金融资本为科技成果转化提供组合式金融服务。加快市场化技术转移机构建设,加强专业化技术转移人才培养,探索联席预谈判机制,常态化组织路演推介活动,积极发挥行业协会等社会团体的纽带作用,推动科技成果加速迈向市场应用。

（八）促进科技高水平开放合作

坚持开放包容、互惠共享，推动科技领域多层级、多渠道交流往来，全面提升创新合作能力开放水平。不断完善科技对外交往布局，主动融入国家双边和多边科技创新合作机制，深度参与"一带一路"科技创新行动计划，"一国一策"谋划做好重点国别、重点方向合作交流，继续推动基础研究等领域国际合作，依托国家战略科技力量建设高水平国际科技合作平台，高质量开展外国人才和专家工作。推动与中国科学院签订新一轮战略合作协议，高标准组织中国工程科技发展战略甘肃研究院战略咨询项目实施，持续强化院省战略对接、政策协同、资源集聚、措施衔接，借助国家"高端智库"助力甘肃省创新驱动发展。持续推进东西部科技协作，以协同攻关、团队合作为主要方式，撬动东部地区先进生产要素向甘肃省流动。深化科技金融结合，提升兰白基金投放效能，积极探索"政银担"新型合作模式，为科技创新提供更加高效的金融保障服务。

（九）深入推进全面从严治党

甘肃省科技系统要坚持以党的政治建设为统领，全面贯彻新时代党的组织路线，守牢意识形态阵地，为推进"强科技"行动提供强有力的政治保证。持续深化理论武装，巩固拓展党史学习教育成果，建立常态化、长效化制度机制，扎实做好党的二十大学习贯彻工作，切实以党的创新理论武装头脑、指导实践、推动工作。强化政治机关建设，开展模范机关创建工作，着力构建大党建工作格局，促进科技领域党建与业务深度融合，更好完成主责主业和核心职能。加强党风廉政建设和反腐败工作，坚持严的主基调，深化运用监督执纪"四种形态"，坚持纠治"四风"永不止步，为科技工作营造风清气正的良好生态。加强科技管理干部队伍建设，坚持严管与厚爱结合，激励与约束并重，注重在关键、吃劲岗位历练，推动年轻干部下基层、搞调研、接地气，努力培养一支可堪大用、能担重任的科技管理干部队伍。

第三节　甘肃省科技创新水平

《中国区域科技创新评价报告》从科技创新环境、科技活动投入、科技活动产出、高新技术产业化、科技促进经济社会发展等5个方面，对全国各区域科技创新水平进行综合评价。甘肃省科技创新水平评价的有关数据根据《中国区域科技创新评价报告2022》整理，其中报告标题中的"2022"指的是报告发布年份，所用数据标注为"当年"的均为2020年数据；标注为"上年"的均为2019年数据。为了在评价中尽可能避免一般年份人口抽样调查误差的影响，采用了统计指数的"同度量"技术，报告中使用的人口和就业人员数均采用2010年（普查年份）数据。报告中部分数据因四舍五入的原因，存在总计与分项合计不等的情况。

一、甘肃省综合科技创新水平

（一）甘肃科技创新水平与全国的比较

1.综合科技创新水平的比较

《中国区域科技创新评价报告2022》显示，甘肃省综合科技创新水平指数为54.92%，居全国第23位，位次与上年相同，指数值上升了1.21个百分点，在全国综合科技创新水平区域分类中位居第二类。第二类是指综合科技创新水平指数值低于全国平均水平（75.42%），但指数值高于50%的地区，包括重庆、湖北、陕西、安徽、山东、四川、湖南、辽宁、福建、江西、河南、宁夏、吉林、河北、黑龙江、山西、甘肃、广西、贵州、海南和内蒙古。见图1-3-1~2。

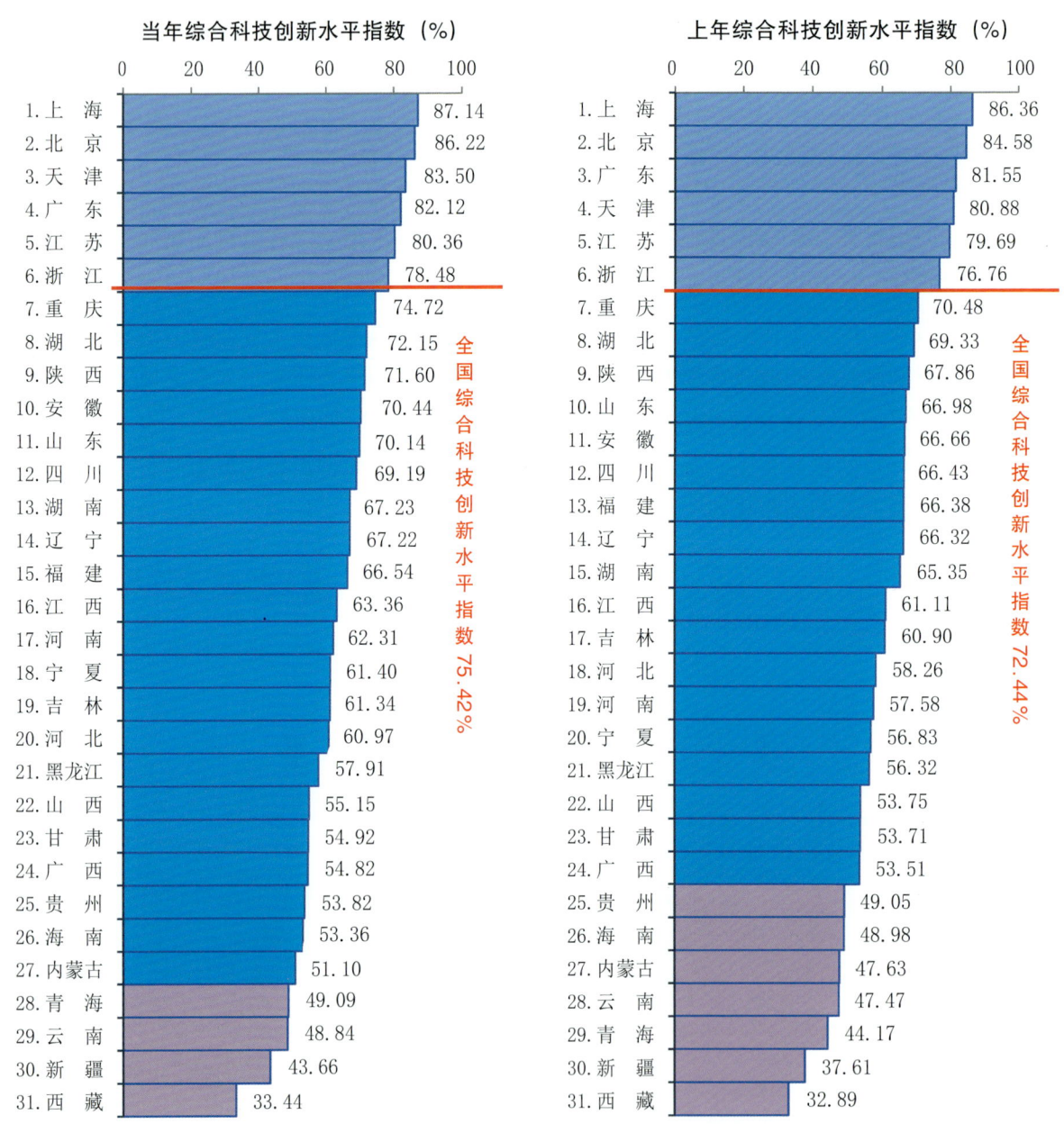

图1-3-1 甘肃及全国省（市、区）综合科技创新水平指数

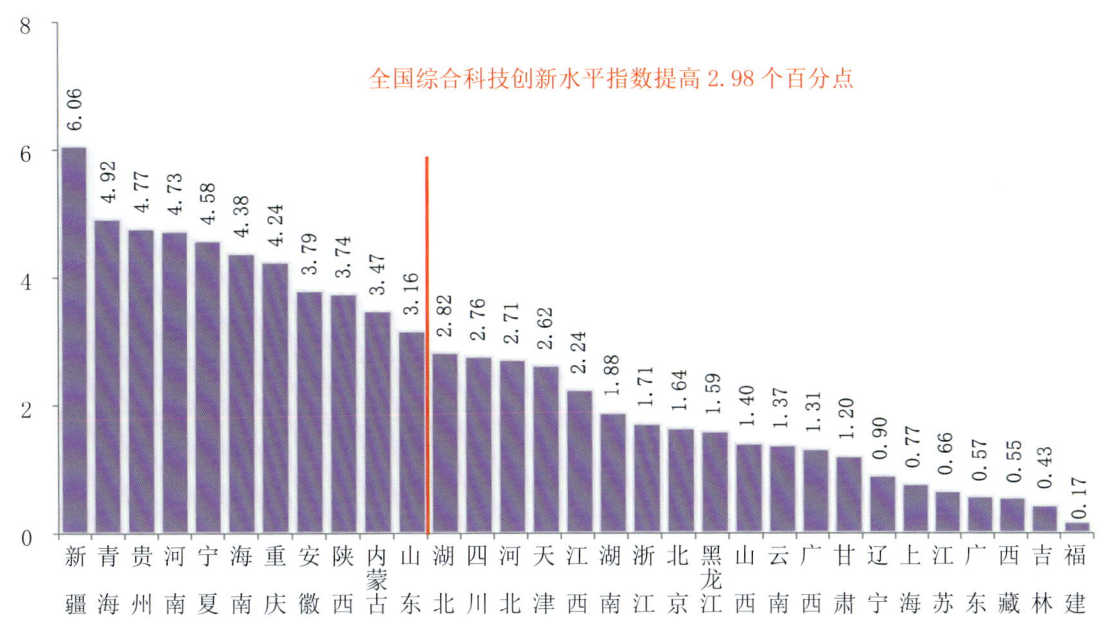

图1-3-2 甘肃及全国综合科技创新水平指数提高百分点排序图

2.主要科技创新评价指标比较

从表1-3-1中可以看出,甘肃省高技术产业利润率、知识密集型服务业增加值占生产总值比重、万人科技论文数、万人输出技术成交额、资本生产率、信息传输、软件和信息技术服务业增加值占生产总值比重等指标居全国前列。万人大专以上学历人数、高技术产品出口额占商品出口额比重、科学研究和技术服务业固定资产占比重等指标居全国中游水平。甘肃省科技创新水平不断提升,科技支撑引领经济社会发展的能力不断夯实,但万人研究与发展(R&D)人员数、企业R&D研究人员占比重、万名就业人员专利申请数、万人发明专利拥有量、高技术产业营业收入占工业营业收入比重、新产品销售收入占营业收入比重等指标仍然在全国排位靠后,反映出地方财政科技投入强度不够,单位劳动生产率偏低,创新创业动力不足,与其他省市差距较大。

表1-3-1 甘肃省科技创新评价主要指标及与全国的比较

指标	全国	甘肃	
		指标	位次
万人研究与发展(R&D)人员数(人年)	39.04	10.47	26
万人大专以上学历人数(人)	1651.46	1570.84	17
万人R&D研究人员数(人年)	17.01	7.24	22
企业R&D研究人员占比重(%)	63.31	29.62	26
R&D经费支出与GDP比值(%)	2.41	1.22	22

续表1-3-1

指标	全国	甘肃	
		指标	位次
地方财政科技支出占地方财政支出比重(%)	2.76	0.77	27
企业R&D经费支出占营业收入比重(%)	1.41	0.69	25
科学研究和技术服务业固定资产占比重(%)	1.32	0.77	20
万人科技论文数(篇)	3.67	3.06	12
万名就业人员专利申请数(件)	65.64	21.46	27
万人发明专利拥有量(件)	16.50	3.25	28
万人输出技术成交额(万元)	1597.29	898.41	15
高技术产业营业收入占工业营业收入比重(%)	16.11	3.79	28
知识密集型服务业增加值占生产总值比重(%)	17.54	17.36	7
高技术产品出口额占商品出口额比重(%)	29.97	20.42	17
新产品销售收入占营业收入比重(%)	21.97	7.62	27
高技术产业劳动生产率(万元/人)	95.47	94.86	23
高技术产业利润率(%)	7.10	16.18	4
知识密集型服务业劳动生产率(万元/人)	55.79	52.34	24
劳动生产率(万元/人)	10.12	6.21	30
资本生产率(万元/万元)	0.30	0.27	15
综合能耗产出率(元/千克标准煤)	18.20	10.61	24
万人移动互联网用户数(户)	10056.75	8979.05	23
信息传输、软件和信息技术服务业增加值占生产总值比重(%)	3.74	2.82	15

数据来源：《中国区域科技创新评价报告2022》。

（二）甘肃科技创新水平与西部省区比较

《中国区域科技创新评价报告2022》显示，甘肃综合科技创新水平在西部12个省（市、区）中位于第5位。科技活动产出、科技创新环境、高新技术产业化3项指标具有相对优势，科技活动投入、科技促进经济社会发展2项指标处于全国中下游水平。见表1-3-2。

表1-3-2 甘肃及西部省区综合科技创新水平及5个一级指标比较

指标 \ 省(市、区) 全国位次	重庆	陕西	四川	宁夏	甘肃	广西	贵州	内蒙古	青海	云南	新疆	西藏
科技创新环境	11	10	20	17	22	24	28	25	26	29	30	31
科技活动投入	11	13	17	18	23	27	21	26	29	25	30	31
科技活动产出	10	4	9	20	21	26	22	28	24	30	29	31
高新技术产业化	3	9	7	22	21	11	23	27	25	16	30	31
科技促进经济社会发展	5	10	8	19	27	21	28	24	29	31	26	30
在全国的总排位	7	9	12	18	23	24	25	27	28	29	30	31
在西部的总排位	1	2	3	4	5	6	7	8	9	10	11	12

1.科技创新环境

一级指标"科技创新环境"排序中，甘肃省位于全国第22位，比上年下降2位，位于西部省区第5位。二级指标"科技人力资源"在全国排名第23位，与上年一致；"科研物质条件"位于全国排名第17位，比上年下降6位；"科技意识"在全国排名第22位，比上年下降3位。见图1-3-3、表1-3-3。

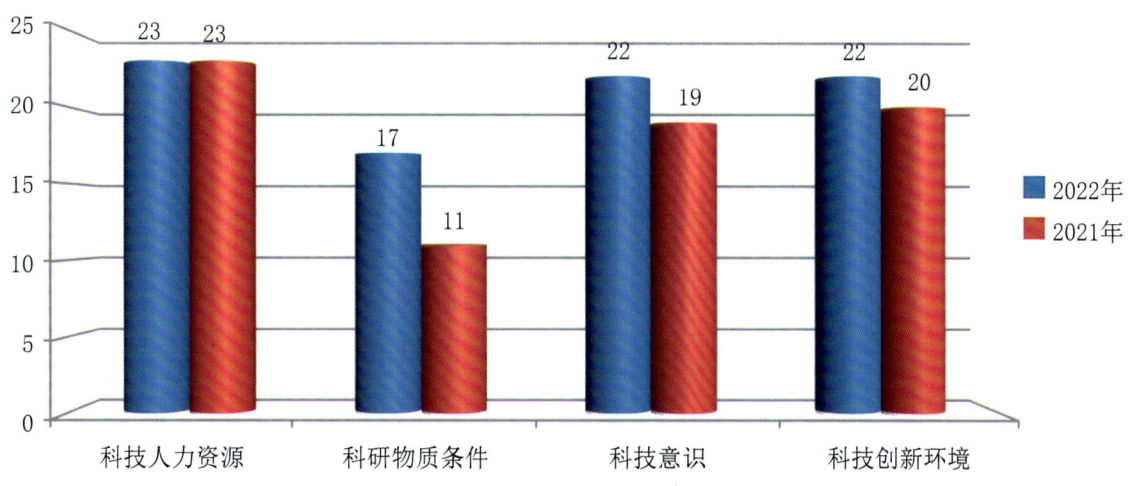

图1-3-3 甘肃"科技创新环境"指标在全国的排序

表1-3-3 "科技创新环境"中的二级指标部分省区比较

省（区）	科技人力资源		科研物质条件		科技意识	
	数值（%）	全国排名（位）	数值（%）	全国排名（位）	数值（%）	全国排名（位）
甘 肃	62.90	23	56.23	17	42.44	22
陕 西	91.81	10	60.88	11	50.92	15
新 疆	55.74	29	33.56	28	36.82	29
青 海	55.56	30	54.21	18	38.94	25
宁 夏	69.37	19	63.41	9	49.81	16

2.科技活动投入

一级指标"科技活动投入"排序中，甘肃省位于全国第23位，比上年下降1位，位于西部省区第6位。二级指标"科技活动人力投入"在全国排名第23位，比上年下降1位；"科技活动财力投入"在全国排名第24位，比上年下降2位。见图1-3-4、表1-3-4。

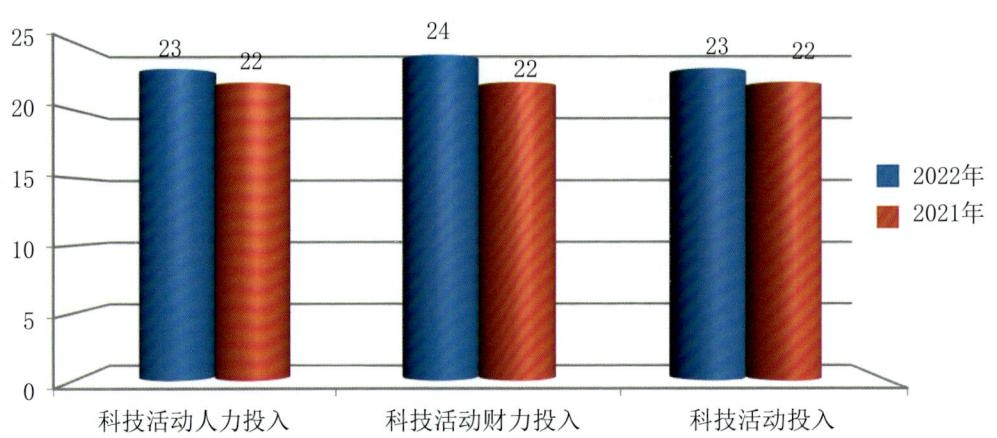

图1-3-4 甘肃"科技活动投入"指标在全国排序

表1-3-4 "科技活动投入"中的二级指标部分省区比较

省（区）	科技活动人力投入		科技活动财力投入	
	数值（%）	全国排名（位）	数值（%）	全国排名（位）
甘 肃	76.93	23	32.98	24
陕 西	83.09	20	61.47	11
新 疆	57.67	30	15.19	30
青 海	62.82	28	19.36	29
宁 夏	100.00	1	46.21	18

3.科技活动产出

一级指标"科技活动产出"排序中,甘肃省位于全国第21位,比上年下降1位,位于西部省区第5位。二级指标"科技活动产出水平"在全国排名第22位,比上年下降2位;"技术成果市场化"在全国排名第20位,比上年下降3位。见图1-3-5、表1-3-5。

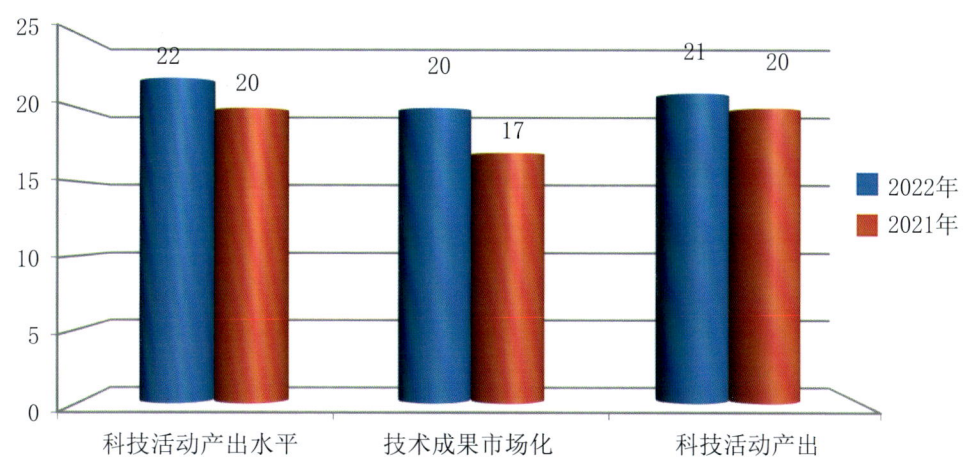

图1-3-5 甘肃"科技活动产出"指标在全国排序

表1-3-5 "科技活动产出"中的二级指标部分省区比较

省(区)	科技活动产出水平		技术成果市场化	
	数值(%)	全国排名(位)	数值(%)	全国排名(位)
甘 肃	55.85	22	51.72	20
陕 西	88.68	4	59.75	10
新 疆	48.58	27	19.85	30
青 海	51.62	24	48.26	26
宁 夏	57.18	20	50.96	24

4.高新技术产业化

一级指标"高新技术产业化"排序中,甘肃省位于全国第21位,与上年一致,位于西部省区第6位。二级指标"高新技术产业化水平"在全国排名第20位,比上年上升3位;"高新技术产业化效益"在全国排名第13位,比上年下降7位。见图1-3-6、表1-3-6。

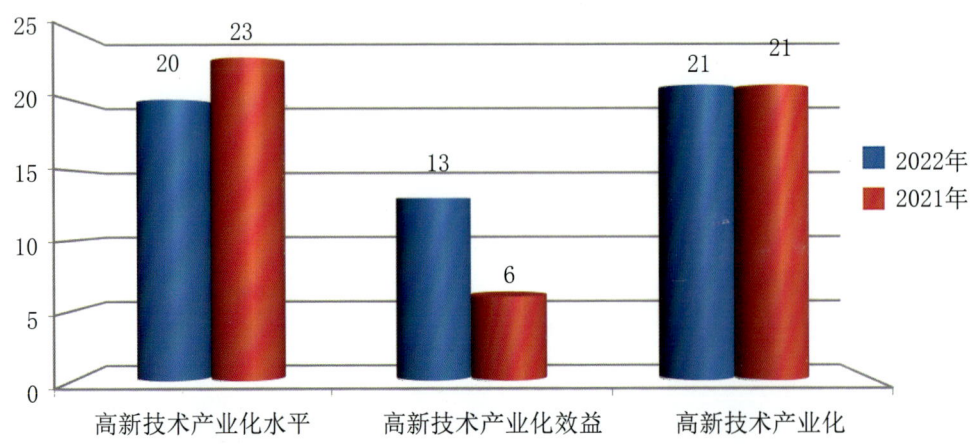

图1-3-6　甘肃"高新技术产业化"在全国的排序

表1-3-6　"高新技术产业化"中的二级指标部分省区比较

省（区）	高新技术产业化水平		高新技术产业化效益	
	数值（%）	全国排名（位）	数值（%）	全国排名（位）
甘　肃	34.48	20	86.52	13
陕　西	59.28	10	86.01	15
新　疆	17.43	30	81.65	21
青　海	22.22	28	91.61	6
宁　夏	24.13	27	96.35	4

5.科技促进经济社会发展

一级指标"科技促进经济社会发展"排序中，甘肃省位于全国第27位，比上年下降1位，位于西部省区第8位。二级指标"经济发展方式转变"指标在全国排名第28位，与上年一致；"环境改善"指标在全国排名第14位，比上年上升6位；"社会生活信息化"指标在全国排名第22位，比上年下降4位。见图1-3-7、表1-3-7。

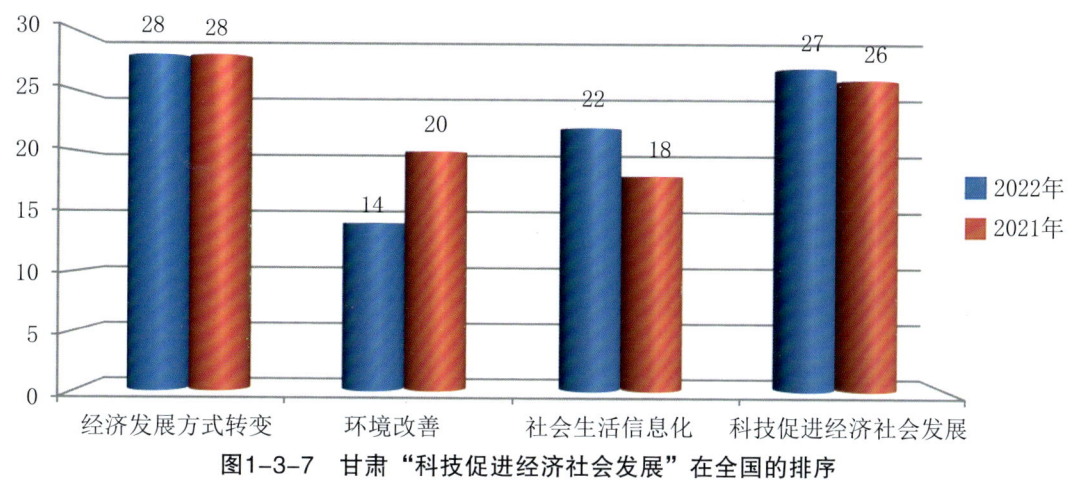

图1-3-7 甘肃"科技促进经济社会发展"在全国的排序

表1-3-7 "科技促进经济社会发展"中的二级指标部分省区比较

省（区）	经济发展方式转变		环境改善		社会生活信息化	
	数值（%）	全国排名（位）	数值（%）	全国排名（位）	数值（%）	全国排名（位）
甘　肃	45.30	28	87.09	14	72.22	22
陕　西	56.54	18	87.04	15	84.82	8
新　疆	49.23	25	81.41	22	69.85	25
青　海	47.32	26	77.74	27	69.03	26
宁　夏	47.13	27	89.19	9	84.01	9

二、市州综合科技进步水平评价

根据综合科技进步水平指数显示，甘肃省市州综合科技创新水平普遍有所提升。与上年比较，甘肃省综合科技进步水平指数提高了3.28个百分点，达到65.84%。从科技进步水平看，可将甘肃省14个地区划分为以下四类。见图1-3-8~9。

第一类：综合科技进步水平指数高于甘肃省平均水平（65.84%）的地区，包括兰州和金昌。

第二类：综合科技进步水平指数低于甘肃省平均水平（65.84%），但高于50%的地区，包括嘉峪关、天水、张掖和酒泉。

第三类：综合科技进步水平指数在50%以下，但高于40%的地区，包括武威、白银和定西。

第四类：综合科技进步水平指数在40%以下，但高于30%的地区，包括庆阳、陇南、平凉、临夏和甘南。

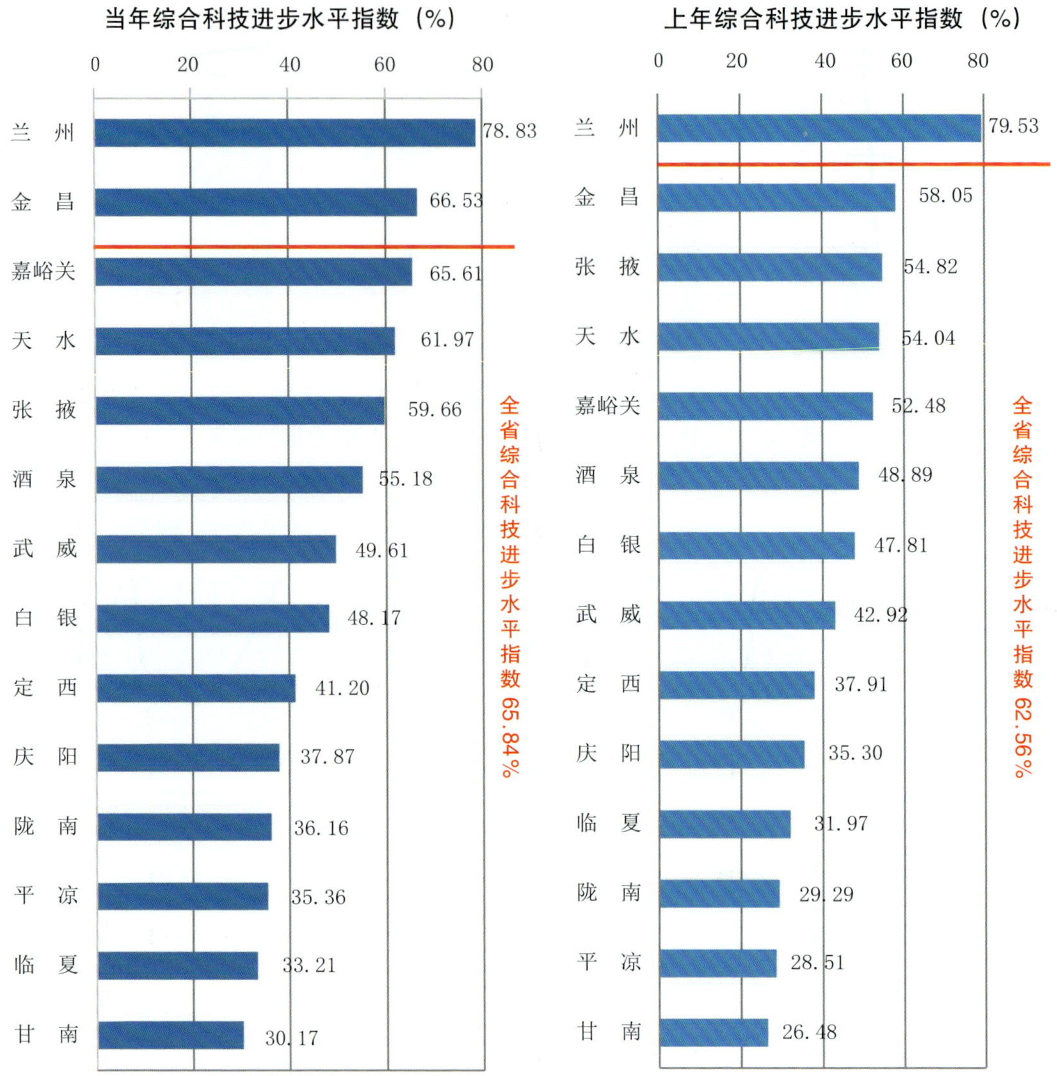

图1-3-8 各市州综合科技进步水平指数排序图

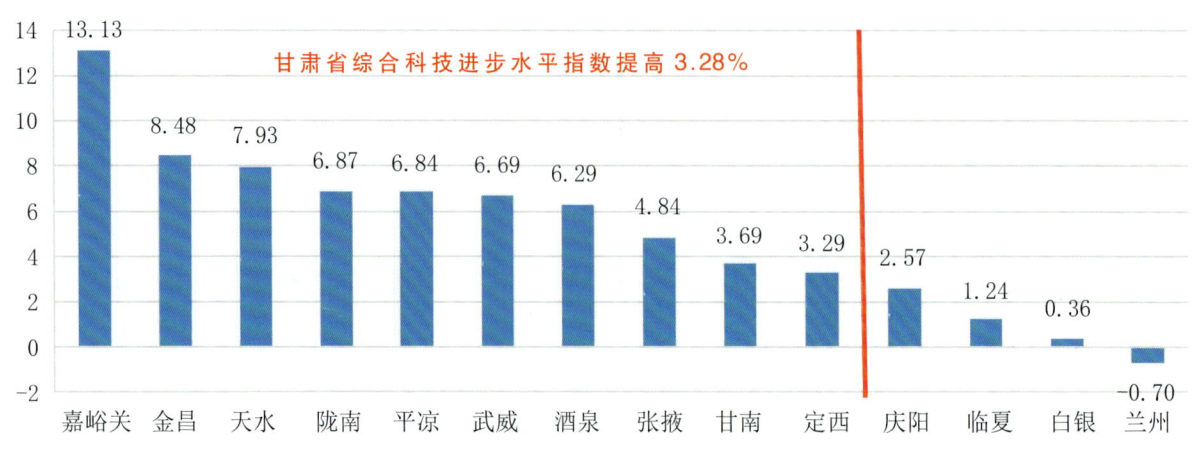

图1-3-9 各市州综合科技进步水平指数提高百分点排序图

三、市州科技进步各级指标评价

（一）市州科技进步一级指标评价

1.科技进步环境评价

在科技进步环境指标的排序中，张掖排在第一位，高于甘肃省平均水平（72.99%）。见图1-3-10。

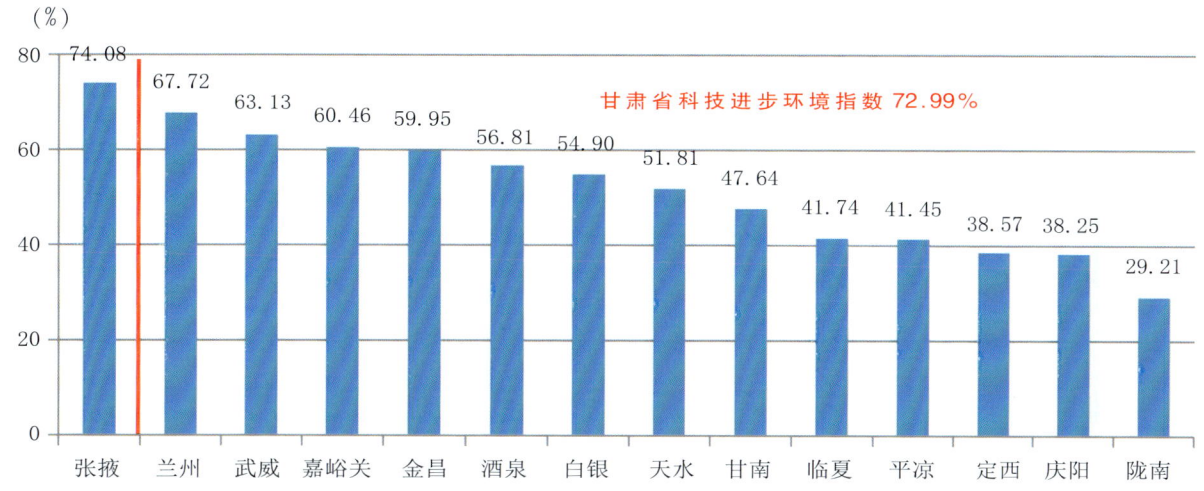

图1-3-10　各市州科技进步环境指数排序图

2.科技活动投入评价

在科技活动投入指标的排序中，嘉峪关、兰州、金昌、张掖和天水排在前5位，高于甘肃省平均水平（46.64%）。见图1-3-11。

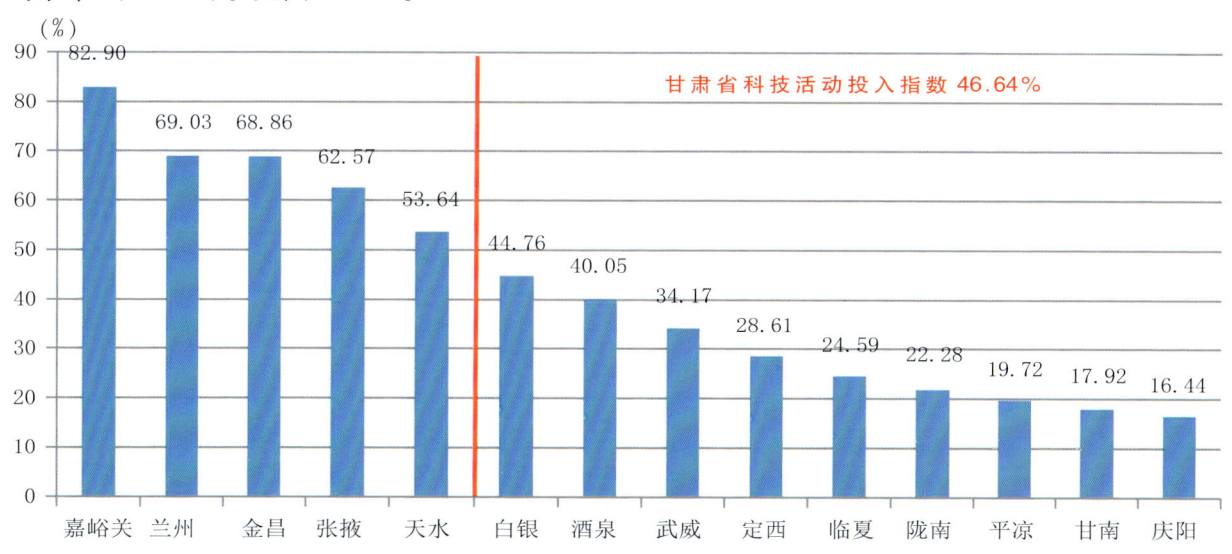

图1-3-11　各市州科技活动投入指数排序图

3.科技活动产出评价

在科技活动产出指标的排序中，兰州、嘉峪关、金昌排在前3位，高于甘肃省平均水平（61.01%）。见图1-3-12。

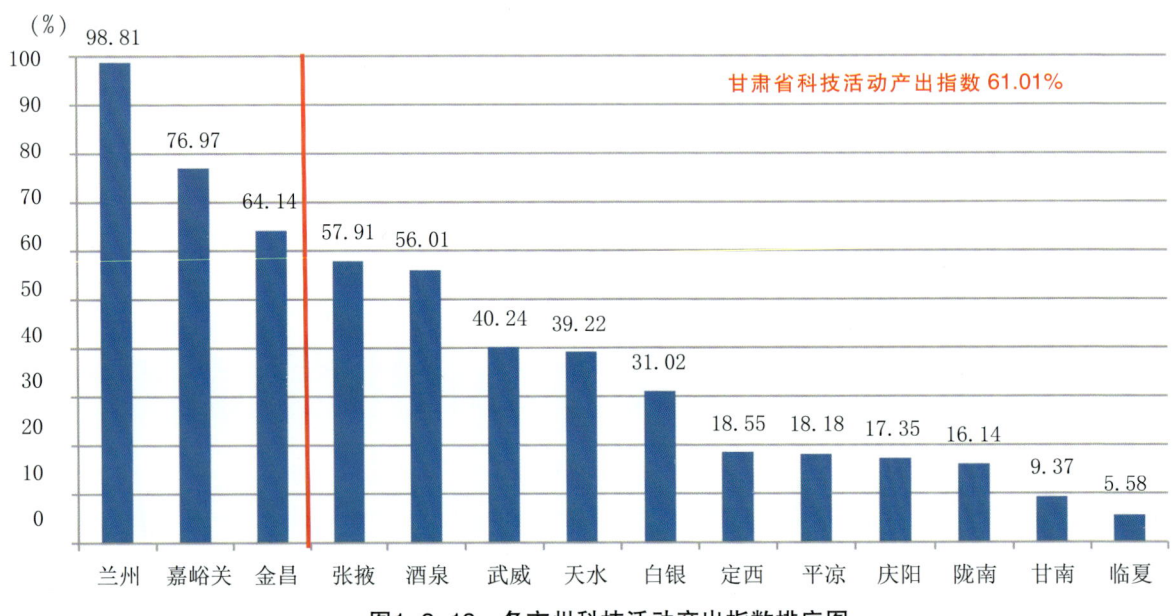

图1-3-12　各市州科技活动产出指数排序图

4.高新技术产业化评价

在高新技术产业化指标的排序中，天水排在第一位，高于甘肃省平均水平（70.01%）。见图1-3-13。

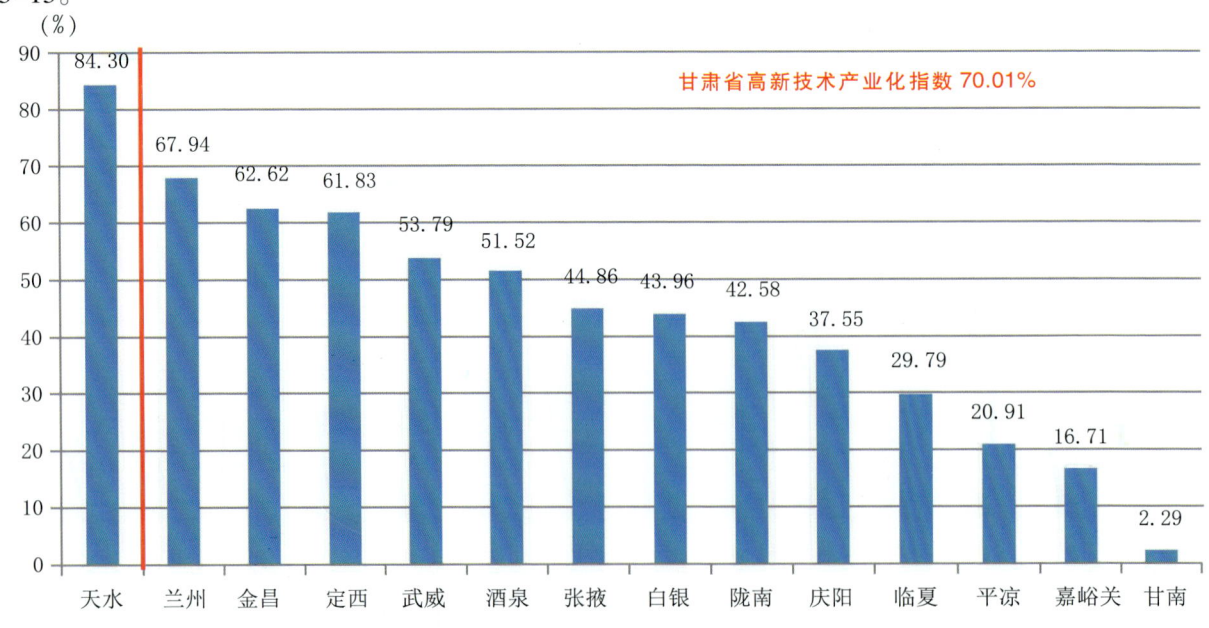

图1-3-13　各市州高新技术产业化指数排序图

三、市州科技进步各级指标评价

（一）市州科技进步一级指标评价

1.科技进步环境评价

在科技进步环境指标的排序中，张掖排在第一位，高于甘肃省平均水平（72.99%）。见图1-3-10。

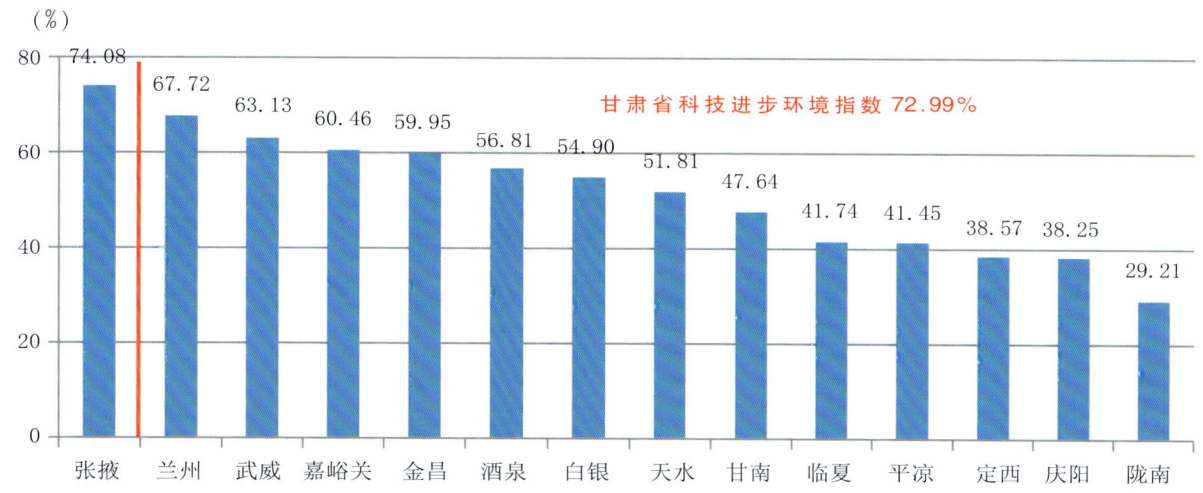

图1-3-10　各市州科技进步环境指数排序图

2.科技活动投入评价

在科技活动投入指标的排序中，嘉峪关、兰州、金昌、张掖和天水排在前5位，高于甘肃省平均水平（46.64%）。见图1-3-11。

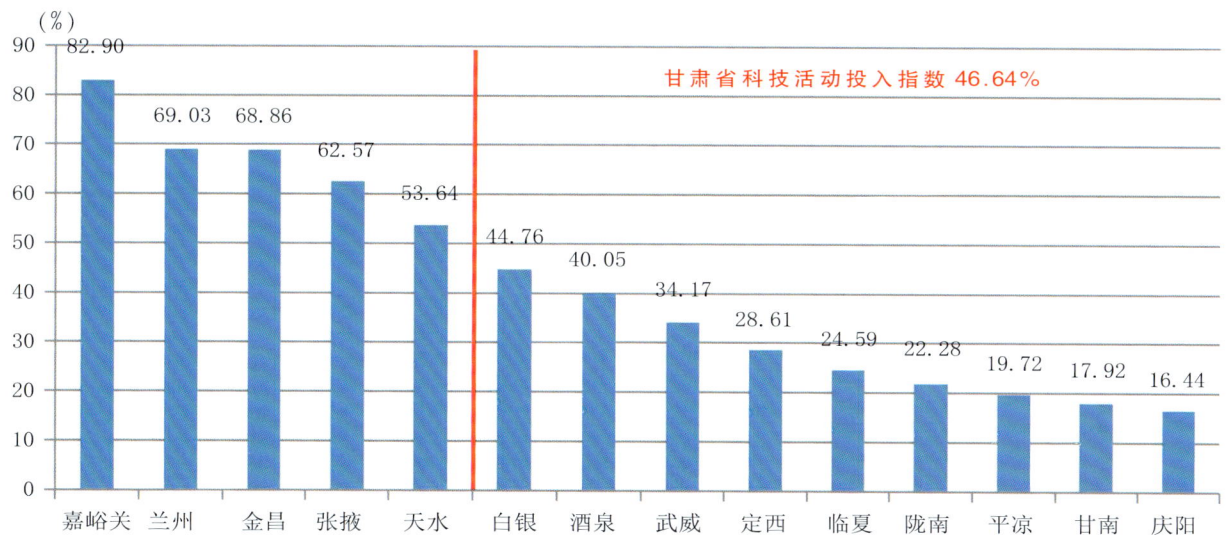

图1-3-11　各市州科技活动投入指数排序图

3. 科技活动产出评价

在科技活动产出指标的排序中，兰州、嘉峪关、金昌排在前3位，高于甘肃省平均水平（61.01%）。见图1-3-12。

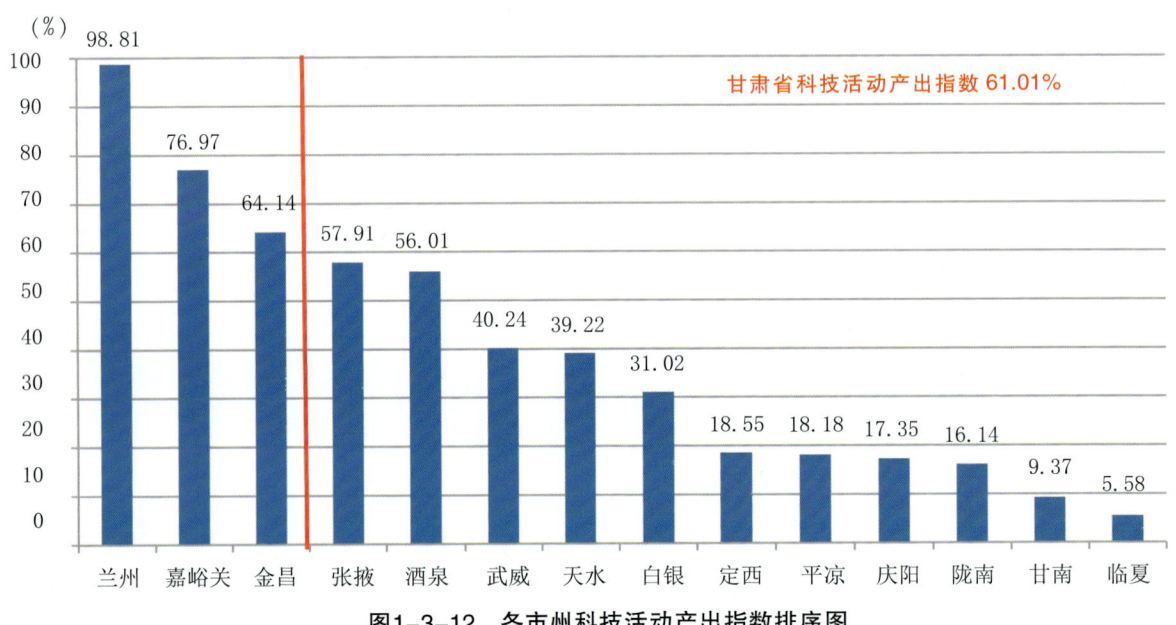

图1-3-12　各市州科技活动产出指数排序图

4. 高新技术产业化评价

在高新技术产业化指标的排序中，天水排在第一位，高于甘肃省平均水平（70.01%）。见图1-3-13。

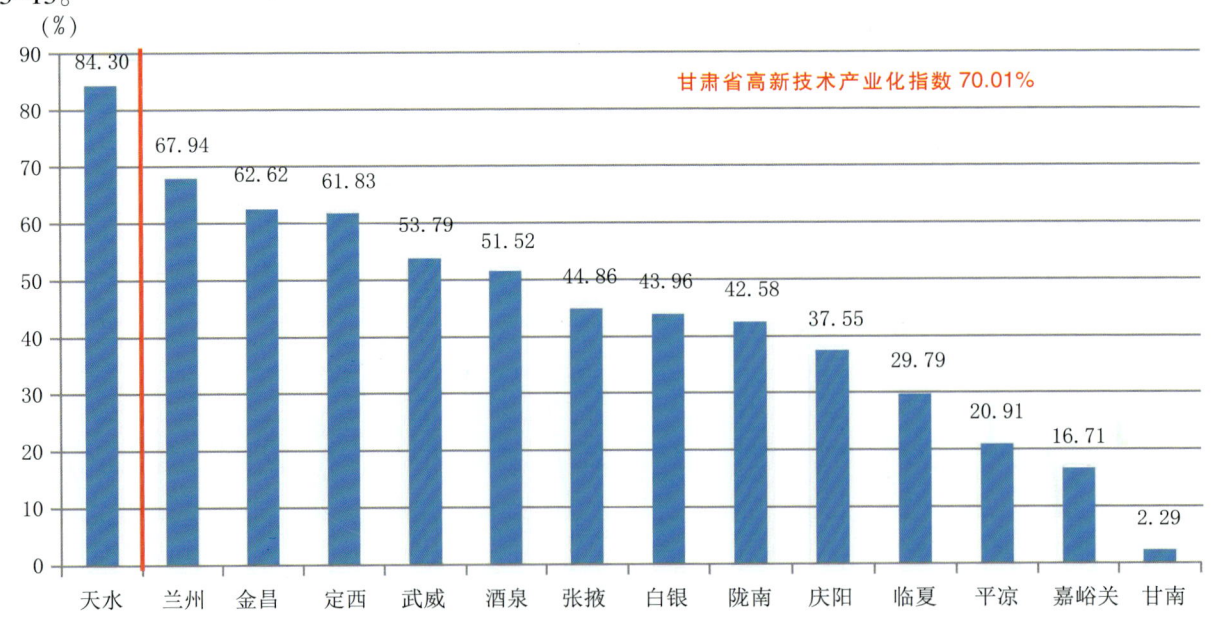

图1-3-13　各市州高新技术产业化指数排序图

综 合 篇

5.科技促进经济社会发展评价

在科技促进经济社会发展指标的排序中，兰州排在第一位，高于甘肃省平均水平（82.09%）。见图1-3-14。

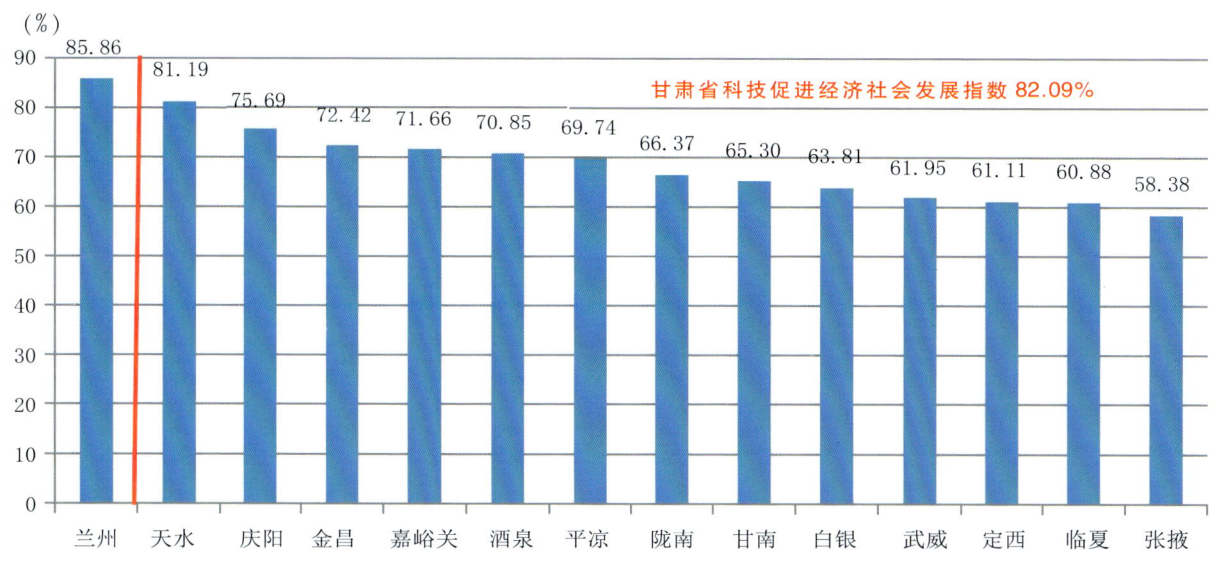

图1-3-14　各市州科技促进经济社会发展指数排序图

（二）市州科技进步二级指标评价

1.科技人力资源评价

从科技人力资源指数看，各地区均未超过甘肃省平均水平（83.18%）。见图1-3-15。

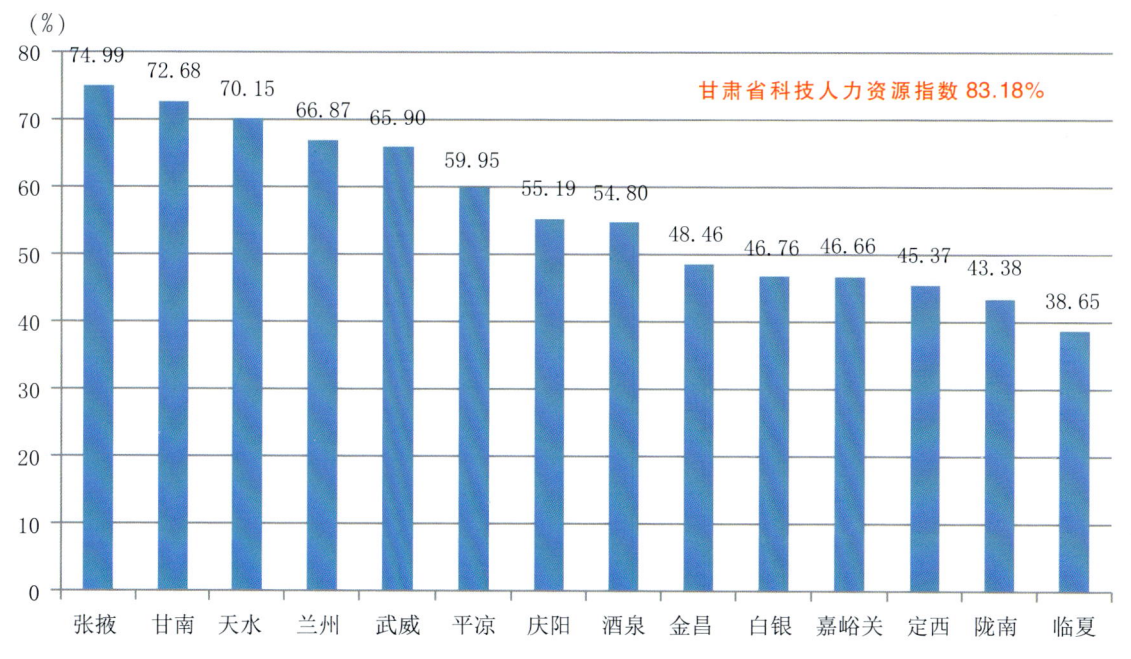

图1-3-15　各市州科技人力资源指数排序图

2.科研物质条件评价

从科研物质条件指数看,金昌、嘉峪关、白银、兰州和张掖5市高于甘肃省平均水平(57.47%)。见图1-3-16。

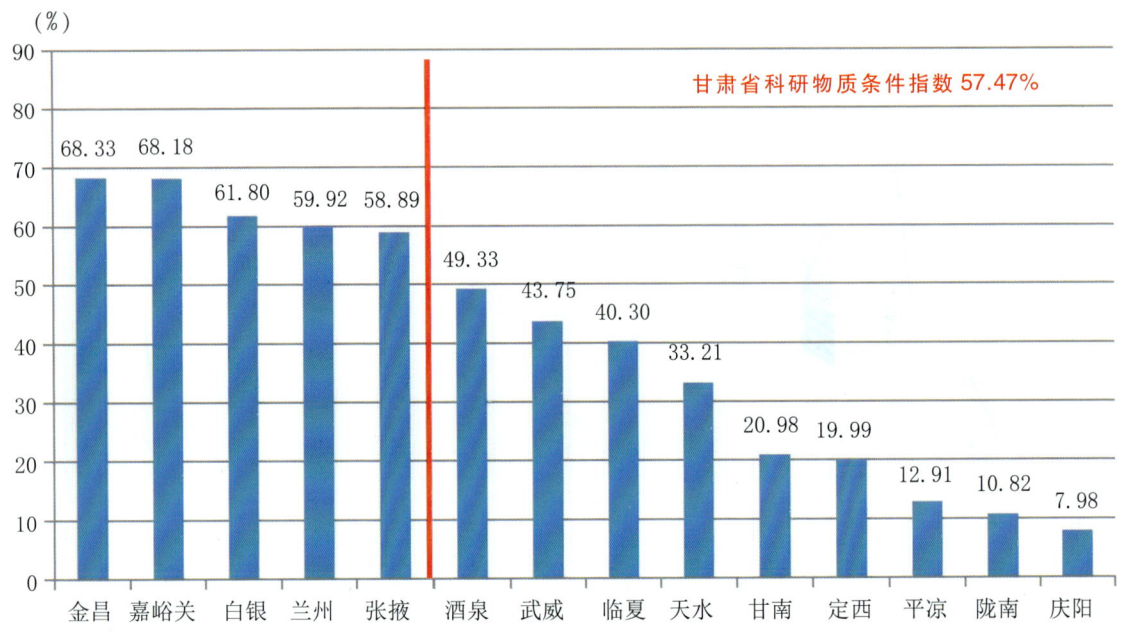

图1-3-16　各市州科研物质条件指数排序图

3.科技意识评价

从科技意识指数看,张掖、武威和兰州3市高于甘肃省平均水平(74.93%)。见图1-3-17。

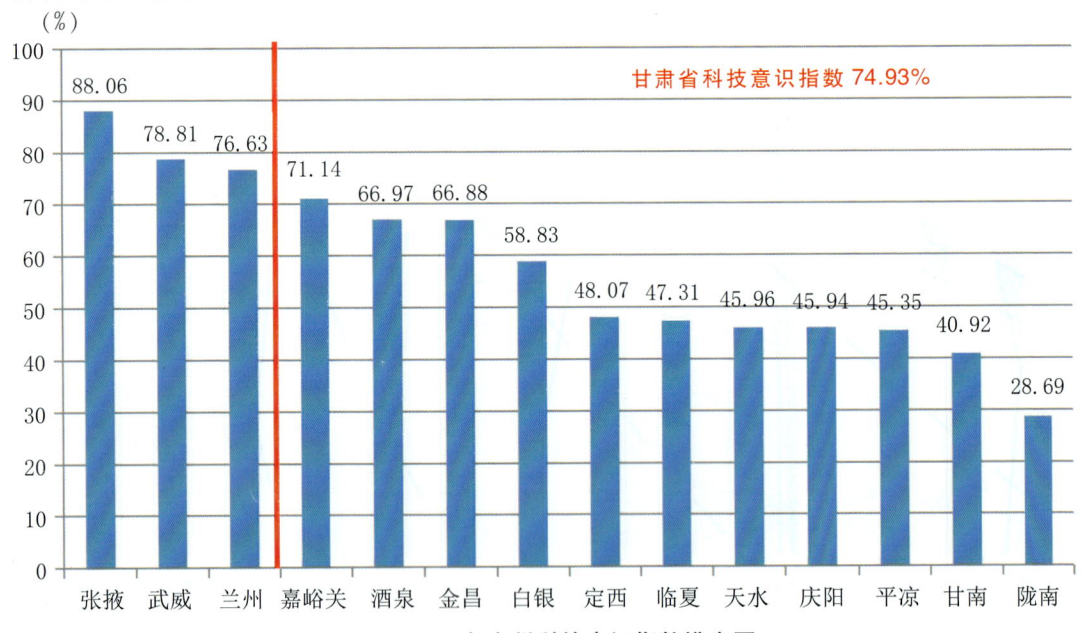

图1-3-17　各市州科技意识指数排序图

4.科技活动人力投入评价

从科技活动人力投入指数看，嘉峪关、金昌、兰州、张掖、酒泉、白银、武威和定西8市州高于甘肃省平均水平（41.86%）。见图1-3-18。

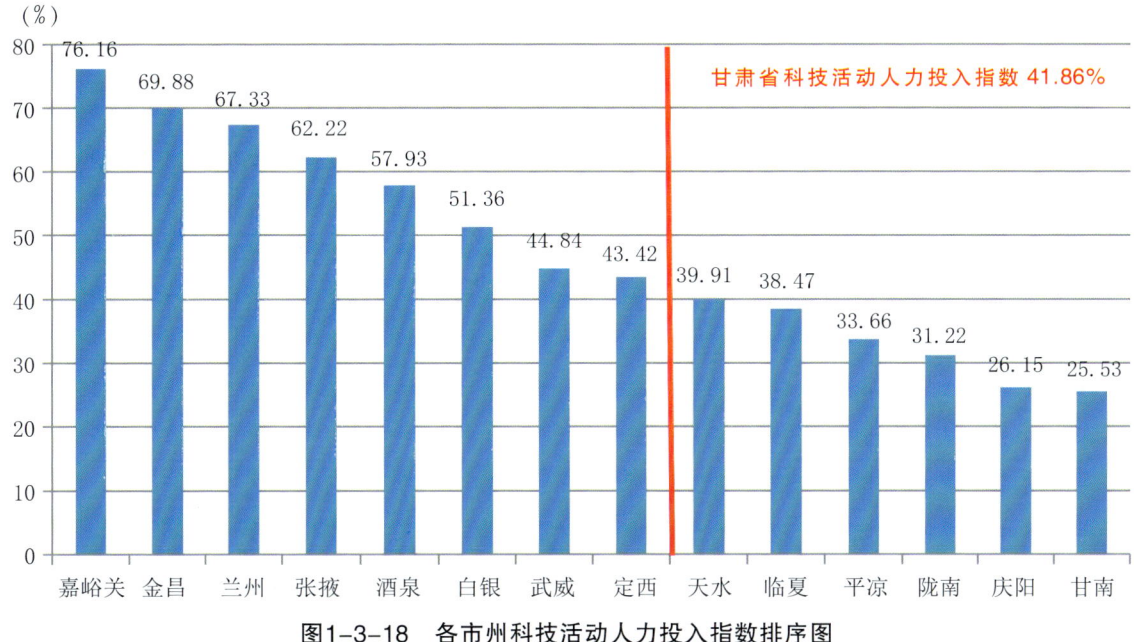

图1-3-18　各市州科技活动人力投入指数排序图

5.科技活动财力投入评价

从科技活动财力投入指数看，嘉峪关、兰州、金昌、张掖和天水5市高于甘肃省平均水平（48.69%）。见图1-3-19。

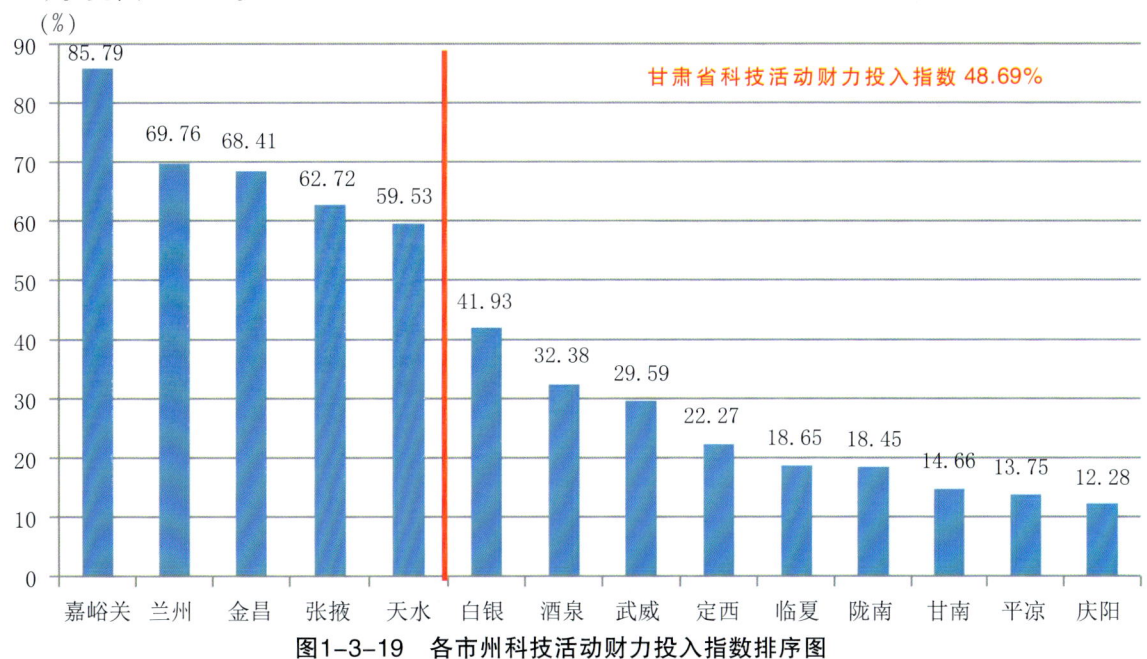

图1-3-19　各市州科技活动财力投入指数排序图

6.科技活动产出水平评价

从科技活动产出水平指数看，兰州、嘉峪关和金昌3市高于甘肃省平均水平（52.24%）。见图1-3-20。

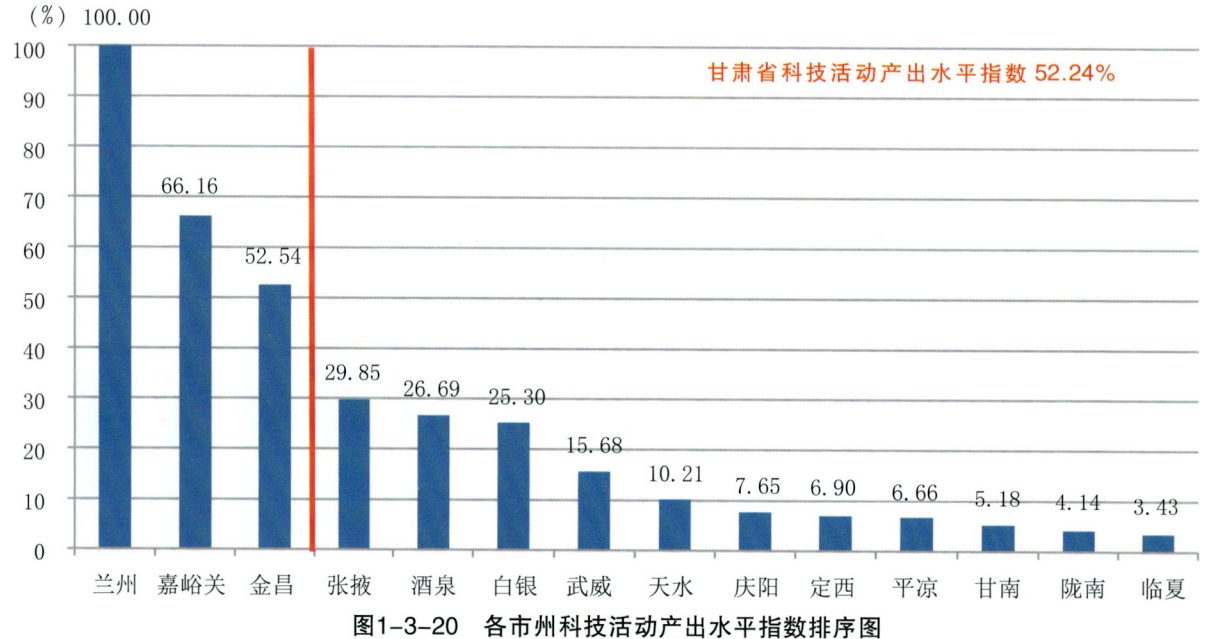

图1-3-20　各市州科技活动产出水平指数排序图

7.技术成果市场化评价

从技术成果市场化指数看，张掖、酒泉、兰州、嘉峪关、天水、金昌和武威7市高于甘肃省平均水平（74.17%）。见图1-3-21。

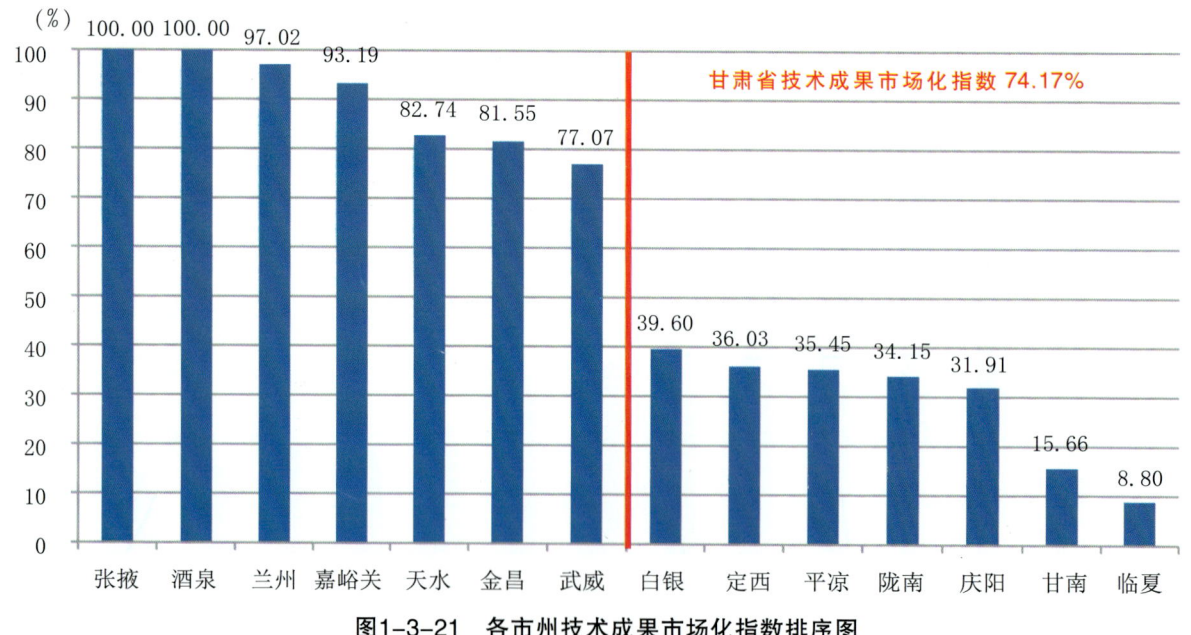

图1-3-21　各市州技术成果市场化指数排序图

8.高新技术产业化水平评价

从高新技术产业化水平指数看，天水、定西和金昌3市高于甘肃省平均水平（43.56%）。见图1-3-22。

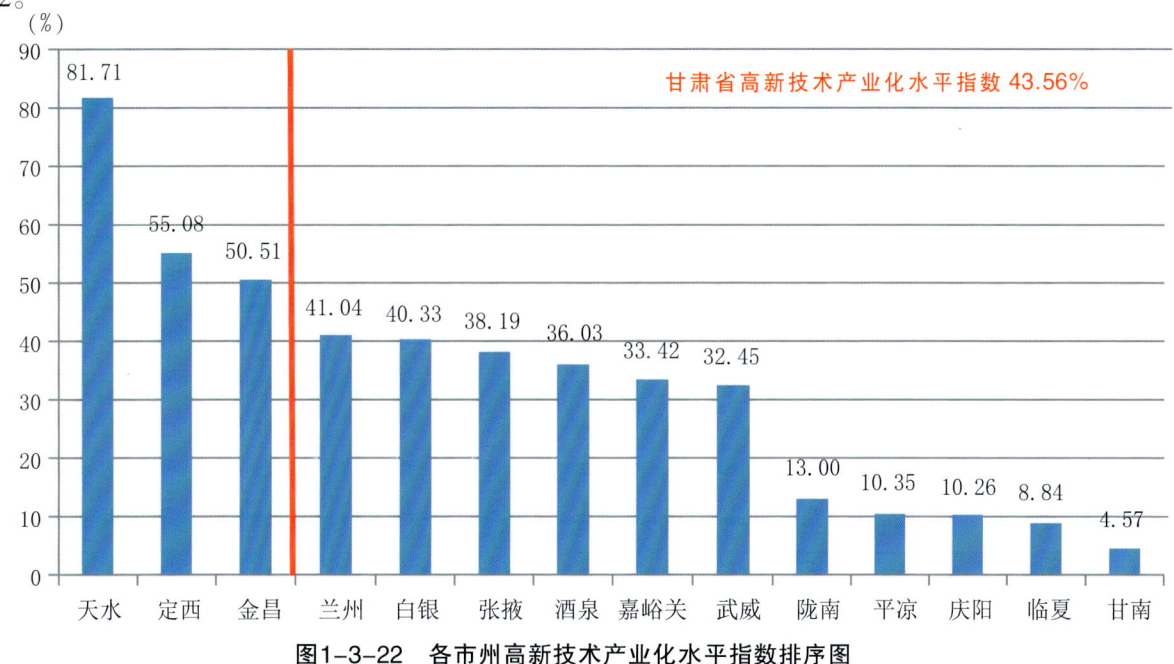

图1-3-22　各市州高新技术产业化水平指数排序图

9.高新技术产业化效益评价

从高新技术产业化效益指数看，各地区均未超过甘肃省平均水平（96.46%）。见图1-3-23。

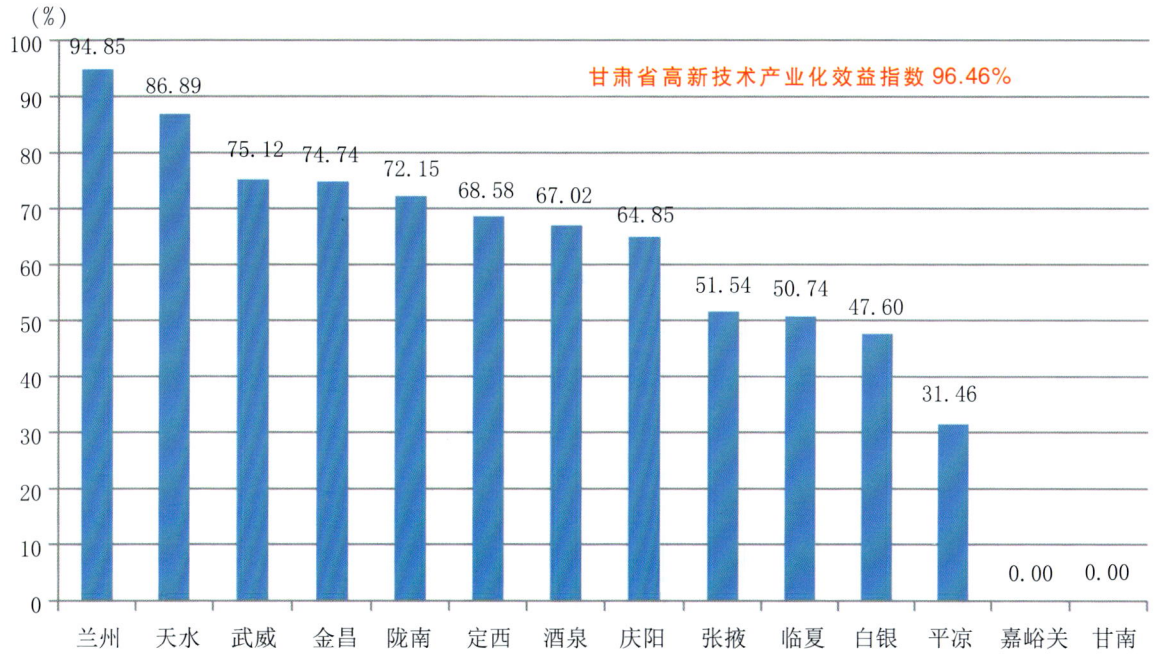

图1-3-23　各市州高新技术产业化效益指数排序图

10. 经济发展方式转变

从经济发展方式转变指数看，兰州市高于甘肃省平均水平（87.08%）。见图1-3-24。

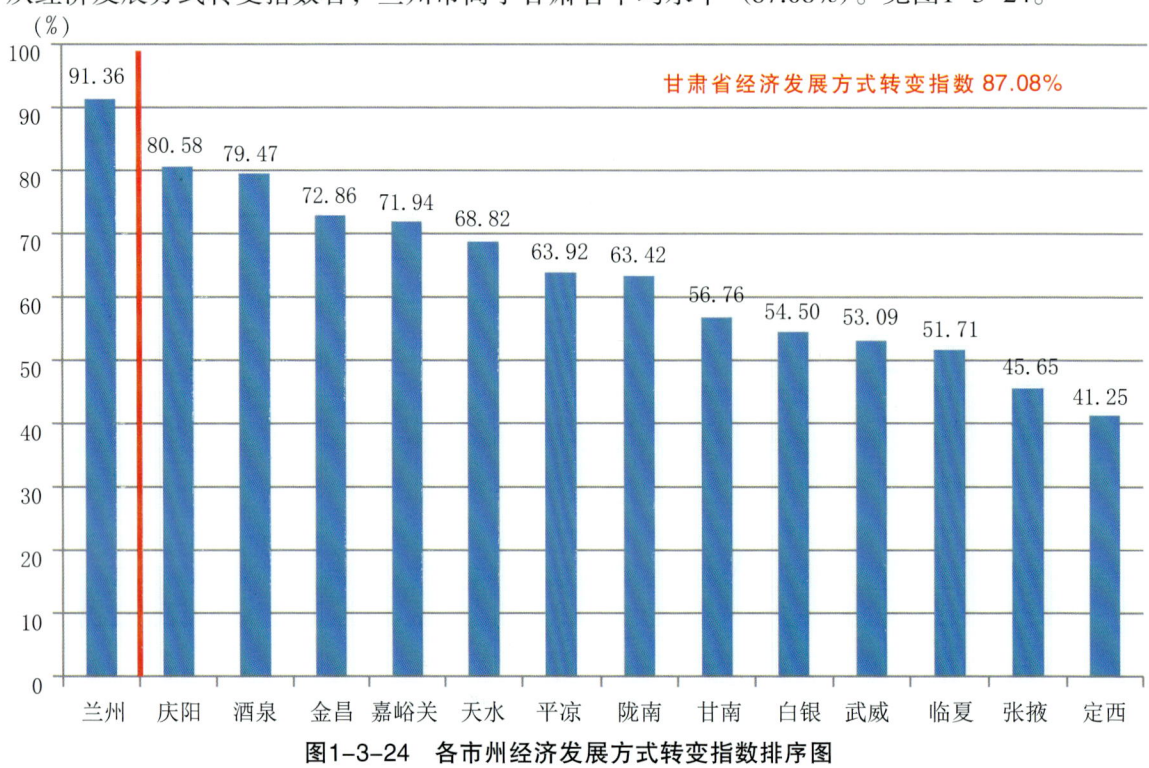

图1-3-24　各市州经济发展方式转变指数排序图

11. 环境改善评价

从环境改善指数看，定西、金昌、天水、临夏、兰州、平凉、张掖和武威8市州高于甘肃省平均水平（87.24%）。见图1-3-25。

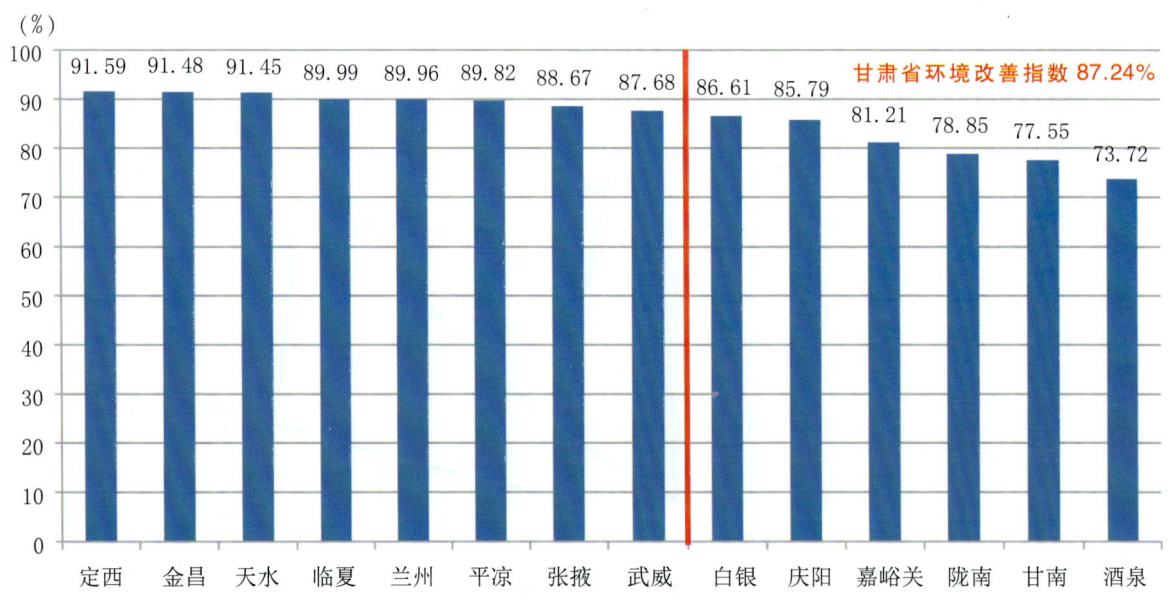

图1-3-25　各市州环境改善指数排序图

12.社会生活信息化评价

从社会生活信息化指数看，天水、定西和兰州3市高于甘肃省平均水平（72.76%）。见图1-3-26。

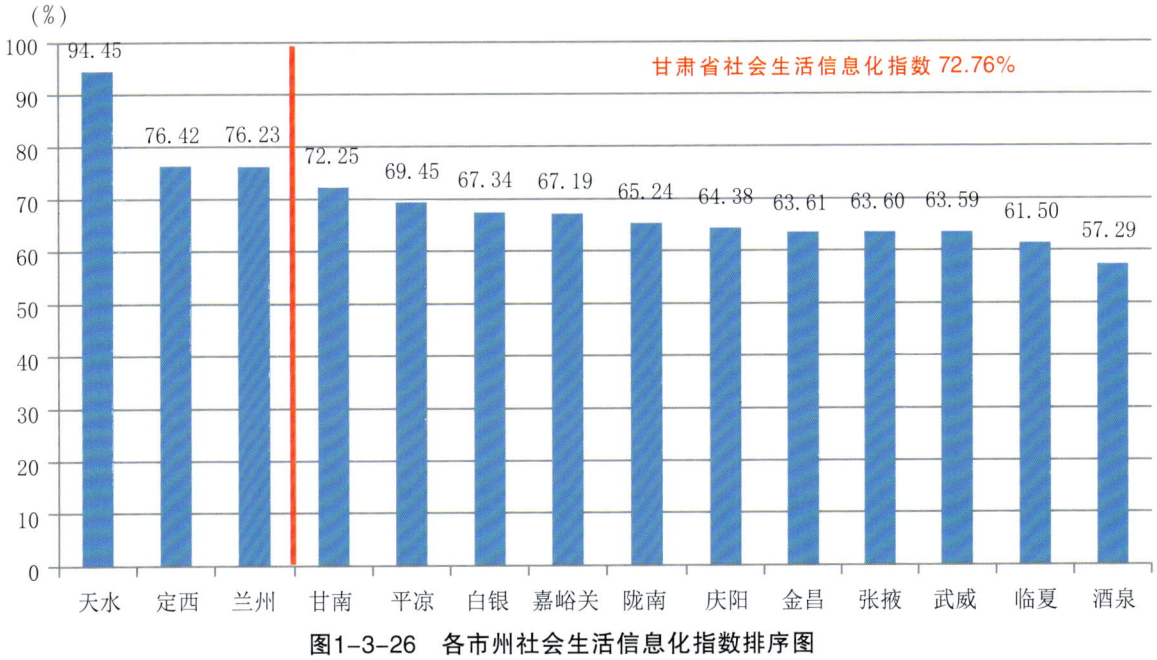

图1-3-26　各市州社会生活信息化指数排序图

第四节　年度科技计划

2021年，甘肃省级科技计划组织以习近平新时代中国特色社会主义思想和党的十九大精神为统揽，深入贯彻落实习近平总书记对甘肃重要讲话和指示精神，围绕甘肃省政府工作报告和省委经济工作会议等确定的目标任务，深入实施创新驱动发展战略，以重大科技项目为牵引，以重大创新平台为支撑，以重大机制创新为保障，依托布局省级科技计划项目，充分发挥科技计划在甘肃省高质量发展的支撑引领作用，提高创新供给质量，推动发展动能转换，着力打造西部地区创新驱动发展新高地。

一、年度预算资金情况

2021年，省级科技计划预算资金103 824.85万元。其中，省级科技计划项目安排资金69 135.35万元（其中，2020年立项项目结转资金2210万元），奖补资金27 189.5万元，中央引导地方科技发展专项资金7500万元。见图1-4-1。

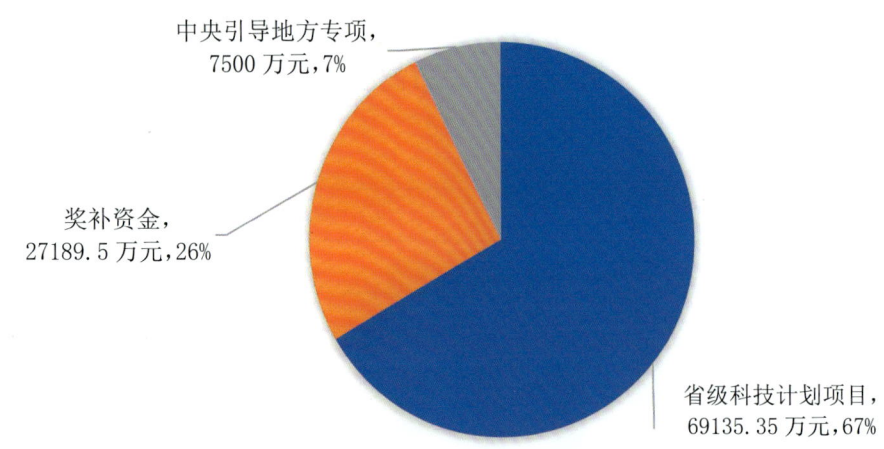

图1-4-1　2021年度预算资金分布结构

二、支持重点方向

（一）整合重构科技创新平台

发挥"兰白两区"对甘肃省高质量发展的支撑引领和辐射带动作用，集中配置优势科技资源，积极培育国家战略科技力量。抢抓国家建设高水平实验室体系的有利契机，发挥中央在甘科研院所、科技型企业和兰州大学创新优势，整合省属院校、科研机构资源，强化兰州综合性国家科学中心建设的基础条件和能力支撑。

（二）改善优化科技生态环境

加快科技体制机制改革，着力解决和改革政策协调配套不够与创新活力急需释放的矛盾，加强重大科技基础设施建设，强化基础研究，突破人才发展瓶颈。推进科研攻关组织模式创新，遴选出带动性强的"揭榜挂帅"项目，面向全社会进行招标。鼓励高校、科研院所和企业等创新主体依托科技重大专项、重点研发计划等开发科研助理岗位。

（三）提升企业技术创新能力

强化企业创新主体地位，促进各类创新要素向企业聚集。加大企业在创新资源配置中的主导权，充分发挥企业在技术创新决策、研发投入、科研组织和成果转化应用方面的主体作用。依托技术创新资源整合能力强的行业骨干企业牵头组建创新联合体，集聚行业上下游中小企业创新要素和高校、院所科研力量，形成融通创新格局，推进产学研深度融合。

（四）加快发展民生科技

支持黄河流域生态保护、典型脆弱生态系统恢复评价、重点领域重点行业污染物治理、节水与资源高效利用、应对气候变化、陇药大品种开发利用、新药研发、重大疾病诊治、突发传染病防控、文物保护科技创新、公共安全技术防范。

（五）突出科技成果转移转化

围绕甘肃省科技成果转移转化的关键问题和薄弱环节，深化科研院所、高校与企业合作，加强新技术、新产品、新工艺的推广与应用，探索全链条、集成式、系统化推进科技成果转移转化的路径，为科技成果转化提供一站式、精准化、零距离服务。

三、科技计划组织方式

2021年度省级科技计划按照"常年受理、定期评审、分批下达"的项目管理模式，通过"自上而下"和"自下而上"相结合的模式，聚焦甘肃省发展的科技创新问题和技术需求，筛选、凝练科研项目。

（一）推进科技管理流程再造

按照优势突出领域"必保"、核心关键方向"必争"、高端前沿布局"必跟"的思路，推进科技资源配置方式改革。实施省级科技计划指南（"1"指南）和专项申报指南（"N"指南）相结合的方式，围绕重大项目随时发布"N"指南，进一步提高项目实施的精准性和导向性。

（二）布局重大技术攻关项目

积极开展科研项目实行定向组织和直接委托的方式，发挥政府作为重大科技创新组织者的作用，聚焦千亿元产业集群培育和百亿级园区建设，按照"强龙头、补链条、聚集群"的思路，围绕强链、延链、补链布局重大科技创新项目。集聚"政产学研用"资源，梳理"卡脖子"技术清单，瞄准制约传统产业转型升级和战略性新兴产业培育的核心关键技术，依托企业创新联合体、重点平台组织实施一批重大科技攻关项目，突破产业转型升级的瓶颈难题，培育形成一批标志性科技成果。

（三）完善科技专家咨询制度

组织高水平、多学科行业专家队伍围绕科技计划项目、创新平台、科技战略、科技预算等方面开展专题咨询，组织遴选和推荐优质项目，多方面听取和吸收意见建议，切实提高项目质量，更好发挥高水平科技创新智库的重要决策支撑作用。

四、计划安排情况

2021年新立项省级科技计划项目3433项，较上年增加1197项。按计划类别分析，科技重大专项计划投入省级科技专项资金最多，为31 750万元，立项数160项。其次为奖补资金27 189.5万元，奖补事项582项。创新基地和人才计划投入资金17 929万元，立项数2360项。技术创新引导计划投入资金10 571.35万元，立项数619项。重点研发计划投入资金8885万元，立项数351项。中央引导地方专项投入资金7500万元，立项数27项。见图1-4-2。

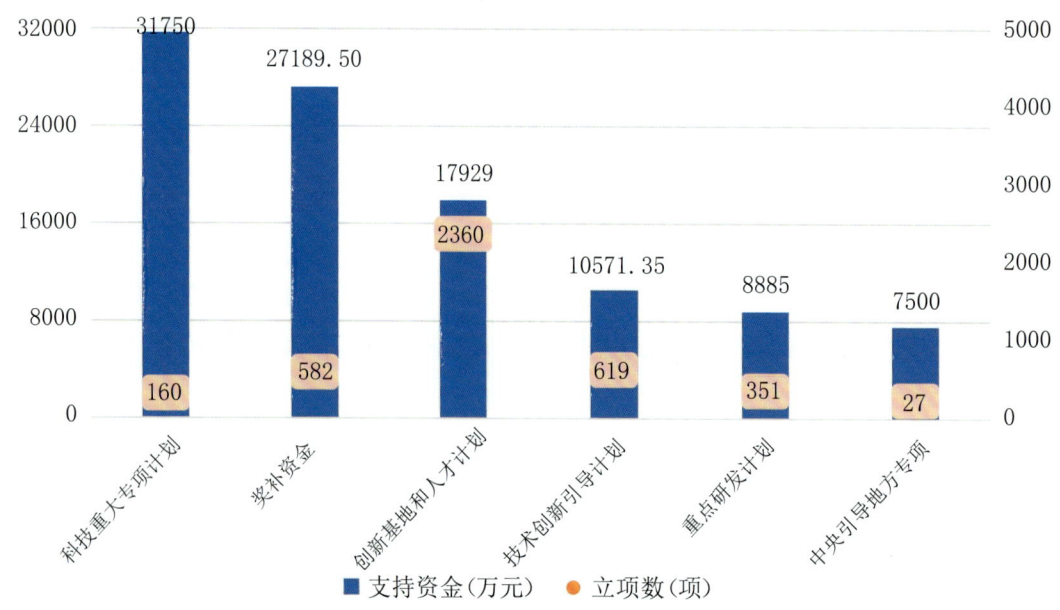

图1-4-2　按计划类别划分的科技计划项目资金预算资金及立项情况

（一）科技重大专项

在2021年省级科技重大专项的组织推荐和立项评审工作中，重点围绕工业、农业、社会发展、国际科技合作四大领域，坚持目标、需求、结果三个导向兼备，实施核心关键技术攻坚，提升科技创新能力，解决关键共性技术问题，攻克"卡脖子"技术和产业关键核心技术，促进成果转移转化，构建具有较强竞争力的现代产业技术体系，为甘肃省发展高附加值特色产业提供科技支撑。全年安排160项，投入资金31 750万元。见图1-4-3。

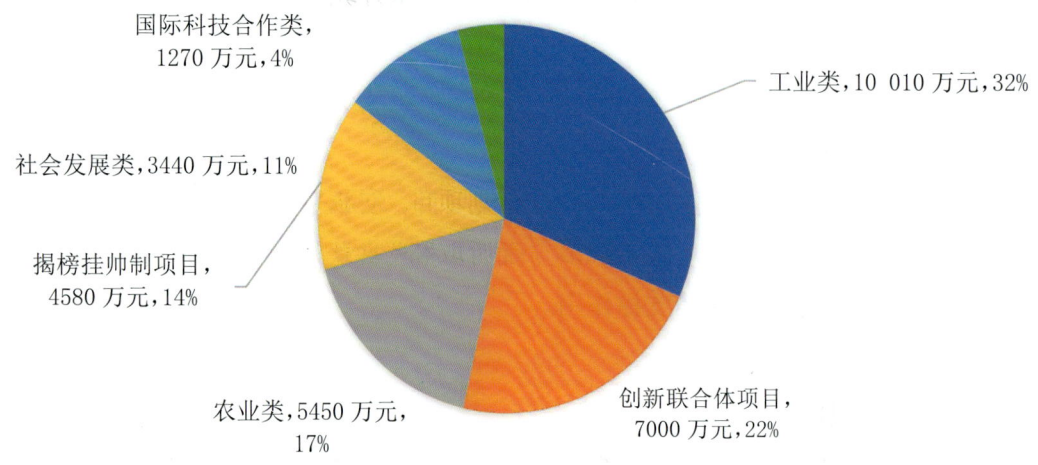

图1-4-3　2021年度科技重大专项预算资金及立项分布结构

（二）重点研发计划

工业领域支持关键核心技术和重要技术标准研发，以项目实施培育带动科技型技术企业创新发展。农业领域开展新品种、新技术研发及集成示范推广，为甘肃省农业现代化发展提供持续性的支撑和引领。社会发展领域重点围绕高寒区污水处理技术、气象灾害等重大自然灾害监测预警预防、生态损害赔偿鉴定与评估关键技术，碳达峰碳中和关键技术，常见重大疾病整治，视频特效等文化旅游产业关键技术，安全生产与消防开展共性关键技术研发。国际科技合作领域以国际科技合作基地为支撑，以具备国际科技合作基础的科研团队为依托，优先支持智慧农业、先进制造、生命健康、信息技术、环境科学、装备制造、人工智能、新能源、新材料等领域开展联合研发、推进技术转移与示范、促进科技人文交流。全年组织项目351项，安排资金8885万元。见图1-4-4。

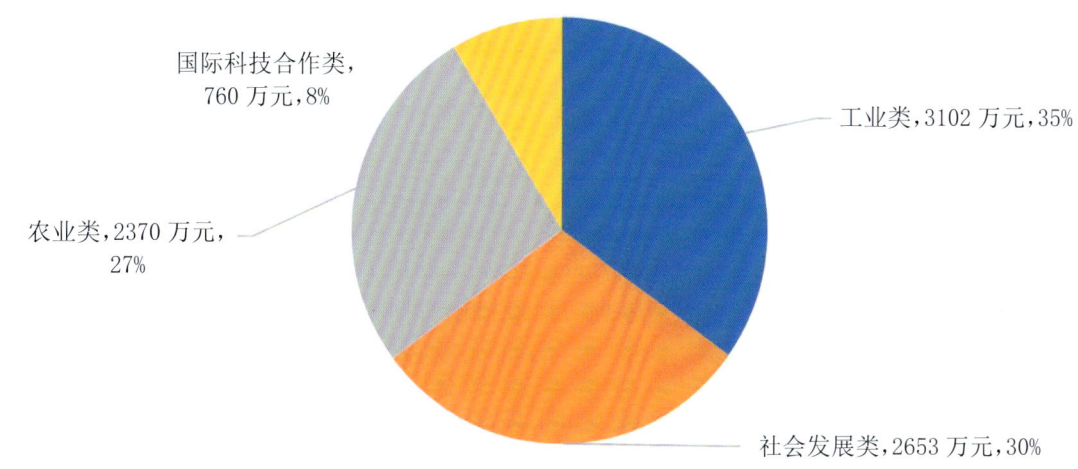

图1-4-4　2021年度重点研发计划预算资金及立项分布结构

（三）技术创新引导计划

技术创新引导计划包括科技型中小企业技术创新基金（含科技"小巨人"企业培育）、软科学、民生科技、区域科技合作与创新发展等专项。重点围绕社会发展、乡村振兴、甘肃省十大生态产业发展，省政府经济社会发展跨区域合作重点方向和重点领域以及甘肃省区域创新体系建设发展需求，加强产学研跨区域深度合作，优先支持布局在兰白自创区、兰白试验区及与省科技厅建立厅市会商机制的市（州）项目。着力提升科技创新能力，集聚各类创新资源，完善创业培育服务，激发全社会创新创业活力，打造高质量双创载体，为甘肃省经济社会发展中日益复杂的问题提供支撑。全年组织项目619项，安排资金10571.35万元。见图1-4-5。

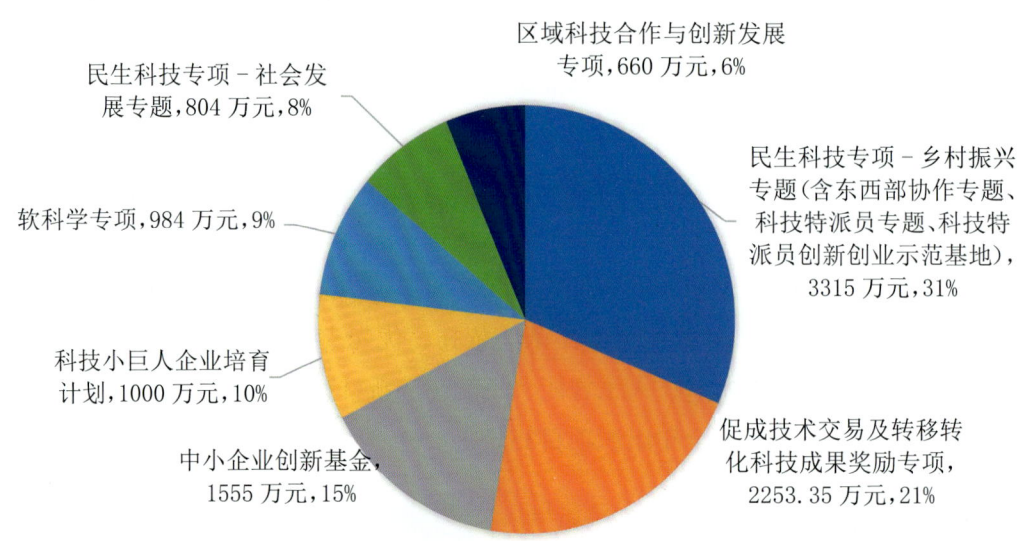

图1-4-5　2021年度技术创新引导计划预算资金及立项分布结构

（四）创新基地和人才计划

围绕《兰州综合性国家科学中心建设方案》中的重点任务，采取"自上而下、成熟一个、建设一个"的原则实施。通过围绕创新基地专项、省属科研院所创新能力建设专项、科技人才专项等计划组织项目，继续优化整合现有省级科技创新基地和平台、重点实验室（含研究中心）、科技创新服务平台和技术创新中心，以培育和建设兰州综合性科学中心为目标，支撑引领产业转型升级、助推经济高质量发展。全年组织项目2360项，安排资金17 929万元。见图1-4-6。

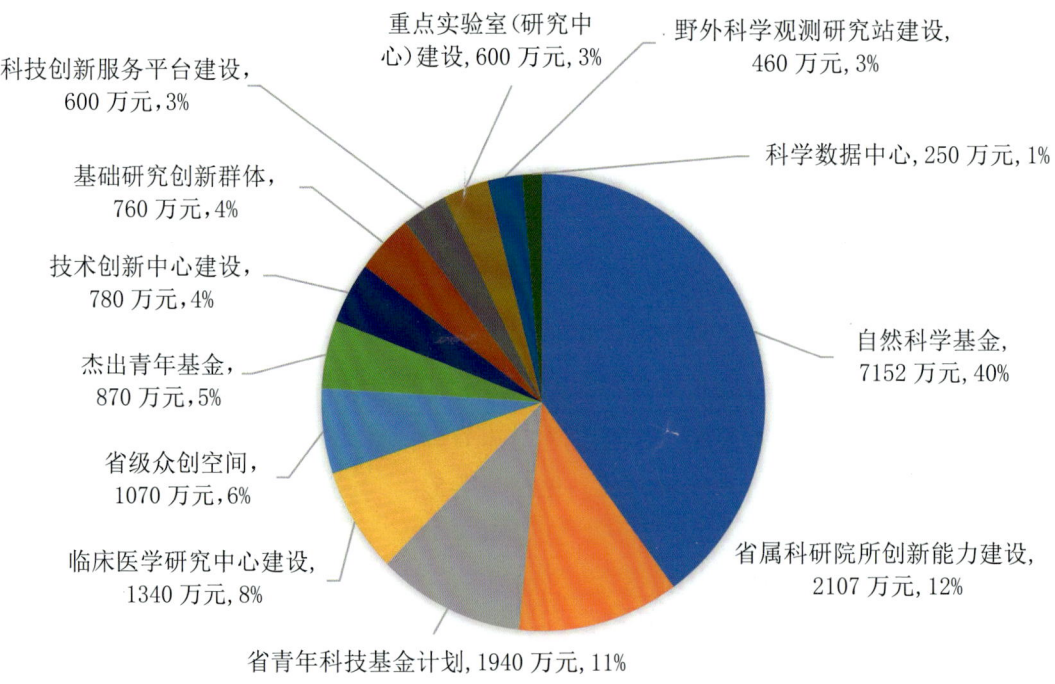

图1-4-6　2021年度创新基地和人才计划预算资金及立项分布结构

(五) 奖补资金

2021年，落实奖补事项582项，投入资金总计27 189.5万元，分别为《关于深化科技体制机制改革创新 推动高质量发展的若干措施》奖补资金15 197.5万元，奖补事项39项。《甘肃省支持科技创新若干措施》奖补资金7750万元，奖补事项488项。《进一步激发创新活力 强化科技引领的意见》奖补资金2600万元，奖补事项16项。国家科技计划项目奖补资金1642万元，奖补事项39项。见图1-4-7。

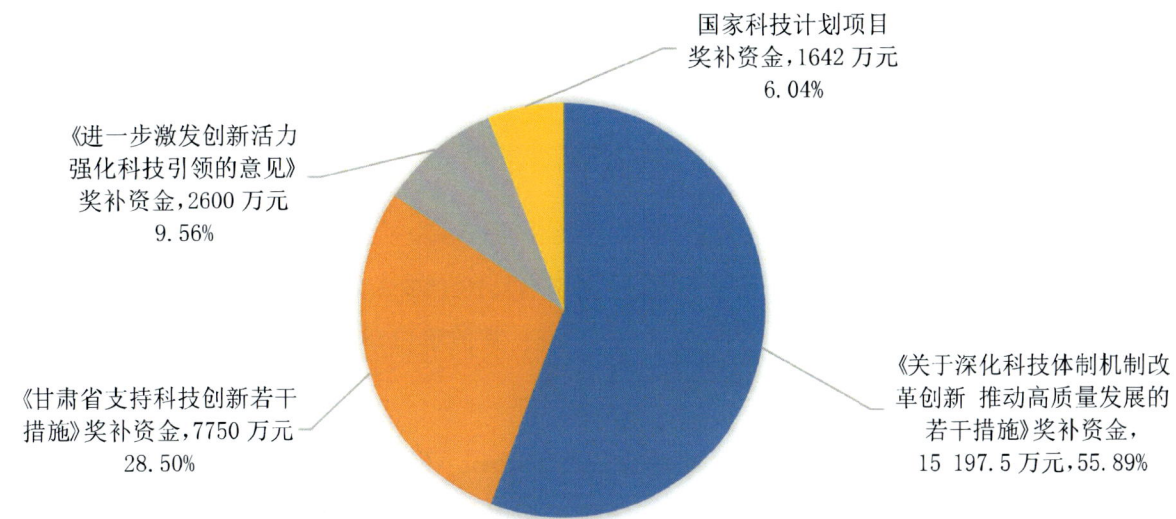

图1-4-7　2021年度奖补资金分布结构

第二章 科技投入产出

第一节 科技活动投入

一、科技活动机构

（一）R&D活动机构

2021年，甘肃省有R&D活动机构803个，较上年增长10.15%。其中企业559个，增长12.25%；高等院校87个，增长1.16%；科研机构79个，增长2.6%；其他单位78个，增长14.71%。有R&D活动的机构按执行部门分布及与上年对比分别见图2-1-1~2。

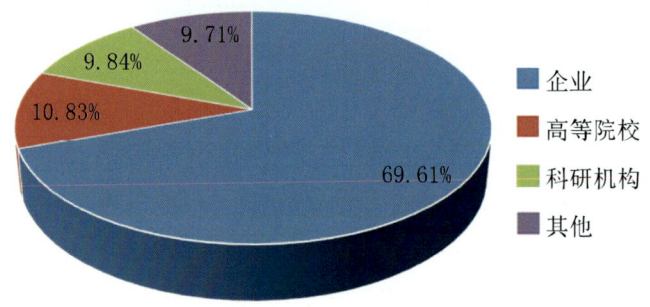

图2-1-1 2021年甘肃省R&D活动机构按执行部门分布

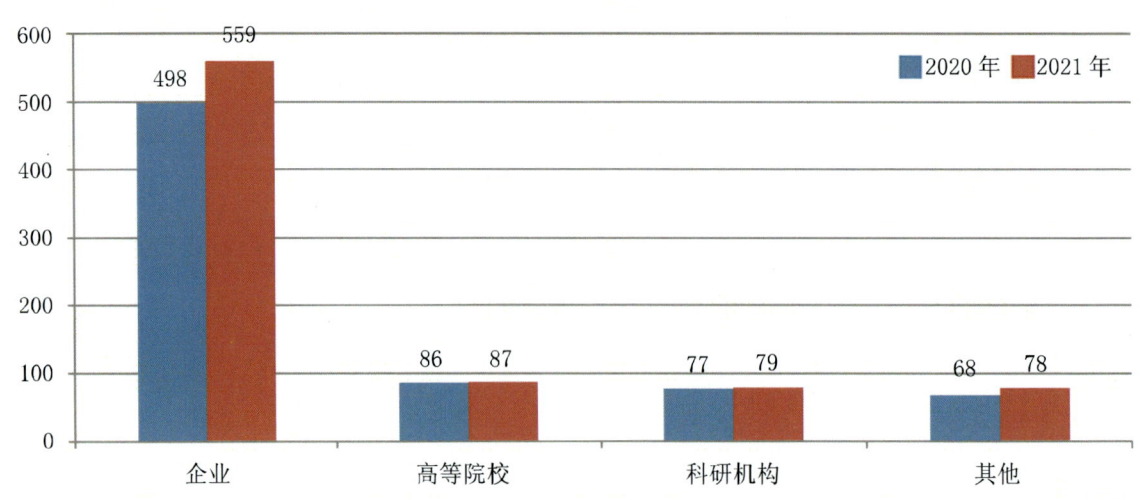

图2-1-2 甘肃省R&D活动机构按执行部门分布对比（2020-2021年）

按地域划分，兰州R&D活动机构246个，占30.64%；武威113个，占14.03%；张掖93个，占11.63%；以上3个市开展R&D活动的机构总数占到甘肃省的五成以上。与上年对比，张掖、天水、平凉、临夏、陇南和甘南6个市州开展R&D活动的机构数量都有所减少，除白银与上年持平，其余7个市州均有不同程度的增长，其中定西和金昌2个市州有R&D活动的机构增幅较大，其中，定西较上年增长了134.29%，金昌较上年翻了一番。见图2-1-3。

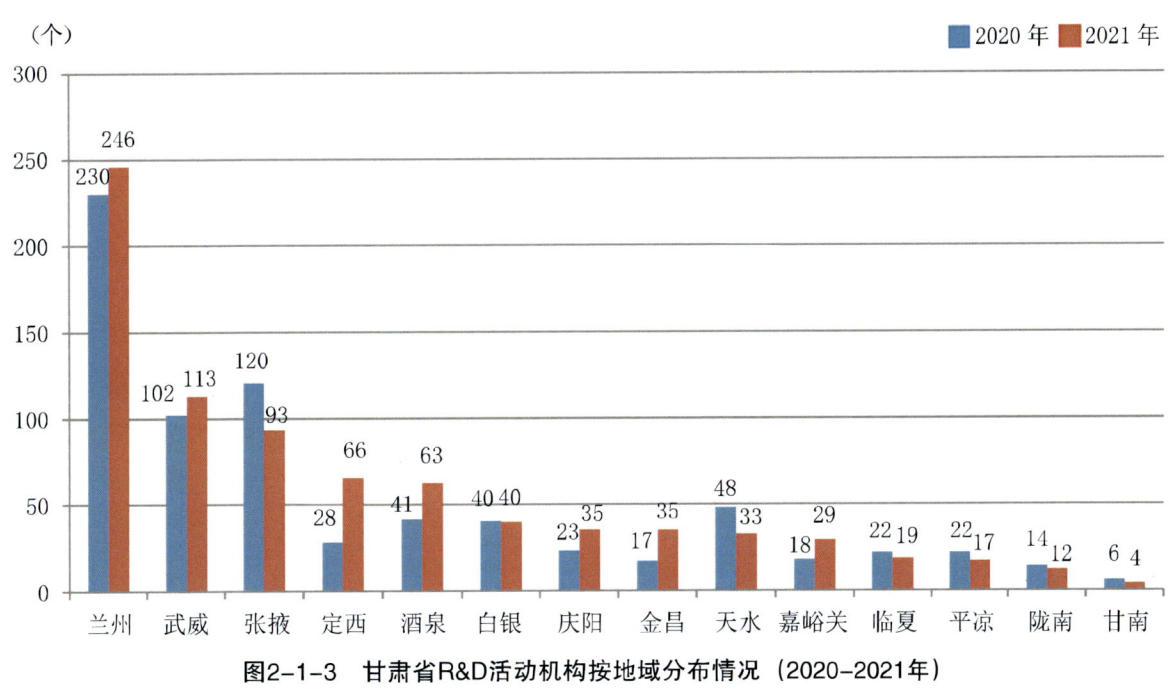

图2-1-3　甘肃省R&D活动机构按地域分布情况（2020-2021年）

（二）科学研究和技术服务业事业单位分布情况

截至2021年底，甘肃省拥有科学研究和技术服务业事业单位187个，较上年增长5.06%；其中有R&D活动的单位137家，较上年增长8.73%，占总数的73.26%。按隶属关系分，中央部门属9个，省级部门属59个，地市及县区级部门属77个。见图2-1-4。

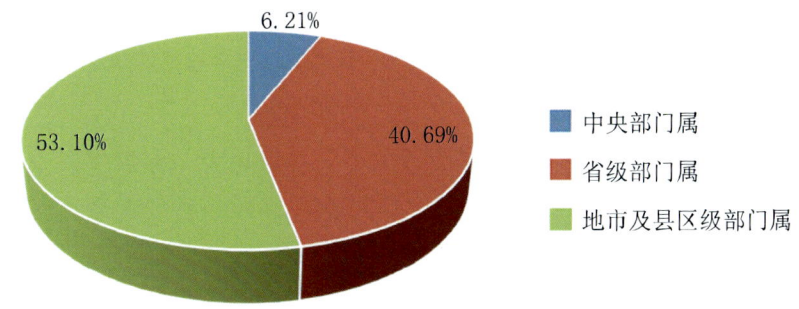

图2-1-4　2021年甘肃省科学研究和技术服务业事业单位按隶属关系分布

按服务的国民经济行业划分，甘肃省科学研究和技术服务业事业单位分布在11个行业中，主要服务于科学研究和技术服务业、农林牧渔业，单位数分别是101个和62个，这两个行业的单位占单位总数的87.17%。见图2-1-5。

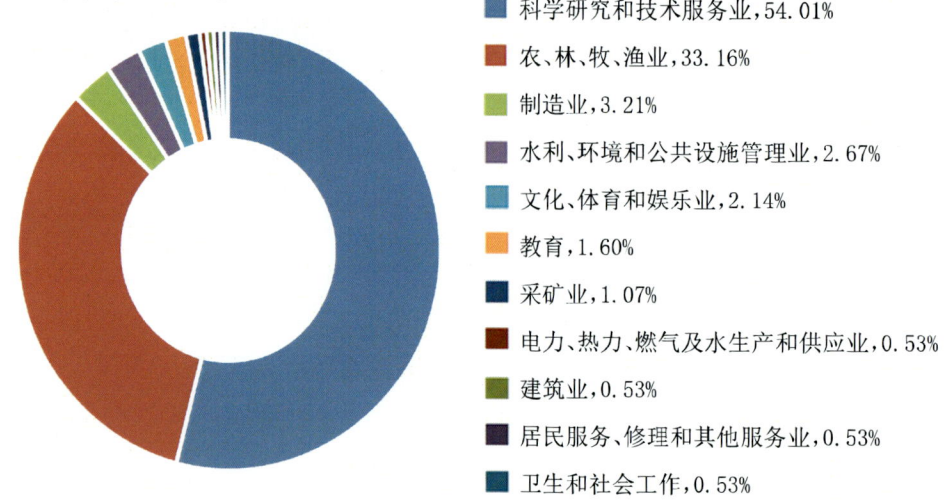

图2-1-5 2021年甘肃省科学研究和技术服务业事业单位服务按服务的国民经济行业分布

按所属学科划分，甘肃省科学研究和技术服务业事业单位分布在5大学科领域，其中农业科学领域的单位最多，有104家，占总数的55.61%；其次是工程科学与技术领域，有36家，占19.25%。见图2-1-6。

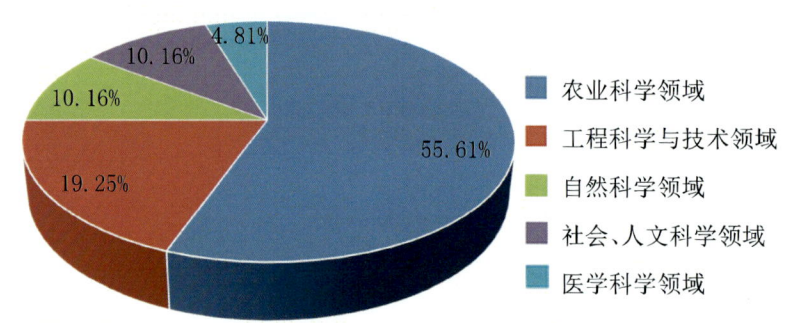

图2-1-6 2021年甘肃省科学研究和技术服务业事业单位按学科分布

按地域划分，兰州拥有科学研究与技术服务业事业单位最多，有65个，占甘肃省的34.76%；武威44个，占23.53%；酒泉15个，占8.02%。与上年对比，临夏、酒泉和平凉3市的机构数量有增加，分别较上年增长400%、66.67%和7.69%，兰州和武威的机构数量有所减少。从开展R&D活动的单位来看，兰州53个、武威34个、酒泉11个。见图2-1-7。

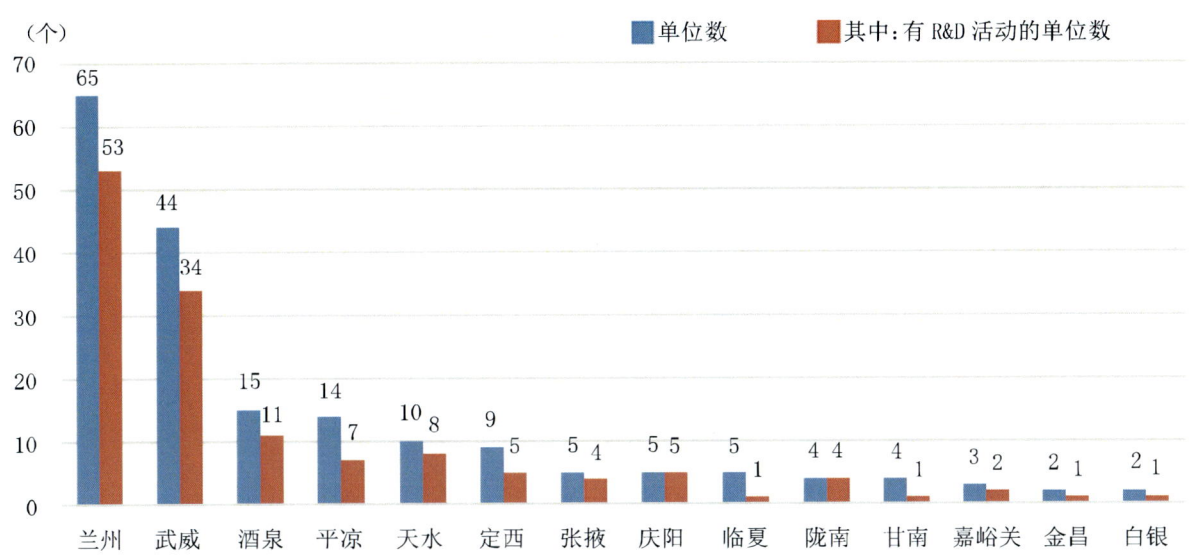

图2-1-7 2021年甘肃省科学研究和技术服务业事业单位及开展R&D活动单位按地域分布

二、科技活动经费

（一）财政科技支出

财政科技支出是指政府按照地方目标对科技发展所给予的直接的资金支持，包含各级政府对科学技术活动的资金支持，它不仅用于支持R&D活动，也用于地震、环保、科普等方面的公益性科技活动和推动科技成果产业化。财政科技支出是地方科技经费（包括R&D经费）的重要来源。

2021年，甘肃省地方财政科技支出34.95亿元，比上年增加了2.88亿元，增长8.99%。其中，省本级财政科技支出13.3亿元，增长11.48%，占甘肃省财政科技支出的比重为38.05%；地市级财政科技支出21.66亿元，增长7.58%，占甘肃省财政科技支出的比重为61.95%。见图2-1-8。

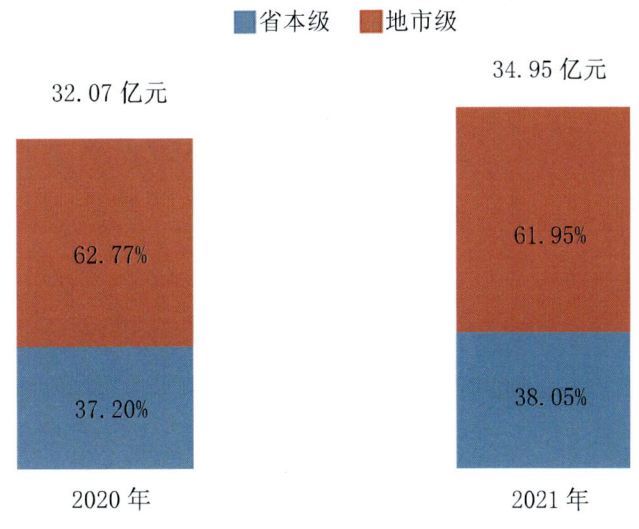

图2-1-8 甘肃省地方财政科技支出结构图（2020-2021年）

2021年，甘肃省地方财政科技支出占财政支出的比重为0.87%，比上年提高了0.1个百分点。其中省本级财政科技支出占省本级财政支出的比重为1.67%，比上年提高了0.12个百分点；市州级财政科技支出占市州级财政支出的比重为0.67%，比上年提高了0.08个百分点。见图2-1-9。

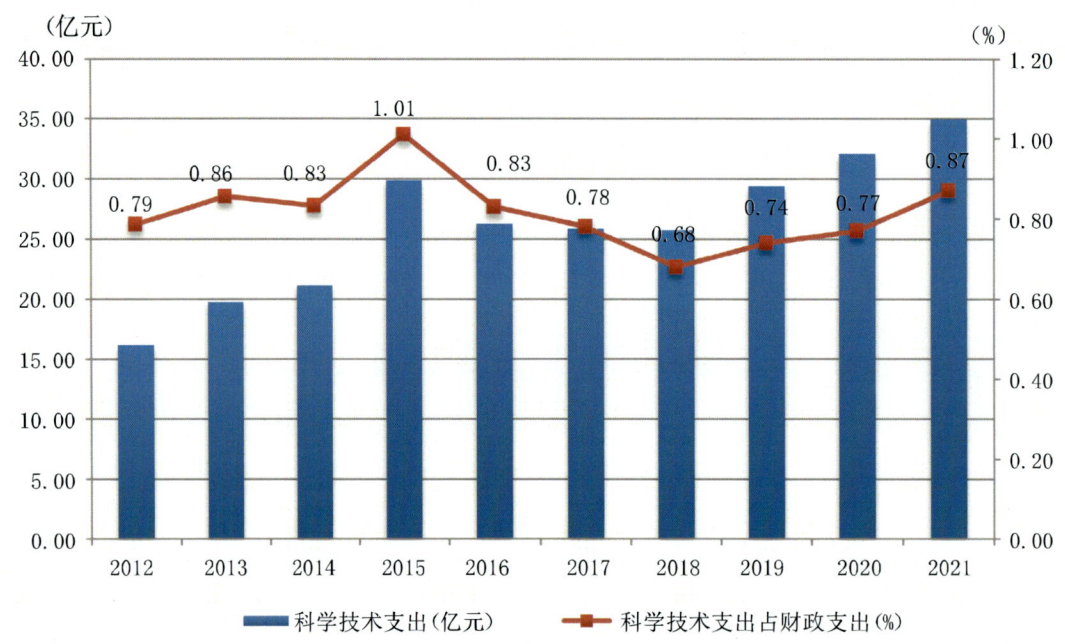

图2-1-9　近十年甘肃省地方财政科技支出及占财政支出比重情况

按财政部制订的《2007年政府收支分类科目》中科技支出科目分设10款，依次为科学技术管理事务、基础研究、应用研究、技术研究与开发、科技条件与服务、社会科学、科学技术普及、科技交流与合作、科技重大项目、其他科学技术支出。2021年，甘肃省财政科技支出中用于科技条件与服务、其他科学技术支出和应用研究的经费支出居前三位，占财政科技总支出的比重分别为27.74%、20.53%和13.72%，这三项支出总额超过总数的六成。见表2-1-1。

表2-1-1　近五年甘肃省财政科技支出情况

	2017	2018	2019	2020	2021
财政科技支出（亿元）	25.83	25.74	29.39	32.07	34.95
科学技术管理事务	2.33	3.38	3.30	4.88	4.15
基础研究	0.16	0.38	0.19	0.28	1.24
应用研究	3.95	4.59	3.11	4.08	4.80
技术研究与开发	7.16	7.96	6.75	6.04	4.62
科技条件与服务	6.10	4.90	5.86	6.32	9.70
社会科学	0.44	0.46	0.50	0.48	0.55
科学技术普及	1.74	1.83	2.03	2.63	2.51

续表2-1-1

	2017	2018	2019	2020	2021
科技交流与合作	0	0	0.25	2.50	0
科技重大专项	0.38	0.01	0.02	0.04	0.21
其他科学技术支出	3.57	2.24	5.12	4.81	7.18
财政支出（亿元）	3304.44	3772.23	3951.60	4163.40	4032.56
财政科技支出占财政支出的比重(%)	0.78	0.68	0.74	0.77	0.87

从地域划分，2021年，兰州地方财政科技支出最高，达到6.47亿元，占地市级总量的29.86%；其地方财政科技支出占财政支出的比重位居第三位，低于嘉峪关（1.68%）和金昌（1.49%），达到1.33%。其余13个市州的地方财政科技支出普遍偏小，占地市级总量的比例均不足10%，其中嘉峪关市的地方财政科技支出占地市级总量的比例不足3%；地方财政科技支出占财政支出的比重总体偏低，除嘉峪关（1.68%）、金昌（1.49%）和兰州（1.33%）外，其余11个市州的地方财政科技支出占财政支出的比重均不足1%，其中临夏、甘南和武威最低，分别为0.4%、0.35%和0.33%。与上年对比，甘肃省7个市州的地方财政科技支出有增长，其中庆阳增幅最高，达117.34%；其次是平凉，增长84%；临夏、酒泉、定西、金昌和陇南5个市州的地方财政科技支出也呈两位数的速度增长；相反，兰州、嘉峪关、白银、天水、张掖、武威和甘南7个市州的地方财政科技支出有所下降，特别是武威降幅很大，较上年下降40.75%。甘肃省11个市州的地方财政科技支出占财政支出的比重提高，其中庆阳和平凉提升较多，均比上年提高了0.35个百分点；相反，有3个市州的比重下降，其中兰州降幅较大，比上年减少了0.23个百分点。见图2-1-10~11。

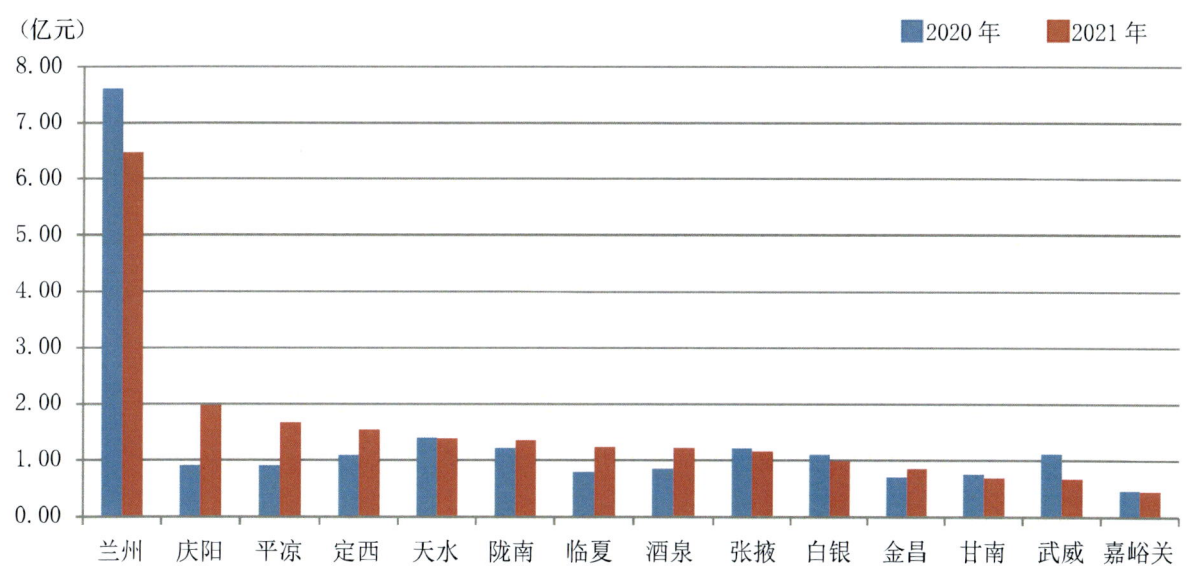

图2-1-10 甘肃省市州地方财政科技支出情况（2020-2021年）

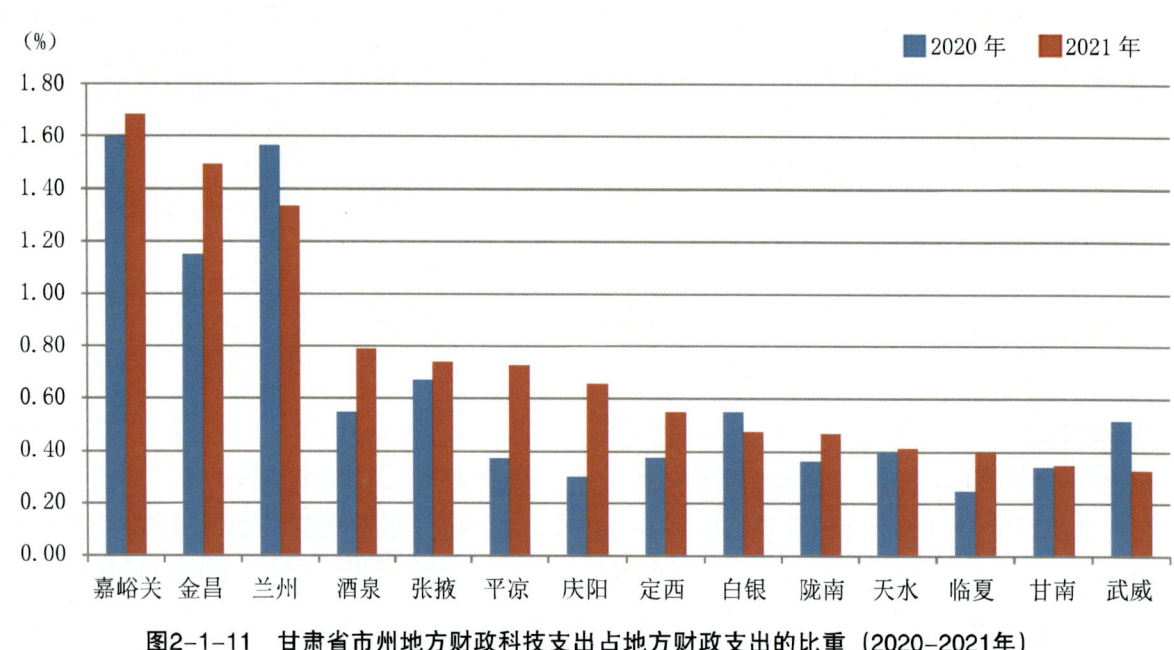

图2-1-11 甘肃省市州地方财政科技支出占地方财政支出的比重（2020-2021年）

（二）R&D经费投入

2021年，甘肃省R&D经费投入总量为129.47亿元，比上年增加了19.83亿元，增长18.09%。R&D经费投入强度（R&D经费与GDP的比值）达到1.26%，比上年提高了0.04个百分点。见图2-1-12。

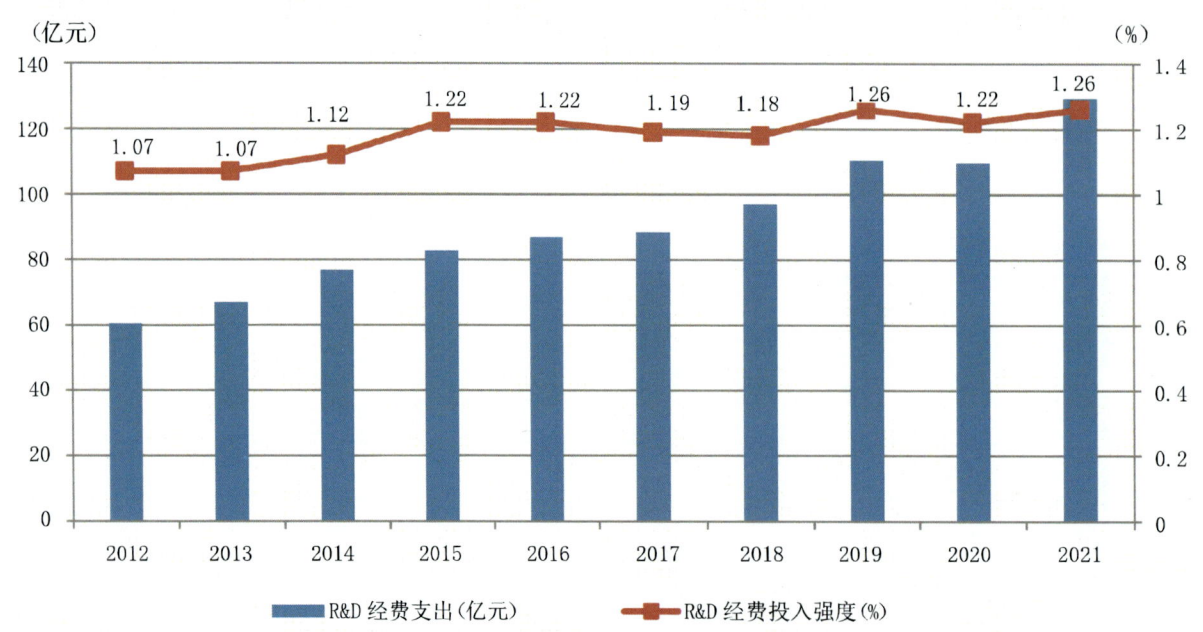

图2-1-12 近十年甘肃省R&D经费投入及强度

按执行部门划分，企业72.99亿元，较上年增长24.28%；科研机构39.66亿元，较上年增长15.26%；高等院校13.15亿元，较上年增长2.66%；其他单位3.67亿元，较上年下降0.85%。见图2-1-13。

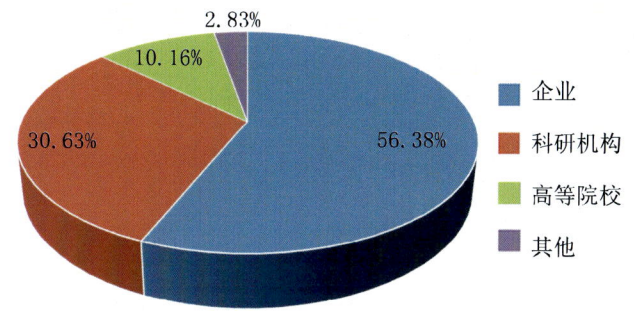

图2-1-13　2021年甘肃省R&D经费投入按执行部门分布

按活动类型划分，基础研究经费17.07亿元，占13.19%，较上年增长6.03%；应用研究经费26.18亿元，占20.22%，较上年增长9.28%；试验发展经费86.21亿元，占66.59%，较上年增长23.89%。

按经费来源分，政府资金47亿元，占36.3%，较上年增长18.04%；企业资金76.32亿元，占58.95%，较上年增长18.24%；境外资金0.06亿元，占0.05%，较上年下降36.82%；其他资金6.08亿元，占4.7%，较上年增长17.6%。见图2-1-14。

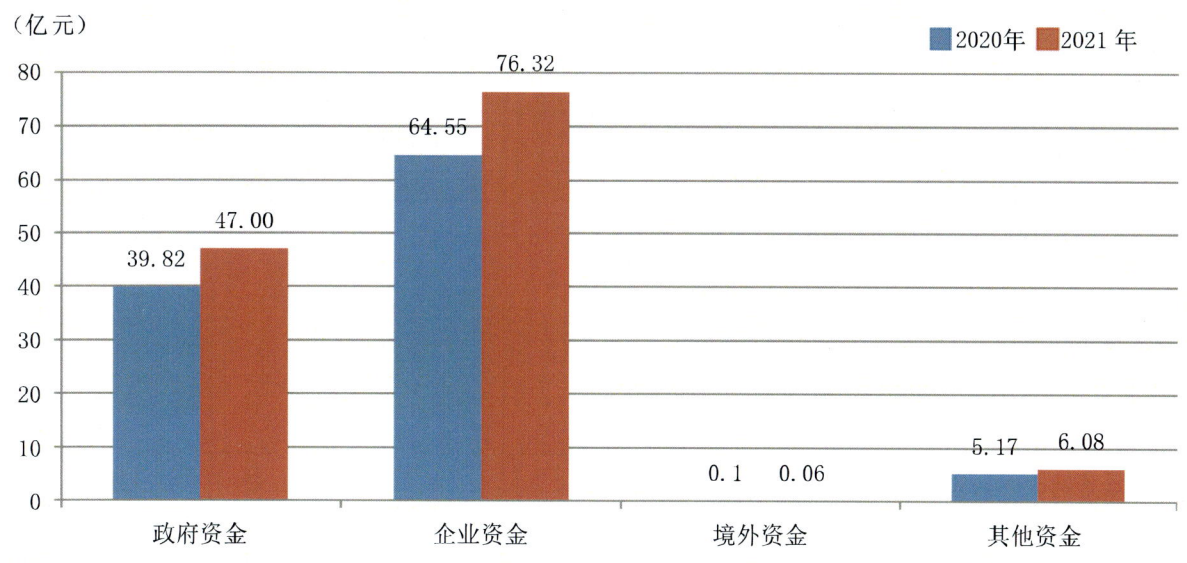

图2-1-14　甘肃省R&D经费投入经费来源比例（2020-2021年）

按地域划分，2021年，各市州R&D经费投入排在前三的市州依次是兰州、酒泉和天水，分别为70.83亿元、15.07亿元和9.64亿元，这3个市R&D经费投入占到了甘肃省的七成以上。与上年对比，7个市州R&D经费投入均有增长，其中酒泉和庆阳增幅过百，分别为202.03%和103.96%；第三是定西，增长70.23%。嘉峪关、金昌、张掖、平凉、陇南、临夏和甘南7个市州的R&D经费投入较上年有所下降，其中甘南和临夏2个州降幅较大，分别下降74.63%和49.67%。

从各市州R&D经费投入强度来看，4个市超过甘肃省平均水平（1.26%），即嘉峪关、兰州、酒泉和天水，其R&D经费投入强度依次为2.71%、2.19%、1.98%和1.29%；10个市州低于甘肃省平均水平（1.26%），其中庆阳、平凉、陇南、临夏和甘南5个市州R&D经费投入强度均不足0.5%。与上年对比，有6个市州的R&D经费投入强度均有增长，其中酒泉、定西和庆阳3个市增长较多，分别比上年提高了1.22、0.19和0.17个百分点；此外，有8个市州R&D经费投入强度呈现下降，其中金昌和嘉峪关2个市减少较多，分别减少了0.8和0.5个百分点。见表2-1-2。

表2-1-2 2020-2021年甘肃省及各市州R&D经费投入与强度

	2020年度		2021年度	
	R&D经费投入（亿元）	R&D经费投入强度（%）	R&D经费投入（亿元）	R&D经费投入强度（%）
甘肃省	109.64	1.22	129.47	1.26
兰　州	61.21	2.12	70.83	2.19
嘉峪关	9.04	3.21	8.85	2.71
金　昌	6.34	1.77	4.17	0.97
白　银	3.77	0.76	4.48	0.78
天　水	8.46	1.27	9.64	1.29
武　威	3.28	0.62	3.50	0.58
张　掖	5.88	1.26	4.47	0.85
平　凉	0.93	0.2	0.88	0.16
酒　泉	4.99	0.76	15.07	1.98
庆　阳	1.74	0.23	3.55	0.40
定　西	1.65	0.37	2.81	0.56
陇　南	1.18	0.26	0.69	0.14
临　夏	0.91	0.28	0.46	0.12
甘　南	0.26	0.12	0.07	0.03

（三）科学研究与技术服务业事业单位R&D经费支出

2021年，甘肃省科学研究和技术服务业事业单位R&D经费支出34.96亿元，较上年增长13.14%，占甘肃省全社会R&D经费支出的比重为27%，占比减少了1.18个百分点。

按隶属关系划分，中央部门属单位的R&D经费支出22.65亿元，占总支出的64.79%；省级部门属8.48亿元，占总支出的24.27%；市州及县区级部门属3.08亿元，占总支出的8.81%。

按活动类型划分，用于基础研究的经费支出为10.77亿元，较上年增长6.68%；用于应用研究的经费支出为14.73亿元，较上年增长8.06%；用于试验发展的经费支出为9.46亿元，较上年增长31.90%。见图2-1-15。

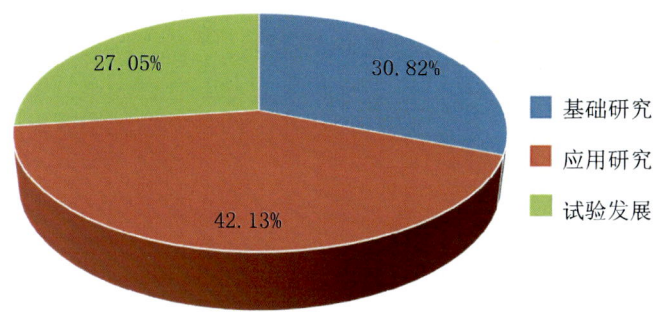

图2-1-15　2021年甘肃省科学研究和技术服务业事业单位R&D经费按活动类型划分

按经费来源划分，R&D经费支出中来自政府资金28.8亿元，较上年增长12.96%；企业资金3.35亿元，较上年增长23.34%；境外资金0.04亿元，较上年下降51.63%；其他资金2.76亿元，较上年增长7.9%。见图2-1-16。

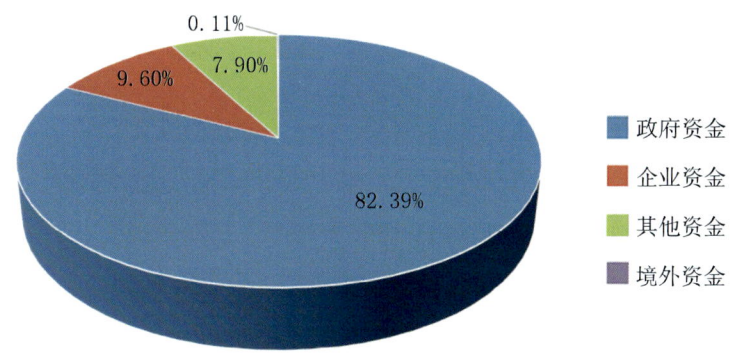

图2-1-16　2021年甘肃省科学研究和技术服务业事业单位R&D经费按来源划分

按地域划分，科学研究和技术服务业事业单位R&D经费支出主要来自兰州，达到了28.51亿元，占经费总额的81.56%。与上年对比，有8个市州的科学研究和技术服务业事业单位R&D经费支出呈现增长，其中庆阳增幅较大，是去年的4倍；其次是嘉峪关，增长128.1%；第三是酒泉，增长79.41%。见图2-1-17。

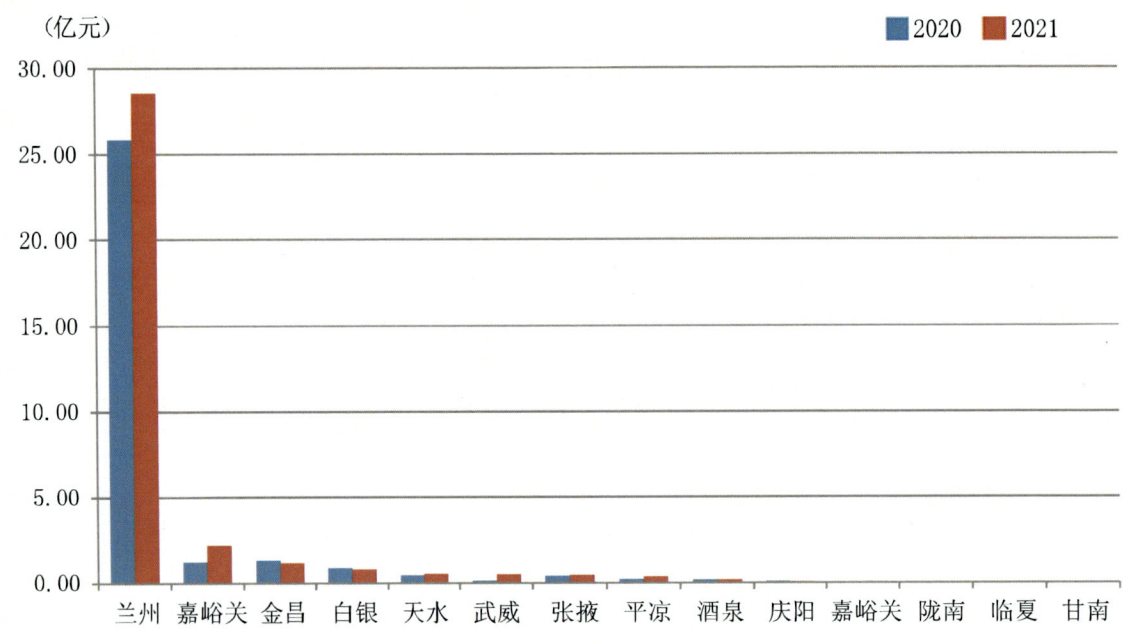

图2-1-17 甘肃省科学研究和技术服务业事业单位R&D经费按地域划分（2020—2021年）

三、科技活动人员

（一）R&D人员

2021年，甘肃省R&D人员共有55 067人，较上年增长27.82%，其中女性人员15 551人，占28.24%。R&D人员按执行部门分，企业26 045人，较上年增长56.97%；高等院校17 672人，较上年增长10.83%；科研机构8840人，较上年增长7.45%；其他单位2510人，较上年增长8.28%。见图2-1-18。

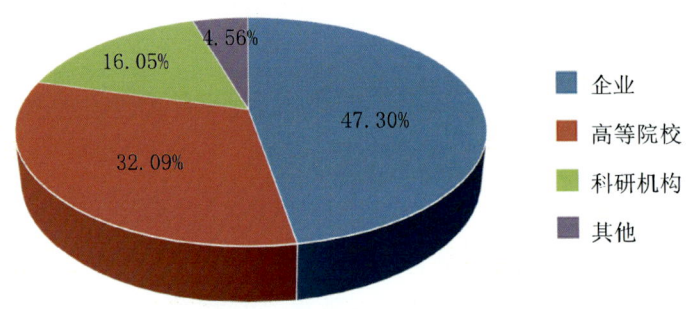

图2-1-18 2021年甘肃省R&D人员按执行部门分布

按实际工作时间计算，2021年，甘肃省R&D人员折合全时当量为33 254.7人年，较上年增长24.02%；其中研究人员为20 615.3人年，占61.99%，占比减少7.13个百分点。按活动类型划分，基础研究人员为7429.7人年，较上年增长11.69%，占22.34%；应用研究人员为9053.1人年，较上年增长26.13%，占27.22%；试验发展人员为16 771.0人年，较上年增长29.18%，占50.43%。见图2-1-19。

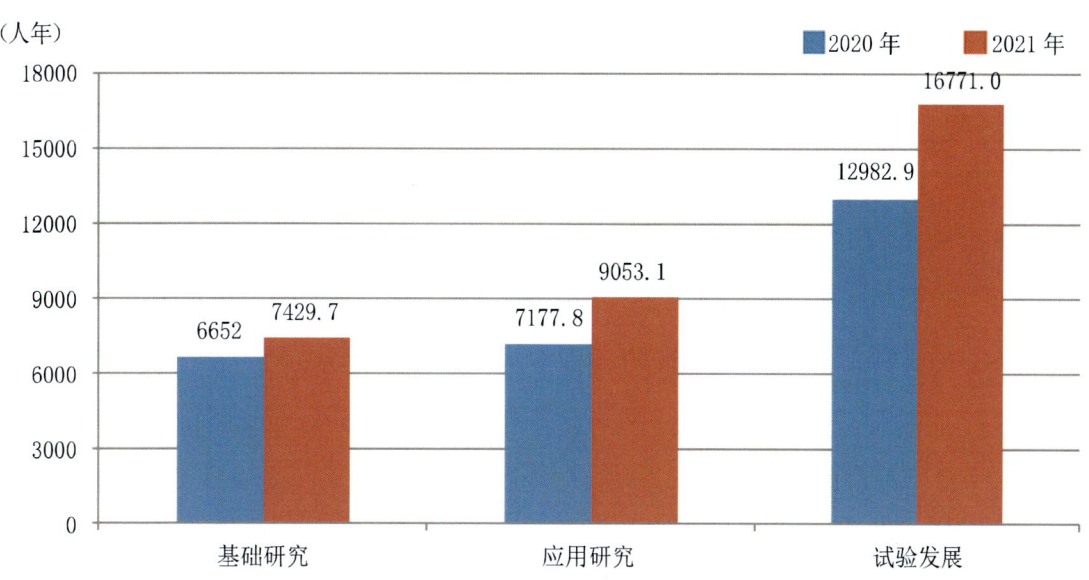

图2-1-19　甘肃省R&D人员按活动类型分布（2020-2021年）

按地域划分，兰州R&D人员数量最多，达到31 347人，占甘肃省总量的56.93%；其次是酒泉，有R&D人员4190人，占7.61%；第三是天水，有R&D人员3729人，占6.77%。与上年对比，甘肃省10个市州的R&D人员数量均有增长，其中金昌、酒泉和嘉峪关3个市州的增幅超过100%，分别增长221.97%、145.65%和120.61%；此外，张掖、陇南、临夏和甘南4个市州的R&D人员数量有所减少。见图2-1-20。

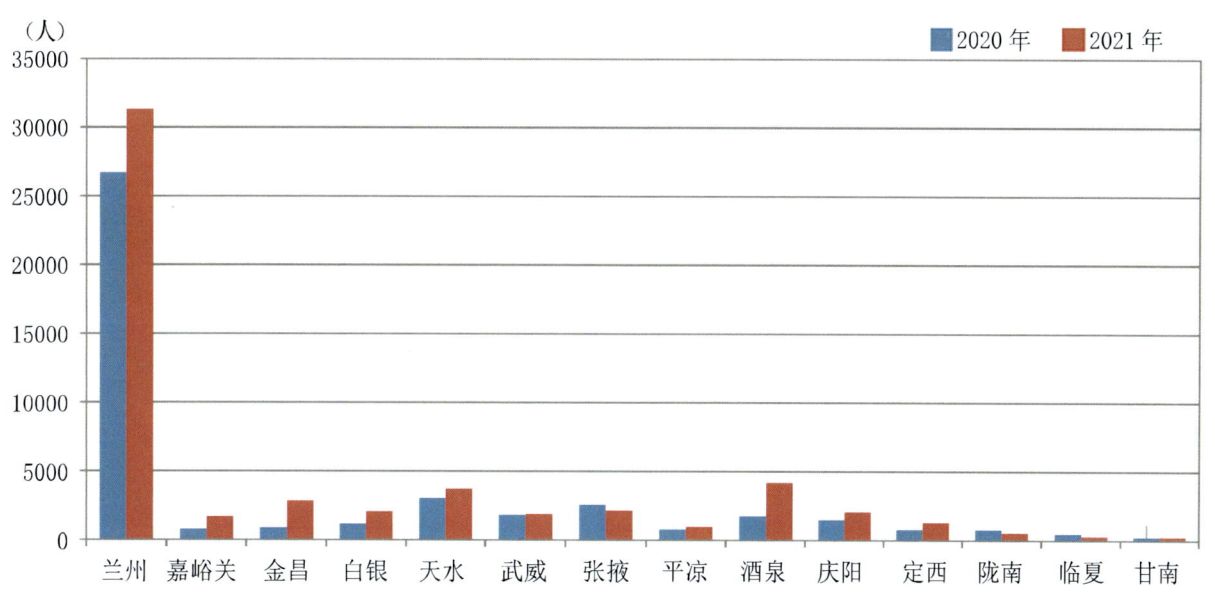

图2-1-20　甘肃省R&D人员按地域分布（2020-2021年）

（二）科学研究与技术服务业事业单位人员

2021年，甘肃省科学研究与技术服务业事业单位机构从业人员17 032人，较上年增长3.59%；其中科技活动人员13 727人，较上年增长7.54%，占从业人员的比重为80.6%，占比提高了2.97个百分点；其中有R&D人员9704人，占科技活动人员数量的比重为70.69%。

在甘肃省科学研究与技术服务业事业单位机构R&D人员中，女性3467人，占R&D人员总数的35.73%。按工作量划分，R&D全时人员有7678人，占79.12%；R&D非全时人员2026人，占20.88%。按学历划分，博士毕业2446人，占25.21%；硕士毕业2633人，占27.13%；本科毕业3036人，占31.29%；其他1589人，占16.37%。

按隶属关系划分，中央部门属单位的R&D人员4986人，占51.38%；省级部门属单位的R&D人员2751人，占28.35%；市州及县区级部门属单位的R&D人员1565人，占16.13%。

按地域划分，科学研究和技术服务业事业单位R&D人员主要来自于兰州，达到7084人，占R&D人员总数的73%。见图2-1-21。

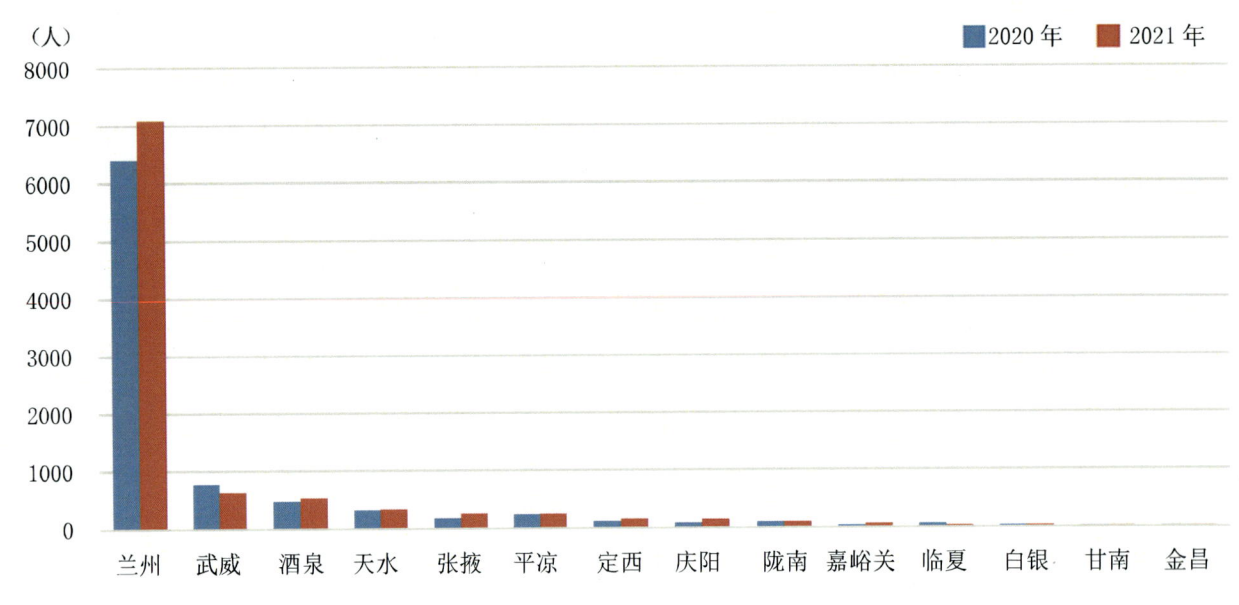

图2-1-21　甘肃省科学研究和技术服务业事业单位R&D人员按地域分布（2020-2021年）

第二节　专利发展情况

2021年，甘肃省共计开展专利授权26 056件，比上年增加5065件，同比增长24.13%，其中发明专利授权2253件，占授权专利总量的8.65%。

截至2021年底，甘肃省拥有有效发明专利10 164件，比2020年增加1854件，同比增长22.31%，每万人口发明专利拥有量4.06件，比2020年增加0.92件。

一、甘肃省专利授权

（一）专利授权

2021年，甘肃省三种专利类型中，发明专利授权2253件，占授权总量的8.65%，同比增长55.81%；实用新型专利授权21 975件，占授权总量的84.34%，同比增长25.55%；外观设计专利授权1828件，占授权总量的7.02%，同比下降11.71%。见图2-2-1。

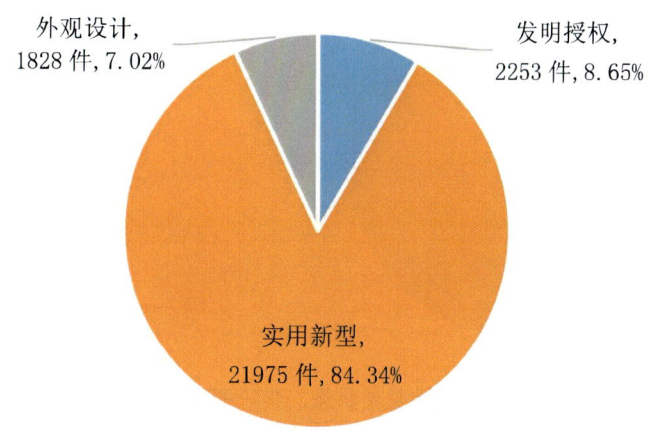

图2-2-1　2021年甘肃省专利授权类型分布

2021年，甘肃省26 056件授权专利中，职务授权专利18 286件，占授权总量的70.18%；非职务授权专利7770件，占授权总量的29.82%。在职务授权专利中，企业授权专利11 060件，占授权总量的42.45%；高等院校授权4679件，占授权总量的17.96%；科研机构授权1488件，占授权总量的5.71%；机关团体授权1059件，占授权总量的4.06%。见图2-2-2。

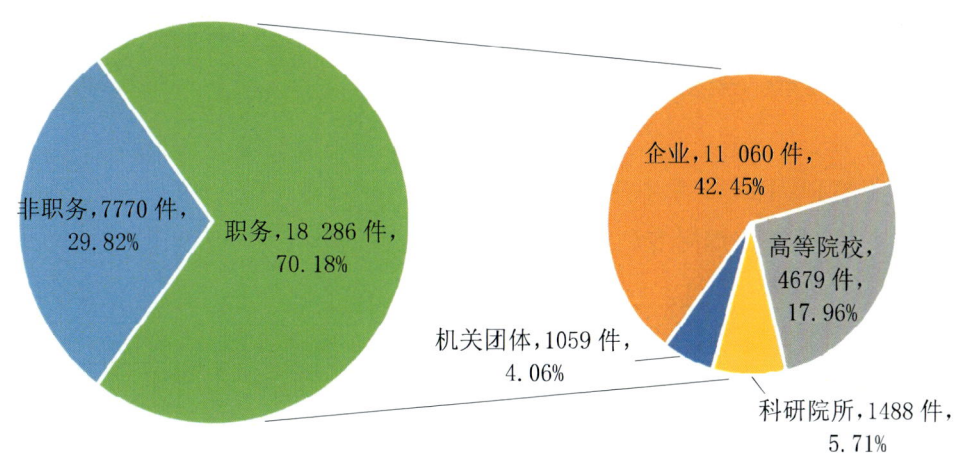

图2-2-2　2021年甘肃省专利权人类型分布

（二）有效发明专利

2021年，甘肃省拥有有效发明专利10 164件。其中，职务有效发明专利9508件，占有效发明专利总量的93.55%。在职务有效发明中，企业有效发明专利4335件，占甘肃省有效发明总量的42.65%；大专院校有效发明专利2175件，占甘肃省有效发明总量的21.40%；科研机构有效发明专利2880件，占甘肃省有效发明总量的28.34%；机关团体有效发明专利118件，占甘肃省有效发明总量的1.16%。非职务有效发明656件，占甘肃省有效发明总量的6.45%。见图2-2-3。

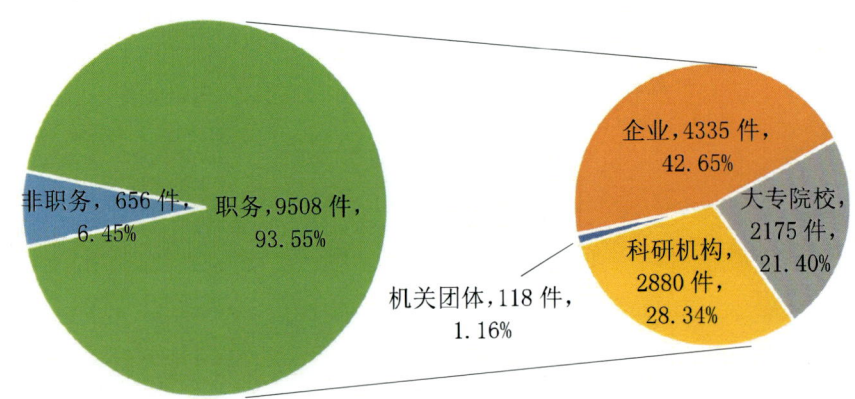

图2-2-3　2021年甘肃省职务、非职务有效发明专利占比分布

（三）授权专利技术领域分布

2021年甘肃省的授权专利主要分布在A部（人类生活必需）、B部（作业、运输）、E部和G部。从专利权人类型在专利IPC分类8大部的分布看，企业发明授权专利主要分布在A部（人类生活必需）、B部（作业、运输）和C部（化学、冶金），企业实用新型授权专利主要分布在A部（人类生活必需）、B部（作业、运输）、E部（固定建筑物）和F部（机械工程等），高等院校和科研院所授权专利主要分布在A部（人类生活必需）、B部（作业、运输）和G部（物理），个人授权专利则主要集中在A部（人类生活必需）、B部（作业、运输），并且个人授权的实用新型数量远远高于发明授权数量。

（四）甘肃省PCT国际专利申请

2021年，甘肃省的PCT国际专利申请共计32件，较2020年下降39.62%，同期全国PCT国际专利申请量为68 338件。见图2-2-4。

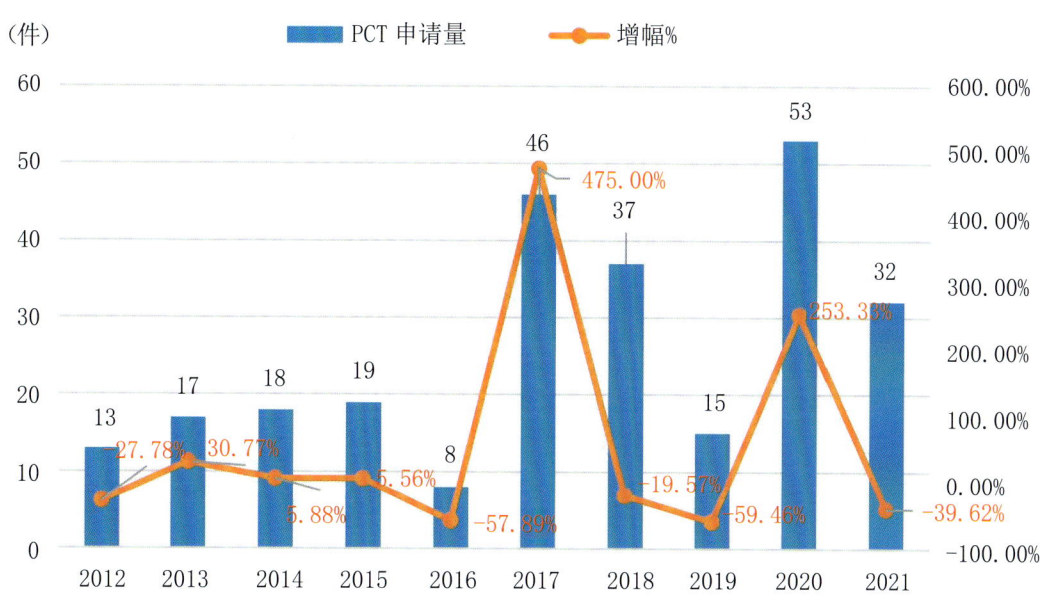

图2-2-4　2012—2021年甘肃省PCT国际专利申请量趋势分布

（五）甘肃省专利授权构成分布

2021年，甘肃省发明授权发明专利2253件，同比增长55.81%，职务发明授权专利2155件，同比增长57.53%；甘肃省实用新型授权专利21 975件，同比增长25.55%，职务实用新型授权专利14 946件，同比增长21.32%；甘肃省外观设计授权专利1828件，同比下降10.48%，职务外观设计授权专利1185件，同比下降12.35%。见表2-2-1。

表2-2-1　2021年甘肃专利授权构成分布

单位：件

按专利类型划分		甘肃		
		授权量	构成(%)	同比增长(%)
发明	小计	2253	100	55.81
	职务	2155	95.65	57.53
	非职务	98	4.55	25.64
实用新型	小计	21975	100	25.55
	职务	14946	68.01	21.32
	非职务	7029	47.03	35.59
外观设计	小计	1828	100	-10.48
	职务	1185	64.82	-12.35
	非职务	643	54.26	-6.81

二、各市州专利授权

(一) 专利授权

2021年，甘肃省14个市州授权发明专利数量除酒泉市外，其余市州均高于2020年。兰州的授权专利数量最多，达到了11 426件，其次是张掖（2254件）和武威（1752件）。平凉、甘南和临夏的非职务专利授权数量高于职务专利授权数量，此外，兰州市的企业专利申请量以及高校、科研院所的专利授权量都超过其他任何一个市州，张掖市的企业的专利授权数量位居第二。见表2-2-2。

表2-2-2　2021年各市州职务与非职务三种专利授权分布

单位：件

项目 区域	职务				非职务				合计				比上年同期增减			
	发明	实用新型	外观设计	小计	发明	实用新型	外观设计	小计	发明	实用新型	外观设计	小计	发明	实用新型	外观设计	小计
甘肃省	2155	14946	1185	18286	98	7029	643	7770	2253	21975	1828	26056	807	4472	-214	5065
白　银	88	637	13	738	4	499	42	545	92	1136	55	1283	45	316	-22	339
定　西	23	632	28	683	2	599	49	650	25	1231	77	1333	15	537	-36	516
甘　南	3	35	13	51	0	61	11	72	3	96	24	123	1	42	5	48
嘉峪关	54	695	35	784	0	128	10	138	54	823	45	922	25	358	38	421
金　昌	41	766	6	813	1	140	13	154	42	906	19	967	0	141	11	152
酒　泉	31	883	20	934	4	422	10	436	35	1305	30	1370	20	21	164	-123
兰　州	1701	6822	589	9112	55	2138	121	2314	1756	8960	710	11426	591	1422	124	2137
临　夏	2	155	39	196	0	220	31	251	2	375	70	447	2	66	8	76
陇　南	11	338	51	400	3	131	53	187	14	469	104	587	5	205	-28	182
平　凉	20	577	18	615	7	706	56	769	27	1283	74	1384	12	704	22	738
庆　阳	42	461	56	559	2	423	101	526	44	884	157	1085	29	36	-6	59
天　水	53	596	31	680	4	366	73	443	57	962	104	1123	29	162	-24	167
武　威	29	898	107	1034	9	664	45	718	38	1562	152	1752	-1	281	11	291
张　掖	57	1451	179	1687	7	532	28	567	64	1983	207	2254	34	181	153	62

(二) 有效发明专利

截至2021年底，甘肃省的有效发明专利共计10 164件，比2020年增加1854件，同比增长22.31%。万人发明专利拥有量4.06件，比2020年增加0.92件。除甘南和临夏外，其余市州的万人发明专利拥有量都有所增加，庆阳、兰州和张掖增幅较大，分别为31.58%、26.06%和24.16%。见表2-2-3。

表2-2-3　2021年各市州有效发明专利数量分布

单位：件

市州	专利权人类型							2020年底	比2020年增加	上年末万人均	人口（万人）	2021年万人发明专利拥有量
	总计	大专院校	机关团体	科研机构	企业	职务合计	非职务					
甘肃省	10164	2175	118	2880	4335	9508	656	8310	1854	3.14	2490.02	4.06
白银	490	0	2	199	265	466	24	420	70	14.82	150.30	3.24
定西	211	1	1	3	185	190	21	191	20	9.92	250.78	0.84
甘南	26	3	0	0	22	25	1	28	-2	8.80	69.10	0.38
嘉峪关	303	0	0	2	292	294	9	251	52	2.41	31.53	9.69
金昌	436	6	0	0	424	430	6	403	33	1.89	43.53	9.95
酒泉	241	1	5	19	188	213	28	214	27	2.41	105.33	2.28
兰州	7082	2056	80	2556	2060	6752	330	5618	1464	1.42	438.43	16.25
临夏	60	0	1	0	49	50	10	61	-1	0.83	211.66	0.28
陇南	110	1	5	1	74	81	29	96	14	0.68	238.73	0.46
平凉	110	1	2	3	68	74	36	95	15	0.45	182.47	0.60
庆阳	125	37	2	1	48	88	37	95	30	0.42	215.94	0.57

三、主要创新主体专利授权

（一）企业专利授权

2021年，甘肃省企业专利授权共计11 060件，占甘肃省专利授权的42.45%，比2020年增加5065件，同比增长24.13%。甘肃省企业发明授权专利549件，占甘肃省发明授权的24.37%，占比略低于2020年。

2021年，甘肃省企业有效发明专利共计4335件，占甘肃省有效发明专利总量的42.65%，占比低于2020年，数量比2020年增加597件，同比增长15.97%。见表2-2-4。

表2-2-4　2021年甘肃省企业专利授权量前十位

单位：件

序号	单位	总量	发明	实用新型	外观设计	有效发明
1	金川集团股份有限公司	460	32	426	2	319
2	甘肃酒钢集团宏兴钢铁股份有限公司	310	35	269	6	164
3	华亭煤业集团有限责任公司	176	5	171	0	10

续表2-2-4

序号	单位	总量	发明	实用新型	外观设计	有效发明
4	甘肃路桥建设集团有限公司	106	3	103	0	13
5	中国市政工程西北设计研究院有限公司	71	0	68	3	12
6	兰州华能生态能源科技股份有限公司	62	0	60	2	0
7	酒泉钢铁(集团)有限责任公司	52	6	46	0	49
8	白银有色集团股份有限公司	51	3	48	0	60
9	甘肃省交通规划勘察设计院股份有限公司	46	5	41	0	7
10	兰州有色冶金设计研究院有限公司	44	1	43	0	10

（二）高等院校专利授权

2021年，甘肃省高等院校专利授权共计4679件，比2020年增加770件，同比增长19.70%。其中，发明授权793件，比2020年增加264件，同比增长49.91%。高等院校有效发明专利2175件，比2020年增加532件，同比增长32.00%。见表2-2-5。

表2-2-5　2021年甘肃省高等院校专利授权量前十位

单位：件

序号	高校名称	总量	发明	实用新型	外观设计	有效发明
1	兰州交通大学	733	52	531	150	175
2	兰州理工大学	641	208	331	102	570
3	甘肃农业大学	513	37	470	6	152
4	兰州大学	461	204	250	7	630
5	西北师范大学	283	155	94	34	340
6	西北民族大学	187	23	150	14	85
7	兰州工业学院	168	5	145	18	4
8	甘肃建筑职业技术学院	127	0	118	9	0
9	兰州大学第一医院	115	9	106	0	10
10	河西学院	108	14	91	3	35

（三）科研机构专利授权

2021年，甘肃省科研机构授权专利共计1488件，比2020年增加518件。其中授权发明774件，比2020年增加154件。中央驻甘科研机构获得授权专利701件，占甘肃省科研机构授权专利总量的47.11%。省属科研机构获得专利授权787件，占甘肃省科研机构授权专利总量的52.89%。科研机构有效发明专利拥有2880件，比2020年增加679件。见表2-2-6。

表2-2-6 2021年甘肃省科研机构专利授权量分布

单位：件

序号	专利权人名称	总量	发明	实用新型	外观设计	有效发明
1	中国科学院兰州化学物理研究所	314	300	14	0	715
2	中国科学院西北生态环境资源研究院	145	63	82	0	251
3	中国农业科学院兰州兽医研究所	105	99	6	0	386
4	西北矿冶研究院	77	36	41	0	193
5	中国科学院近代物理研究所	74	61	13	0	259
6	中国农业科学院兰州畜牧与兽药研究所	60	53	7	0	185
7	国网甘肃省电力公司电力科学研究院	42	20	22	0	44
8	兰州空间技术物理研究所	42	41	0	1	320
9	甘肃省祁连山水源涵养林研究院	40	5	35	0	9
10	定西市农业科学研究院	36	1	35	0	3

四、核心专利技术领域

2021年，甘肃省的授权核心专利技术领域主要在A部、B部，与2020年的分布基本相同；但在八个大部中的授权专利数量比2020年有所增加，其中A部增加的授权专利数量最多；发明专利技术方面，2021年发明授权专利技术主要集中在C部、A部、B部和G部，占当年全部发明授权专利的81.97%。从IPC分布大类看，甘肃省2021年的发明授权专利和实用新型授权专利主要分布在118个IPC大类中，其中授权专利在50件以上的大类有60个，均是甘肃省核心专利技术的分布领域。从地域分布看，各市州的授权专利技术领域集中度差别较大，职务授权专利和非职务授权专利的技术领域分布在数量上差异也比较明显。

第三节 技术市场

2021年,甘肃省深入贯彻落实新时代科技改革发展的战略部署,聚焦科技生态环境建设和科技创新治理能力提升,以加强科技成果转移转化关键环节的引导和服务为主线,着力构建有利于科技成果转化的政策体系和产学研深度融合的创新体系,优化资源配置,加速技术市场要素流动,发挥全省技术转移体系效能,实现了成果转化、技术交易规模和质量的稳步提升。

一、基本情况

2021年,甘肃省登记各类技术合同10 177项,比上年增长37.47%;成交金额280.44亿元,比上年增长20.28%。近十年,技术合同成交额持续稳定增长,技术合同成交额由2012年的73.06亿元增加到2021年的280.44亿元,增长近4倍,年均增长率16.12%;单项合同成交额由2012年的253.42万元增加到2021年的275.56万元,技术表现得越来越"值钱"。见图2-3-1。

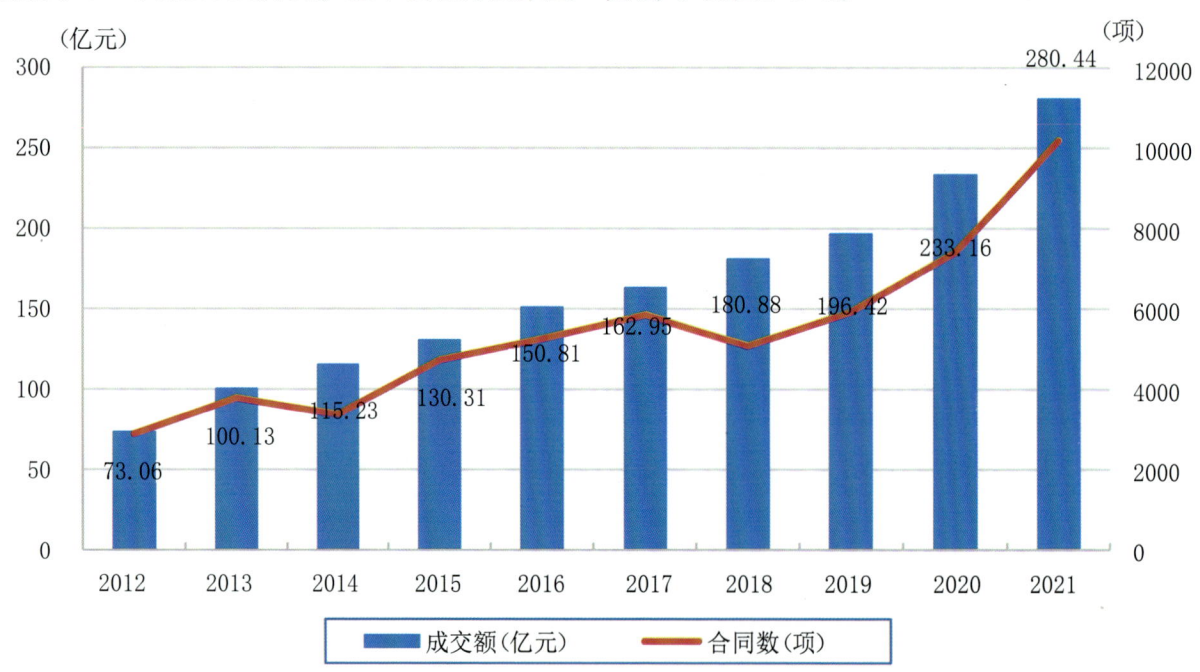

图2-3-1 2012-2021年甘肃省技术市场合同数和成交额情况

二、交易特点

(一)技术服务合同稳居首位,技术转让合同大幅增长

2021年,甘肃省技术交易的四类合同中,技术服务合同7057项,成交额237.23亿元,占成交总

额的84.59%，比上年增长30.62%；技术开发合同1561项，成交额22.03亿元，占7.85%，比上年增长31.25%；技术咨询合同1276项，成交额11.29亿元，占4.03%，比上年下降63.2%；技术转让合同283项，成交额9.89亿元，占3.53%，比上年增加143.61%。技术服务合同成交数量和金额均居首位，技术转让合同成交额增幅最大。见图2-3-2。

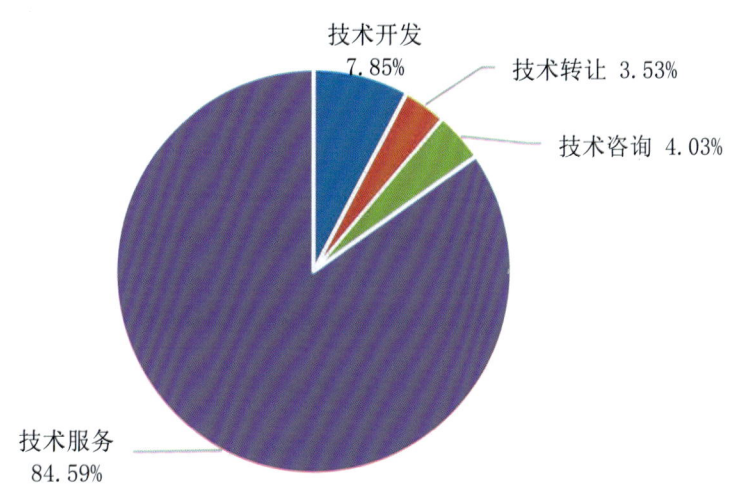

图2-3-2　2021年甘肃省技术交易按合同类别占比

(二) 技术应用及服务领域广泛，农业类技术交易居多

从技术服务的社会经济目标看，甘肃省技术交易重点服务于农林牧渔业发展、能源生产、分配和合理利用、社会发展和社会服务三大社会经济目标，其中：农林牧渔业的技术交易居首位，成交额达到73.03亿元，占总成交额的26.04%；能源生产、分配和合理利用的成交额位居第二，成交额50.28亿元，占总成交额的17.93%。见图2-3-3。

从技术应用的领域看，甘肃省技术交易主要应用于农业、城市建设与社会发展、新能源与高效节能、环境保护与资源综合利用和先进制造五大技术领域，成交额共计216.77亿元，占总成交额的近八成；其中应用于农业领域的技术最多，成交额达77.01亿元，占总成交额的27.46%。从技术领域的增长看，甘肃省在生物、医药和医疗器械、城市建设与社会发展、新材料及其应用、环境保护与资源综合利用、新能源高效节能、电子信息及农业等领域均有不同程度的增长，其中生物、医药和医疗器械技术交易增幅最高，成交额较上年增长136.16%；城市建设与社会发展和新材料及其应用的技术发展也非常快，成交额较上年分别增长了53.82%、53.42%。见图2-3-4。

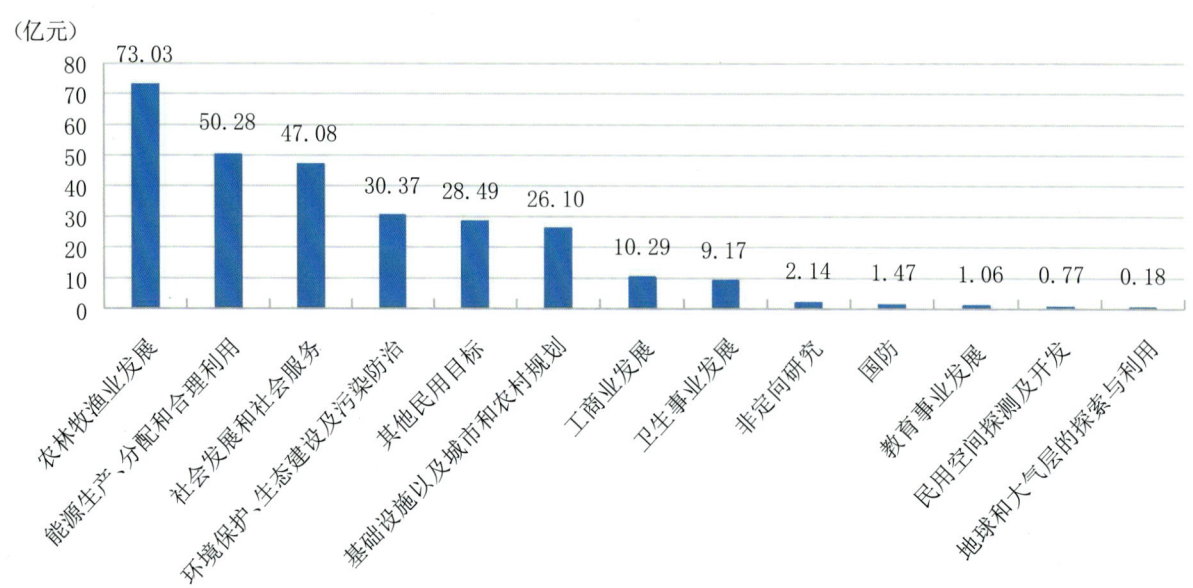

图2-3-3　2021年甘肃省技术交易服务的社会经济目标情况

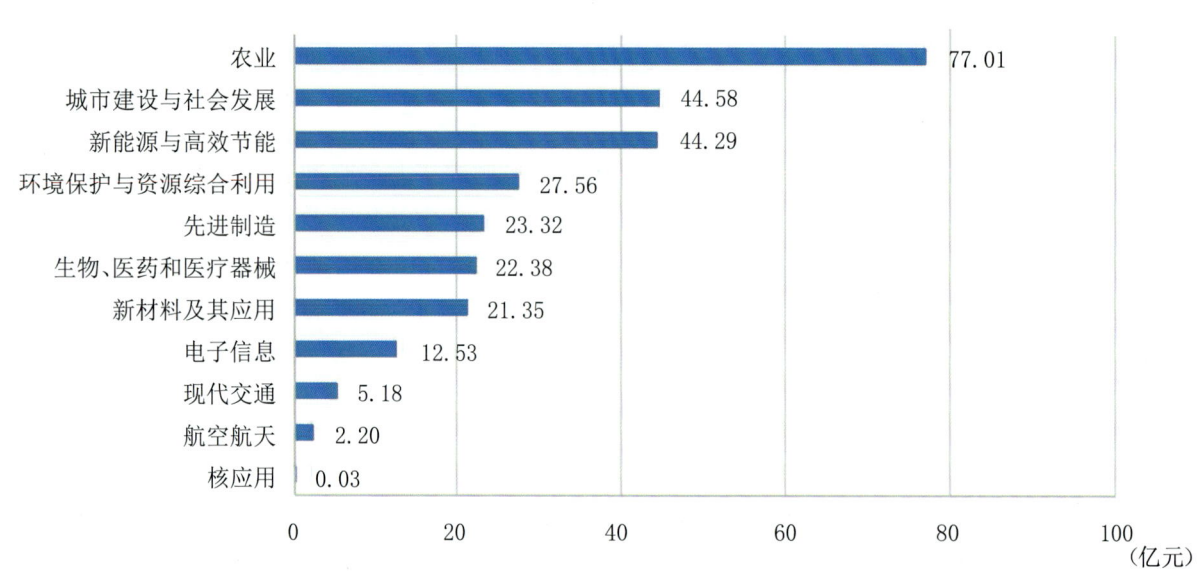

图2-3-4　2021年甘肃省技术交易的领域分布情况

（三）技术输出覆盖省内外多地，技术出口持续活跃

从技术输出的角度来看，2021年，甘肃省流向省内的技术合同7350项，成交额142.17亿元，占总成交额的50.7%，比上年增长34.04%。流向国内其他省（市、区）技术合同2801项，成交额136.76亿元，占总成交额的48.76%，比上年增长9.59%。其中，输出到北京和陕西的技术成交额最高，均超过10亿元，分别为21.12亿元和13.27亿元；技术成交额在5亿~10亿元的省市依次是新疆、山东、内蒙古、江苏、青海、浙江、河北、上海。见图2-3-5。

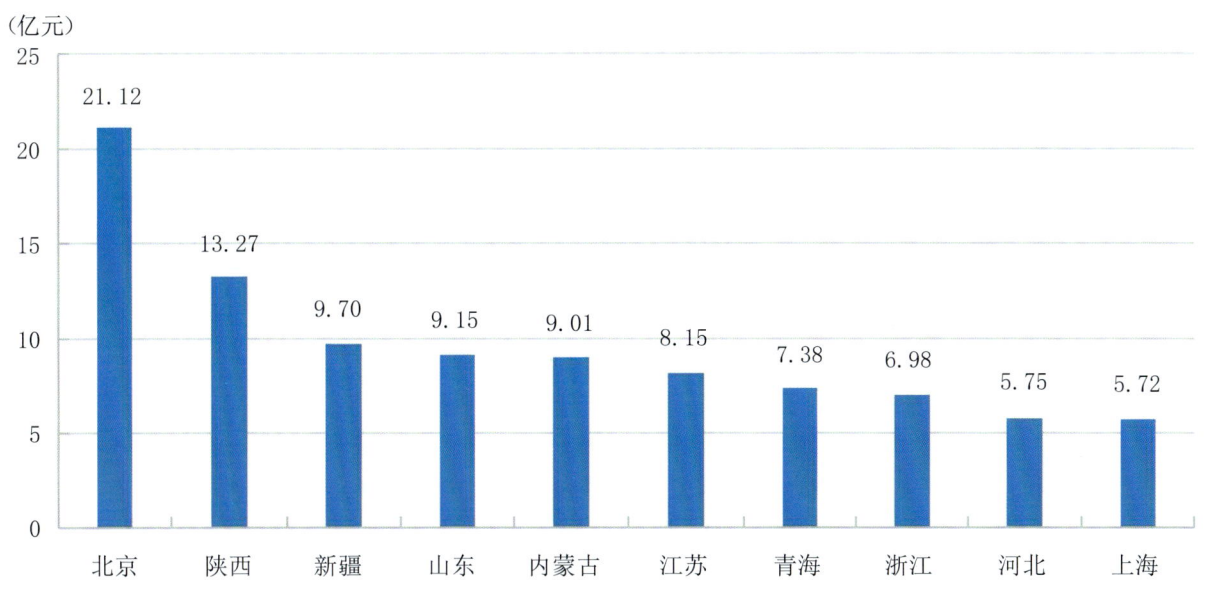

图2-3-5　2021年甘肃省对外输出技术成交额前十位的省、市、区

2021年甘肃省技术流向中国港澳台及国外26项，成交额1.51亿元，占总成交额的0.54%。其中流向中国香港3项，成交额4959.2万元；流向中国台湾2项，成交额132.23万元；其余21项技术出口至亚洲、非洲、欧洲、拉丁美洲和北美洲，成交额为1亿元。

（四）技术吸纳发展迅速，"技术逆差"进一步加大

从技术吸纳的角度来看，2021年，甘肃省共吸纳各类技术10 941项，技术成交额371.77亿元，高出全省技术输出成交额91.33亿元，比上年增长32.57%。

从吸纳技术的地域分布来看，吸纳省内技术7350项，成交额142.17亿元，占吸纳技术总成交额的38.24%；吸纳省外技术3591项，成交额229.6亿元，占吸纳技术总成交额的61.76%。甘肃省从29个省（市、区）吸纳了各类技术，吸纳技术成交额上亿元的省（市、区）有15个，排名前三的分别为北京、陕西和广东，依次为82.65亿元、51.13亿元和27.26亿元。见图2-3-6。

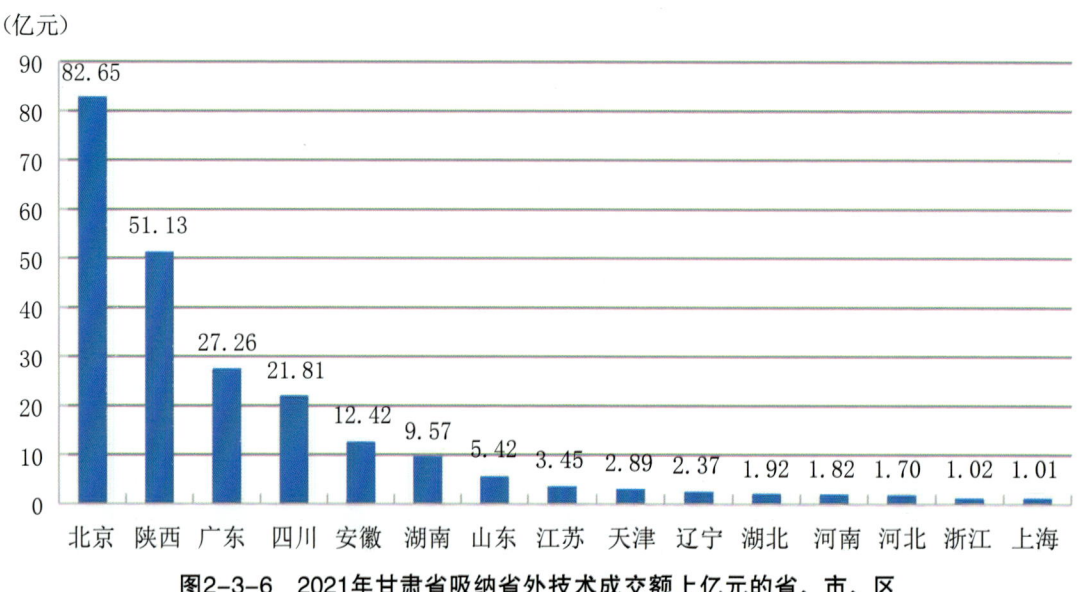

图2-3-6 2021年甘肃省吸纳省外技术成交额上亿元的省、市、区

(五)知识产权技术交易逐年递增,以专利技术居多

2021年,甘肃省技术交易中涉及的知识产权合同1617项,占总合同数的15.89%;成交额70.38亿元,占总成交额的25.1%,比上年增长19.31%。知识产权涵盖专利、技术秘密、植物新品种、生物医药新品种、设计著作权、计算机软件著作权及集成电路布图设计专有权7类,其中涉及专利和技术秘密的技术成交额较高,依次为41.47亿元和20.98亿元,均超过了20亿元。从增幅来看,设计著作权的技术交易增长迅速,成交额达到0.94亿元,较上年增长110.21%;其次是技术秘密的技术交易,增幅为54.62%;第三是生物、医药新品种类的技术交易,增幅51.83%。见图2-3-7。

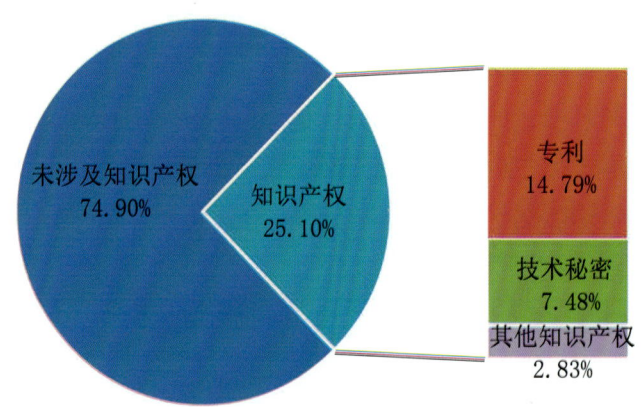

图2-3-7 2021年甘肃省技术成交额知识产权类型分布

(六)技术交易机构不断壮大,技术卖方大额交易快速增长

2021年,甘肃省共有6421家技术买方,比上年增加1511家。其中成交额亿元以上的买方单位有37家,比上年增加11家,共签订250项技术合同,成交额达100.57亿元,占总成交额的35.86%,与

上年相比增长了85.91%；成交额亿元以下、千万元以上的买方单位426家，比上年减少72家，共签订985项技术合同，成交额共计113.39亿元，占总成交额的40.43%。见表2-3-1、图2-3-8。

表2-3-1　2021年甘肃省技术合同成交额排名前十位的技术买方机构

序号	买方名称	合同数（项）	成交额（亿元）
1	甘肃酒钢集团宏兴钢铁股份有限公司	27	6.46
2	华锐风电科技集团股份有限公司	1	6.19
3	内蒙古乌梁素海流域投资建设有限公司	1	6.04
4	嘉峪关市住房和城乡建设局	2	5.41
5	天水德泰城乡建设有限公司	1	4.99
6	中国水利水电第四工程局有限公司	12	4.54
7	宕昌县住房和城乡建设局	1	4.51
8	通渭县住房和城乡建设局	1	4.50
9	榆林市市政工程建设管理处	1	4.34
10	北京京城新能源（通渭）风力发电有限公司	2	4.10

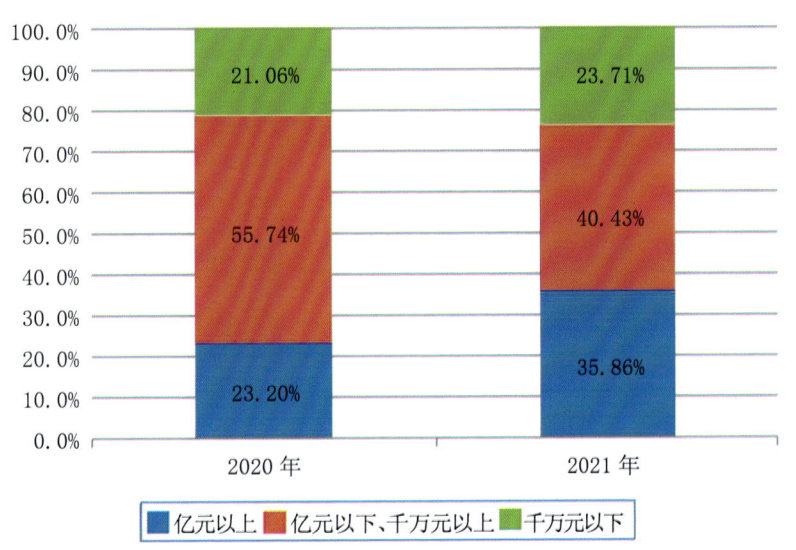

图2-3-8　2020-2021年甘肃省技术成交额按买方成交规模构成对比图

2021年，甘肃省共有1068家技术卖方，较上年增加368家；其中成交额亿元以上的卖方单位有49家，成交额163.33亿元，占总成交额的58.24%，比上年增长17.84%；技术成交额亿元以下、千万元以上的卖方单位316家，较上年增加84家，签订合同4435项，成交额98.55亿元，占总成交额的35.14%，比上年增长24.11%。见表2-3-2、图2-3-9。

表2-3-2　2021年甘肃省技术合同成交额排名前十位的技术卖方机构

序号	卖方名称	合同数（项）	成交额（亿元）
1	中国市政工程西北设计研究院有限公司（2020）	27	46.76
2	甘肃前进牧业科技有限责任公司	7	7.48
3	中国水电四局（酒泉）新能源装备有限公司	17	6.90
4	华锐风电科技（甘肃）有限公司	1	6.19
5	中国市政工程西北设计院	284	5.03
6	中国农业科学院兰州兽医所	30	4.93
7	北京京城新能源（酒泉）装备有限公司	2	4.10
8	天水铁路电缆有限责任公司	22	4.01
9	天水大成实业有限公司	4	4.00
10	天水电气传动研究所集团有限公司	39	3.94

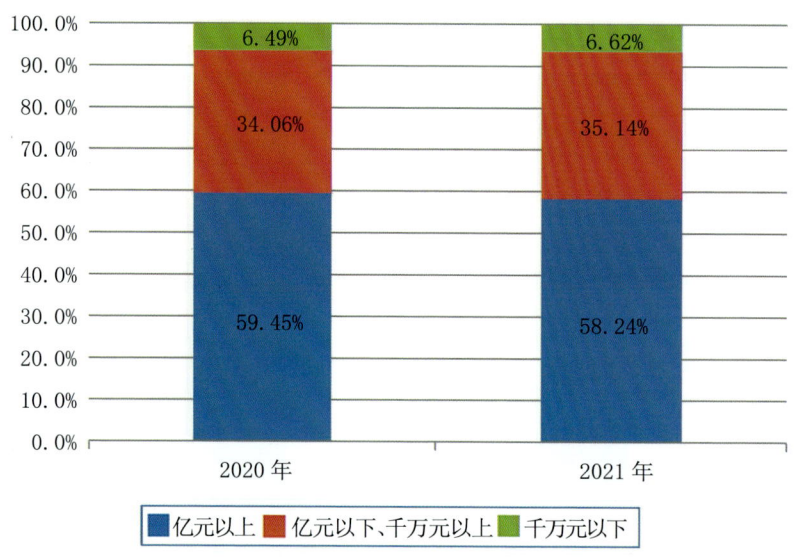

图2-3-9　2020-2021年甘肃省技术成交额按卖方成交规模构成对比图

（七）企业主导市场运行，创新主体活力持续增强

2021年，甘肃省企业、科研机构和高校三大创新主体共登记技术合同10 123项，成交额277.94亿元，比上年增长45.68%，占总成交额的99.11%。从三大创新主体来看，开展技术交易的企业有

932家，比上年增加327家，技术成交额达到了252.11亿元，占总成交额的89.9%，比上年增长32.15%；开展技术交易的科研机构80家，比上年增加39家，技术成交额21.69亿元，占总成交额的7.73%，比上年下降32.79%；开展技术交易的高校14家，比上年减少3家，技术成交额4.14亿元，占总成交额的1.48%，比上年下降22.03%。企业技术交易合同成交额增长显著，反映出甘肃省企业技术交易主体地位稳固，创新能力明显提升。见图2-3-10。

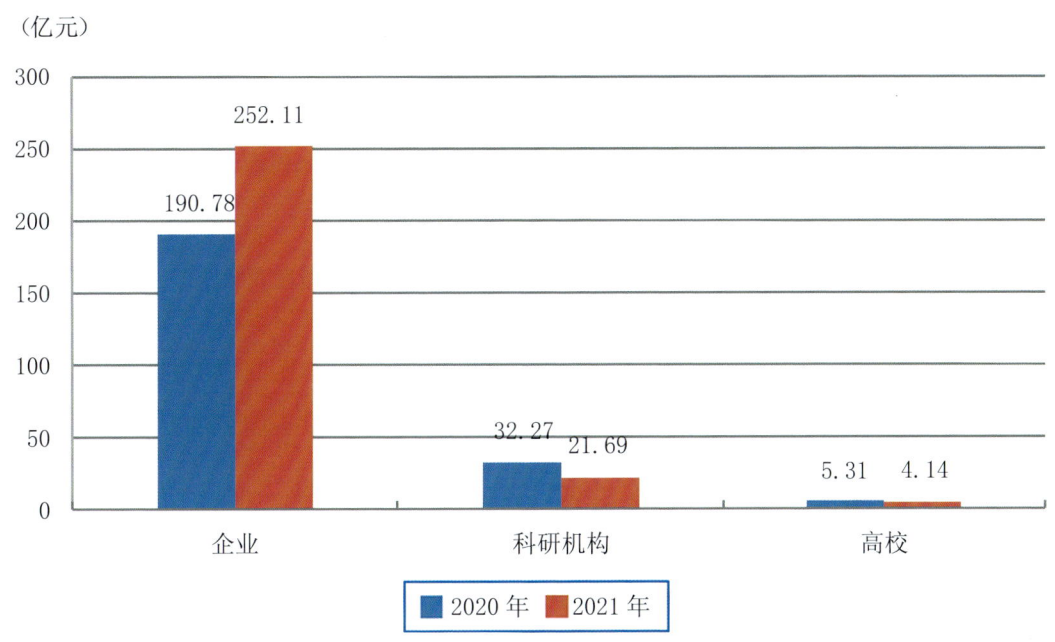

图2-3-10　2020-2021年甘肃省三大创新主体技术交易情况对比

（八）重大技术合同超七成，以农业、新能源与高效节能技术居多

2021年，成交金额千万元以上的重大技术合同共485项，成交额197.74亿元，占总成交额的70.51%，比上年增长14.86%。在这些重大技术中，涉及农业领域的技术合同最多，有168项，成交额46.39亿元，占重大技术合同交易总量的23.46%；其次是新能源与高效节能类的重大技术，有59项，成交额39.86亿元，占20.16%；城市建设与社会发展，环境保护与资源综合利用，先进制造，生物、医药和医疗器械领域，成交额分别为32.03亿元、24.11亿元、16.74亿元和16.48亿元，这些重大技术的交易提升了全省科技成果转移转化的质量与速度。见图2-3-11。

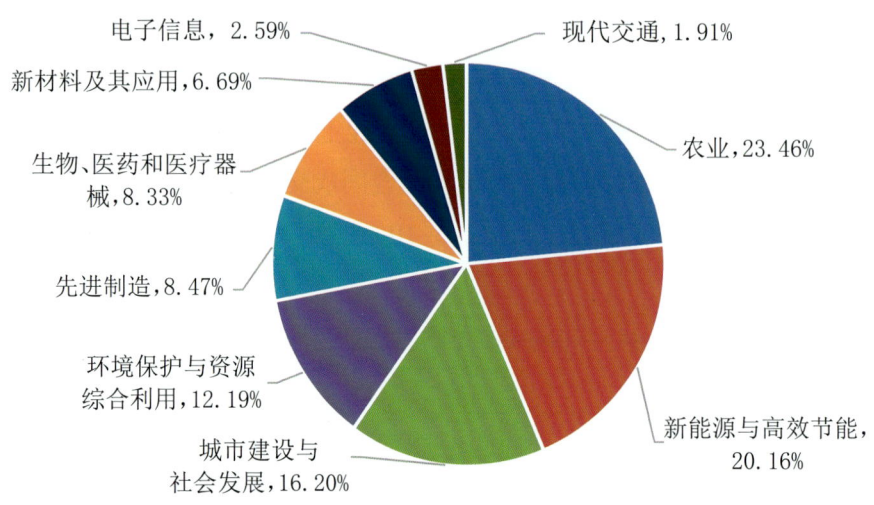

图2-3-11　2021年甘肃省重大技术合同按技术领域成交额分布

三、甘肃省各技术登记机构交易情况

2021年，甘肃省有16家登记机构实施了技术合同登记，其中兰州技术市场管理办公室登记技术合同成交量最高，登记合同数为2772项，占全省总合同数的27.24%，成交额67.72亿元，占总成交额的24.15%。按地区划分，兰州、酒泉、天水技术合同成交额分别以98.61亿元、36.4亿元、34.26亿元列全省前三，总成交额占全省总量的60.36%；从增长幅度看，有6个地区增幅超过全省平均增幅（20.28%），依次是临夏、张掖、嘉峪关、平凉、定西和兰州。见表2-3-3。

表2-3-3　2020-2021年甘肃省各技术市场登记机构实施合同登记情况

登记机构名称	2020年		2021年	
	合同数（项）	成交额（亿元）	合同数（项）	成交额（亿元）
总　　计	7403	233.16	10177	280.44
兰州技术市场管理办公室	2644	61.29	2772	67.72
酒泉市科学技术局	122	30.98	169	36.40
天水市科学技术局	223	29.27	605	34.26
张掖市科学技术局	399	24.51	538	34.09
兰州科技大市场	2046	13.74	3660	16.32
武威市科学技术局	317	14.14	194	15.97
甘肃省科技发展促进中心	787	6.42	824	14.56
嘉峪关市科学技术局	90	7.30	94	9.93
庆阳市科学技术局	75	8.54	170	8.91

续表2-3-3

登记机构名称	2020年		2021年	
	合同数（项）	成交额（亿元）	合同数（项）	成交额（亿元）
定西市生产力促进中心	216	7.07	282	8.81
平凉市科学技术局	157	6.68	254	8.56
陇南市科学技术局	96	6.73	85	7.75
白银市科学技术局	92	7.12	236	7.38
金昌市科学技术局	117	6.79	242	6.42
临夏州科学技术局	18	1.33	49	1.95
甘南州科学技术局	4	1.26	3	1.40

第四节 科技成果

一、科技成果总体情况

2021年，甘肃省共登记科技成果1618项，所有成果均严格按照《甘肃省科技成果登记办法》（甘科成规〔2017〕1号）登记的原则、范围、条件和要求产生。成果登记后，对无涉密要求的科技成果信息及时予以发布，并围绕新一代信息网络、智能绿色制造、现代农业、现代能源等重点领域，对财政资金支持的计划类项目及有转化意愿的发明专利等市场化前景广阔的重大科技成果，借助甘肃科聚网、兰州科技大市场等信息平台进行信息发布，通过信息共享提升科技成果转化成功率。

（一）按成果类别划分

2021年，甘肃省登记的科技成果中，应用技术成果1140项，占70.46%；基础理论研究成果456项，占28.18%；软科学成果22项，占1.36%。

（二）按知识产权划分

2021年，甘肃省登记的科技成果中取得知识产权2754项，其中：实用新型专利1063项，占38.60%；发明专利765项，占27.78%；软件著作权355项，占12.89%；其他345项，占12.53%；外观设计226项，占8.21%。见图2-4-1。

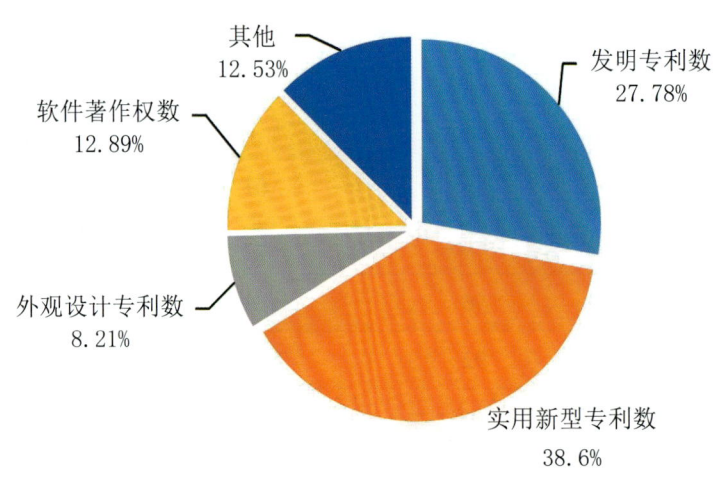

图2-4-1　2021年甘肃省科技成果中知识产权情况

(三) 按单位属性划分

2021年，从完成单位的属性划分来看，企业531项，占32.8%，比上年提升3.15个百分点；大专院校376项，占23.2%；医疗机构270项，占16.7%；科研机构270项，占16.7%；其他171项，占10.6%。见表2-4-1，见图2-4-2。

表2-4-1　2020-2021年甘肃省科技成果按单位属性分布

年度	成果总数	企业		大专院校		医疗机构		科研机构		其他	
		数量(项)	占比(%)	数量(项)	占比(%)	数量(项)	占比(%)	数量(项)	占比(%)	数量(项)	占比(%)
2020	2140	635	29.7	599	28.0	387	18.1	333	15.6	186	8.7
2021	1618	531	32.8	376	23.2	270	16.7	270	16.7	171	10.6

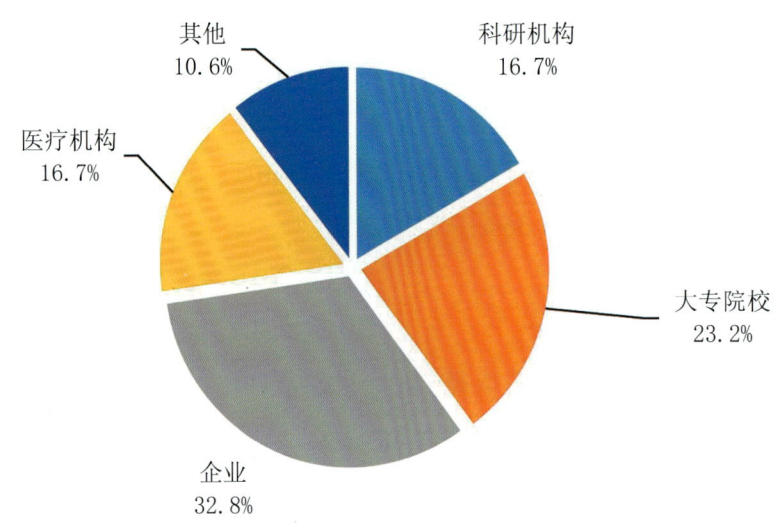

图2-4-2　2021年甘肃省科技成果按登记单位属性划分

（四）按课题来源分类

2021年，甘肃省登记的科技成果以各类科技计划项目为主，政府资金起主导作用，其中来源于各类科技计划项目的成果728项，占登记成果总数的44.99%；自选项目522项，占32.26%；基金项目185项，占11.43%；其他项目166项，比上年增长了18.57%，占10.26%；横向委托13项，占0.8%；国际合作4项。见图2-4-3。

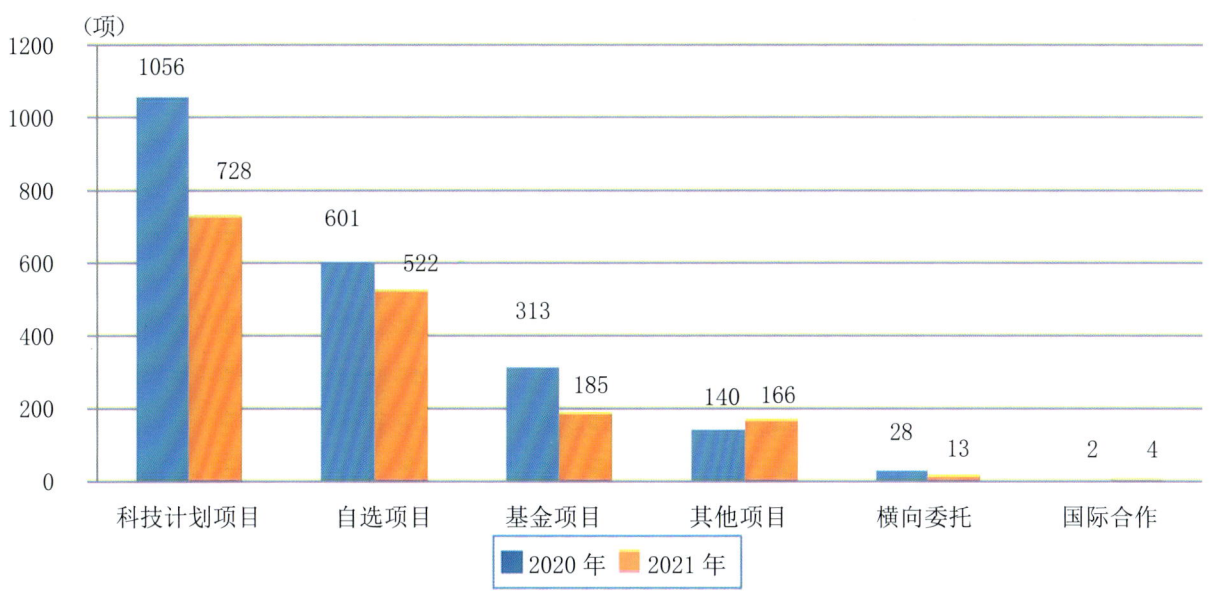

图2-4-3　2020-2021年甘肃省科技成果课题来源对比图

（五）科技成果经费投入情况

2021年，甘肃省登记成果的实际资金投入总额为19.76亿元。其中，自有资金投入11.29亿元，占57.11%；国家投入3.76亿元，占19.03%；其他资金投入2.12亿元，占10.72%；地方投入1.83亿元，占9.27%；部门投入0.34亿元，占1.74%；基金投入0.28亿元，占1.39%；银行贷款投入0.14亿元，占0.73%；国外资金投入0亿元。

（六）成果完成人员情况

2021年，甘肃省1618项科技成果中各类研究人员共计13 874人次，比上年减少3839人次。

1.文化程度

从完成人员文化程度分布来看，本科学历5578人次，占总人数的40.20%；硕士研究生4742人次，占34.18%；博士研究生2308人次，占16.64%；大专998人次，占7.19%；中专及其他共计248人次，占1.79%。见图2-4-4。

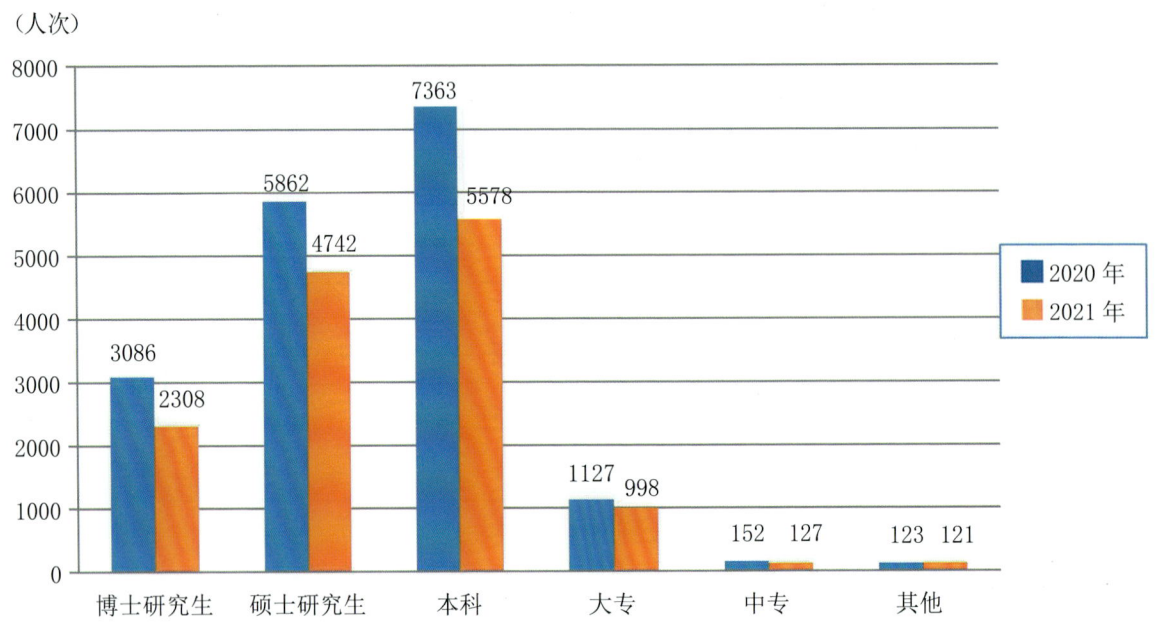

图2-4-4　2020-2021年甘肃省科技成果完成人员文化程度对比图

2.技术职称

从技术职称结构来看，副高级以上人员为5869人次，占42.30%，包括院士18人次、正高级2251人次、副高级3600人次；中级职称4340人次，占31.28%；初级职称1447人次，占10.43%；其他2218人次，占15.99%。见图2-4-5。

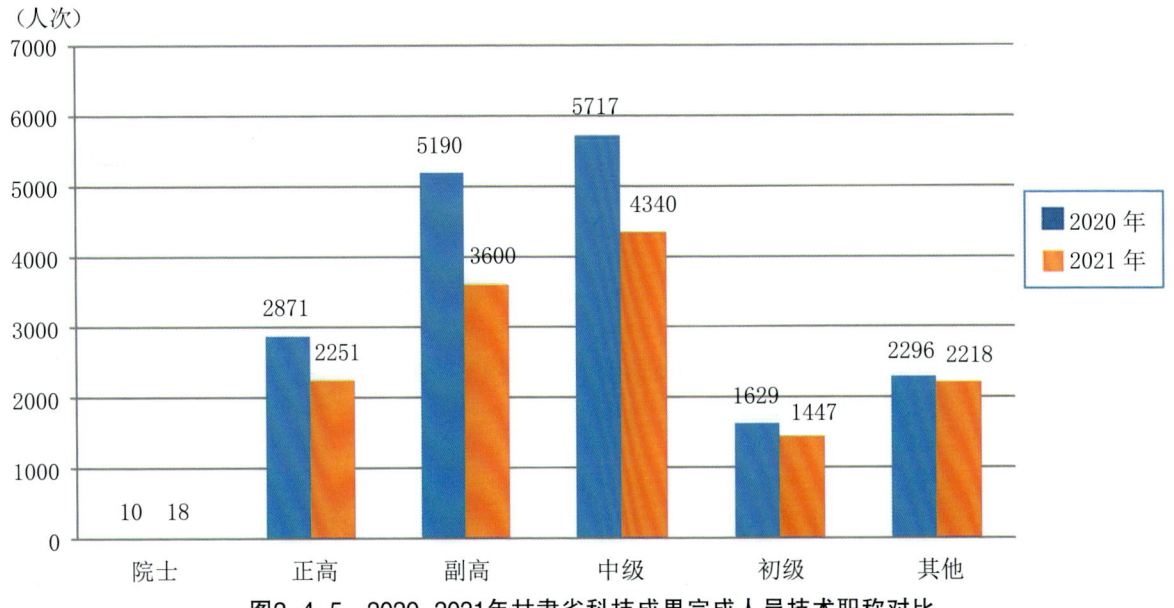

图2-4-5　2020-2021年甘肃省科技成果完成人员技术职称对比

3.年龄结构

从年龄结构来看，成果完成人年龄在45岁以下人员最多，达到了9628人次，占比为69.40%；46~55岁的人员有2799人次，占比为20.17%；56岁以上人员有1447人次，占比为10.43%。

二、应用技术成果情况

（一）应用技术成果所处阶段

在1140项应用技术成果中，607项成果处于成熟应用阶段，占53.25%；338项成果处于初期阶段，占29.65%；195项成果处于中期阶段，占17.11%。见图2-4-6。

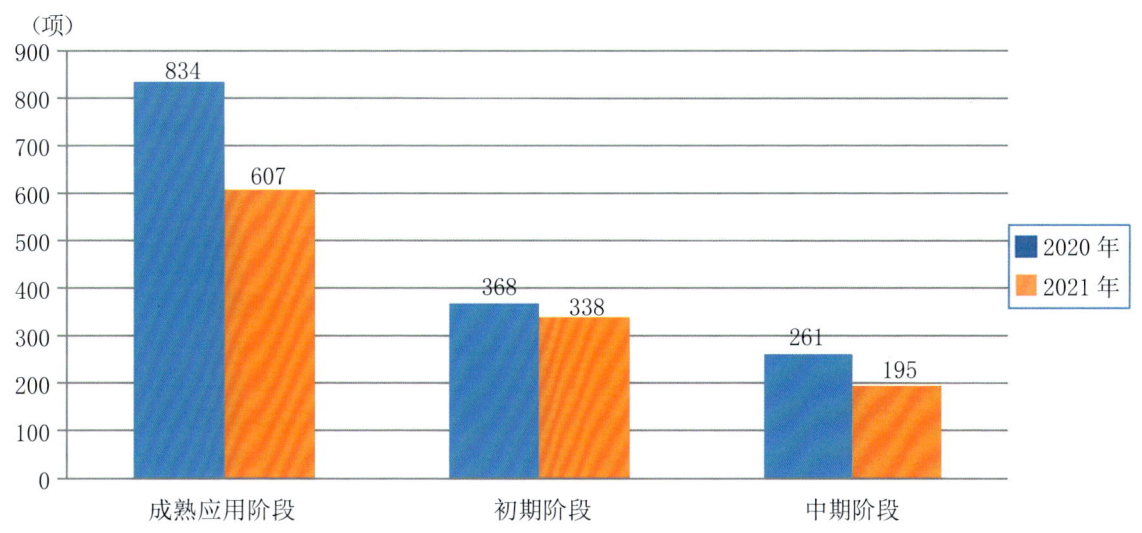

图2-4-6　2020-2021年应用技术成果所处阶段对比图

（二）应用技术成果在高新技术领域方面的表现

统计数据显示，在1140项应用技术成果中，有972项属于高新技术领域，占到应用技术成果八成以上。甘肃省科技成果共涉及11大类高新技术领域，其中现代农业、电子信息、先进制造、生物医药与医疗器械、环境保护和新材料六大领域的成果占到了全部高新技术领域的九成以上，特别是现代农业领域达337项，占34.67%。见图2-4-7。

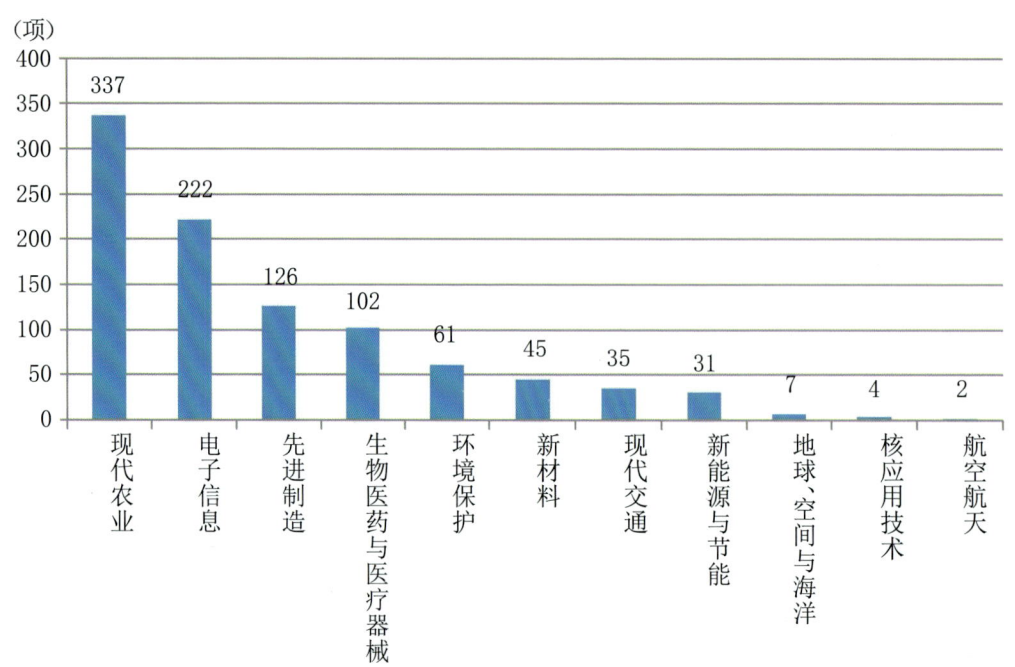

图2-4-7 2021年甘肃省应用技术成果在高新技术领域的分布情况

（三）应用技术成果的应用行业

从成果应用的国民经济行业来看，1140项应用技术成果，广泛应用在16个行业中。其中，在农林牧渔业、信息传输/软件和信息技术服务业、卫生和社会工作、制造业四个行业中科技成果应用的最多，科技成果数量依次为450项、154项、127项和123项，这四个行业的科技成果占应用技术成果总量的74.91%。见图2-4-8。

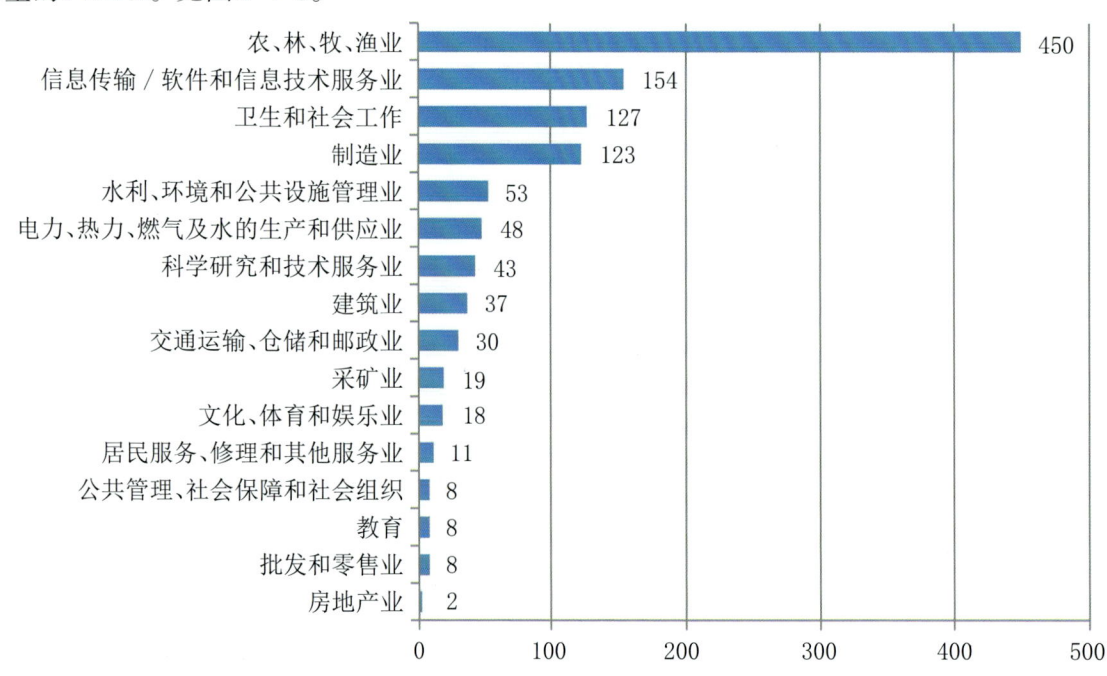

图2-4-8 2021年甘肃省应用技术成果按行业分布

（四）应用技术成果的应用情况

从成果应用情况来看，在1140项应用技术成果中，得到应用的科技成果共有963项，占84.47%，其中实现产业化应用的项目355项、小批量或小范围应用项目428项和试用项目180项。另有177项科技成果未能得到应用，分析原因可知：有36.72%的成果在应用时存在资金问题，管理问题占22.60%，市场问题占19.21%，技术问题占11.30%，政策因素占9.04%。

（五）应用技术成果经济效益情况

成果登记资料显示，在1140项应用技术成果中，已有288项产生经济效益，共实现转化效益93.75亿元。其中，自我转化收入63.61亿元，合作转化收入30.05亿元，技术转让与许可收入0.1亿元。

从成果转化单位属性来看，企业转化成果最多，为241项，占83.68%；科研机构和大专院校共转化成果29项，占10.07%；医疗机构转化成果8项，占2.78%，其他方式转化10项，占3.47%。

三、重大科技成果

（一）甘肃省科技奖励

2021年，甘肃省科学技术奖授奖项目201项。其中，甘肃省自然科学奖21项（特等奖1项、一等奖3项、二等项6项、三等奖11项），甘肃省技术发明奖6项（一等奖2项、二等奖2项、三等奖2项），甘肃省科技进步奖170项（一等奖23项、二等奖60项、三等奖87项）。中国工程院院士、兰州大学教授任继周，酒钢集团宏兴股份公司钢铁研究院院长、不锈钢分公司总工程师潘吉祥2人获甘肃省科技功臣奖。甘肃虹光电子有限责任公司牛文斗获甘肃省优秀科技创新企业家奖。甘肃省建材科研设计院有限责任公司获甘肃省企业技术创新示范奖。

1.甘肃省自然科学奖特等奖

有机多孔材料的创制

主要完成人：王为、丁三元、马天琼

主要完成单位：兰州大学

该项目面向化学与材料交叉学科前沿，聚焦"如何实现跨尺度精准共价组装"这一关键科学难题，系统开展了从精准构筑、功能实现到构效关系阐明的基础研究工作。发展了动态共价键组装化学，建立了多种共价键连接策略，实现了一系列晶型有机多孔材料的精准创制。建立并发展"有机多孔催化"这一研究方向，率先开展了有机多孔材料在催化、手性催化、光催化等领域的应用。采用原位固体核磁共振和旋转电子衍射等特色研究手段，获取高时空分辨率的动态结构信息，为阐明多孔材料的主客体化学及其催化机理提供了关键数据。该项目研究成果为国内外学术界所公认和广泛应用，共价有机框架单晶的构筑具有鲜明的原创性，被多方评价为"里程碑"式的工作。见图2-4-9。

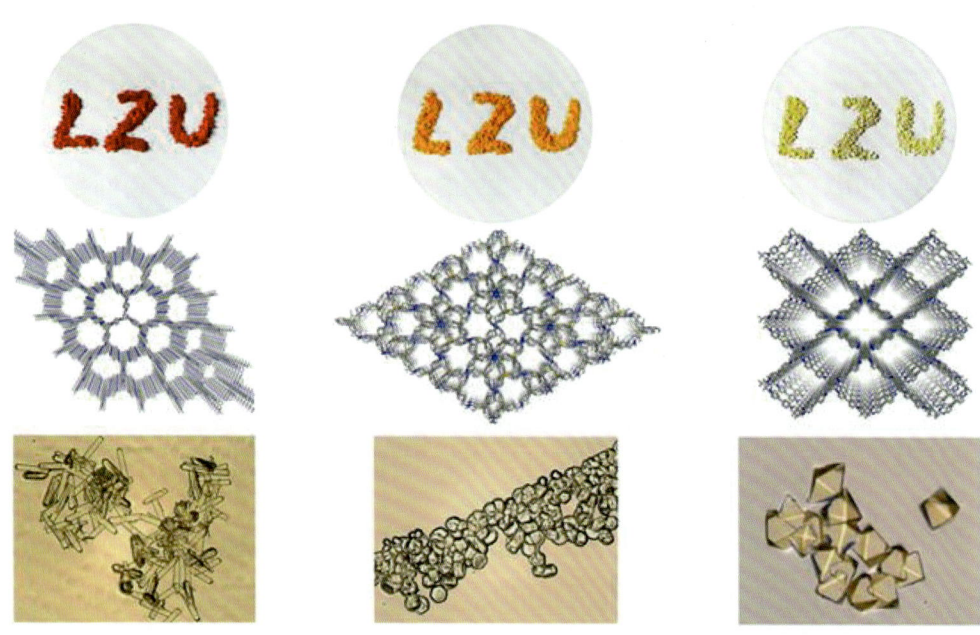

图2-4-9 创制的LZU系列材料的样品展示、晶体结构及光学显微镜照片

2.甘肃省自然科学奖一等奖

（1）黑碳气溶胶跨境传输及其对青藏高原气候和冰冻圈变化的影响

主要完成人：康世昌、游庆龙、李潮流、吉振明、张强弓

主要完成单位：中国科学院西北生态环境资源研究院、复旦大学、中山大学、中国科学院青藏高原研究所

该项目在高原气候变暖与冰冻圈萎缩特征、黑碳气溶胶跨境传输及对气候和冰冻圈的影响方面开展了系统研究。揭示了青藏高原极端气候指标指示的快速变暖和北部暖湿化、南部暖干化新特征，阐明了1990年代以来冰冻圈快速萎缩及对海拔依赖型变暖的反馈机制；构建并长期运行青藏高原大气污染物与冰冻圈变化协同监测网络，探明高原黑碳气溶胶主要来自非季风期南亚地区的跨境输入，其途径包括翻越喜马拉雅山的高空传输和沿山谷通道的低空传输；发现近期黑碳气溶胶导致青藏高原中高层大气增温、高原南部季风期降水减少，而直接沉降于雪冰表面的黑碳引起冰川消融量增加20%、积雪期减少3~4d。该项目提升了青藏高原气候变暖以及冰冻圈响应的研究水平，阐明了黑碳对气候和冰冻圈变化影响的机制，提出了减缓青藏高原气候变暖和冰冻圈萎缩的新策略，为青藏高原生态文明建设和中国环境外交提供科技支撑。见图2-4-10~11。

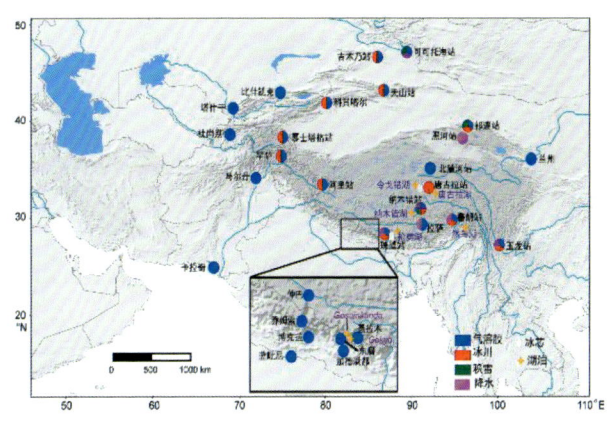
图2-4-10 大气污染物与冰冻圈变化协同观测网

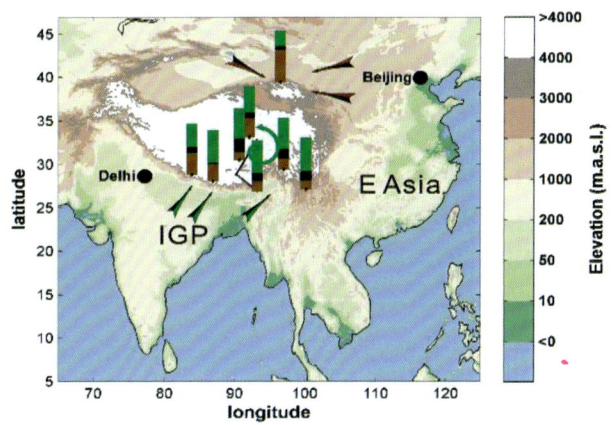
图2-4-11 青藏高原雪坑中黑碳来源解析

(2) 平流层过程在亚欧大陆关键区天气气候和大气环境变化中的作用

主要完成人：田文寿、张健恺、田红瑛、雒佳丽、卞建春

主要完成单位：兰州大学、中国科学院大气物理研究所

该项目从平流层过程切入，系统研究了全球和区域尺度平流层过程对亚欧大陆及青藏高原地区的天气气候以及大气环境影响，取得了多项创新性的研究成果。在国际上首次提出了北极平流层极涡持续偏向亚欧大陆并诱发冬季寒潮的新观点，突破了全球变暖无法解释冬季亚欧大陆极端低温事件频发的理论难题。建立并完善了一个包括平流层大气的、相较于国际主流模式性能优异的大气化学-气候模式，为客观评估大气臭氧层演变以及人类排放对天气气候的影响提供了有效工具，也为国内全大气层模式的发展做出了贡献。在青藏高原进行了长期的平流层大气成分及气象要素连续观测，填补了国内高原平流层地基观测资料的空缺。获奖成果为突破对流层延伸期预报和短期气候预测的瓶颈提供了新方法和新途径，为中国制订相关的污染减排政策提供了重要的科学依据。见图2-4-12~13。

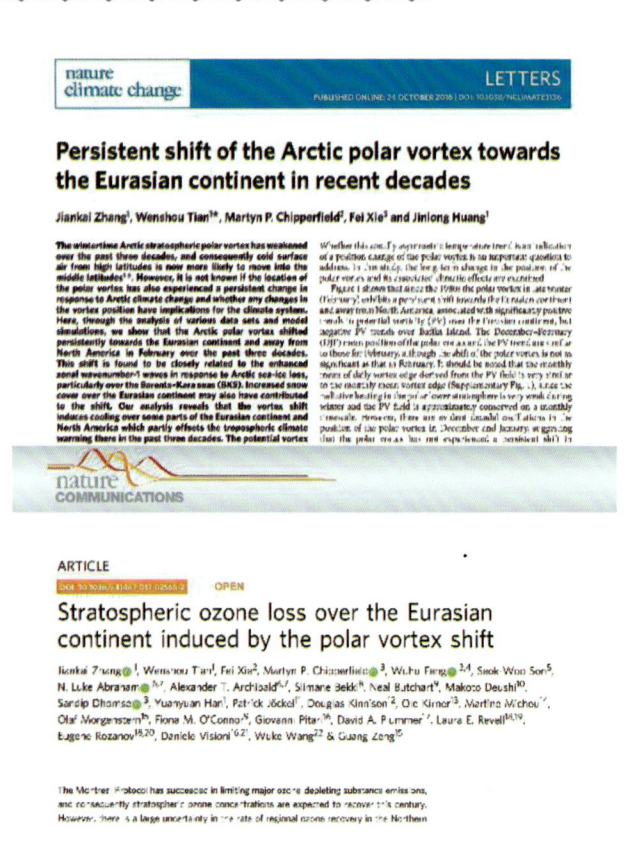

图2-4-12 代表性成果

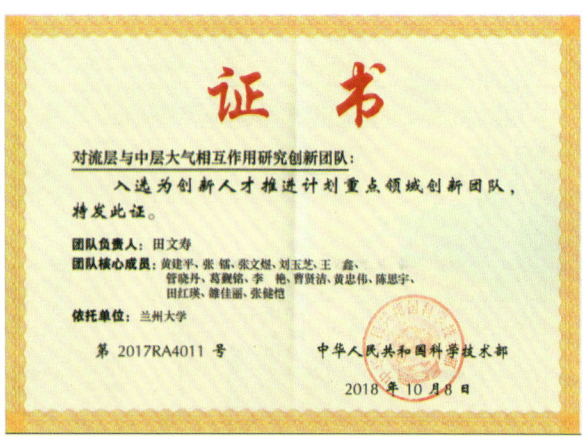

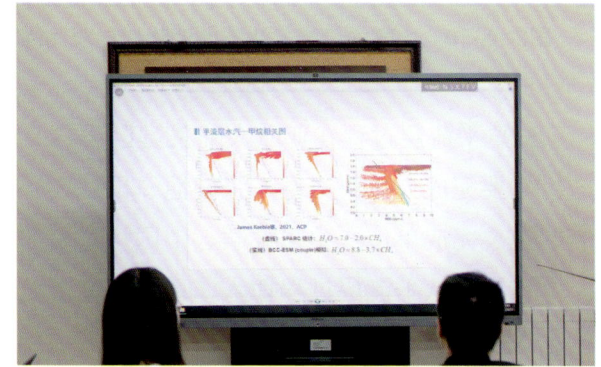

图2-4-13 荣获科技部创新团队证书

(3) 作物种间配置降损增效及减排机制

主要完成人：柴强、赵财、殷文、胡发龙、樊志龙

主要完成单位：甘肃农业大学

该项目针对干旱半干旱地区资源性缺水严重、作物配置单一、资源利用效率不高、生态系统稳定性降低等问题，开展了作物种间配置降损增效与减排机制研究。经10年系统研究，揭示了干旱条件下作物种间配置通过资源需求的时空生态位分异、竞争-恢复生长提升资源利用效率及降损减排的生态学机制。发现增加禾本科密度、氮肥后移等弱化豆科氮阻遏、强化固氮潜力与氮转移、提高氮素利用恢复效应的作用机制，形成了氮肥高效利用与减排降损的种间配置调控理论。证实延长作物生长季及轮作倒茬可提高生产力并降低碳排放，提出了促进土壤碳固存、降低碳足迹，进而增强作物生产水平的种间配置调控理论，为构建绿色种植制度奠定基础，有力促进作物种间配置的理论研究和应用前景，在干旱半干旱农业生产领域具有重要引领作用。见图2-4-14。

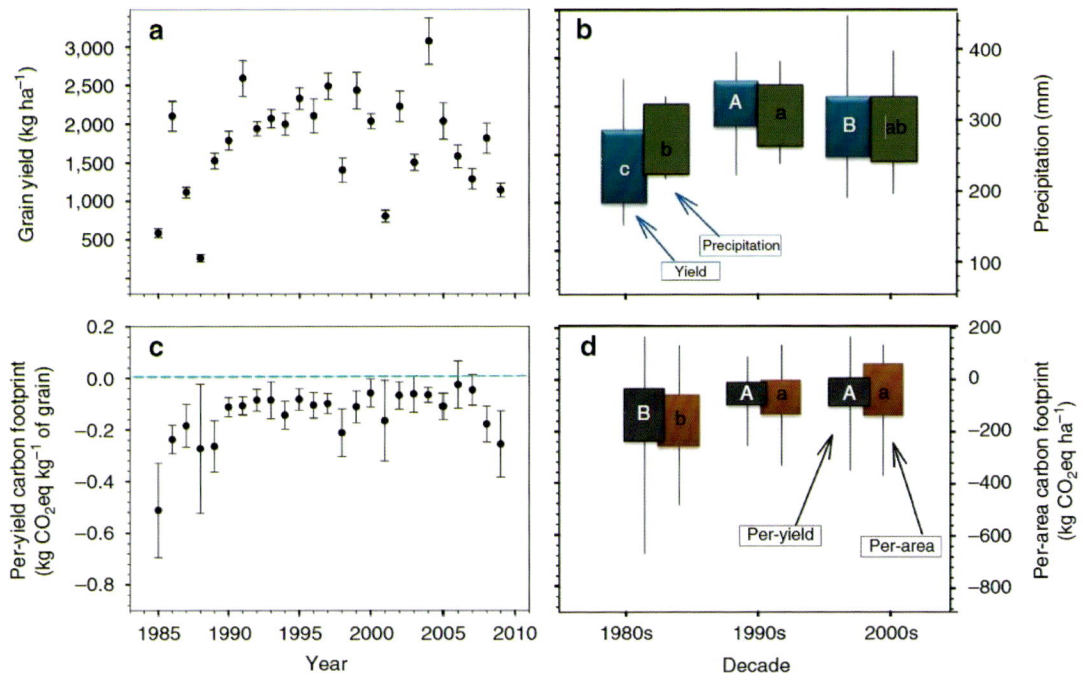

图2-4-14 不同年份春小麦的产量与碳足迹

3.甘肃省技术发明奖一等奖

猪用重组口蹄疫O型、A型二价灭活疫苗的创制与应用

主要完成人：郑海学、杨帆、何继军、朱紫祥、刘学荣、赵丽霞

主要完成单位：中国农业科学院兰州兽医研究所、中农威特生物科技股份有限公司、金宇保灵生物药品有限公司

该项目攻关团队以国家口蹄疫防疫重大需求为导向，发明了口蹄疫疫苗种毒的构建方法，突破了田间流行毒因自然属性限制难以驯化成疫苗种毒的难题。设计构建了生产性能高、抗原匹配性和稳定性好、抗原谱广的2株疫苗种毒，从源头提升了口蹄疫疫苗的抗原性、免疫效力和安全性等多种性能；创制了国际首例猪用口蹄疫反向遗传疫苗"猪口蹄疫O型、A型二价灭活疫苗"，获国家一类新兽药证书，技术国际领先，实现产业化生产和应用，彻底解决了无猪用A型口蹄疫疫苗的问题，有力支撑了国家防控需求。疫苗推广使用后，有效控制了中国口蹄疫大流行，应用效果显著。成果转化后，该疫苗即成为中国口蹄疫防控的主导产品。2018-2020年累计销售疫苗142 606.02万ml，收入238 590.22万元，新增利润95 057.57万元，实现利税118 819.69万元；成果应用产生间接经济效益超300亿元，效益显著。图2-4-15~16。

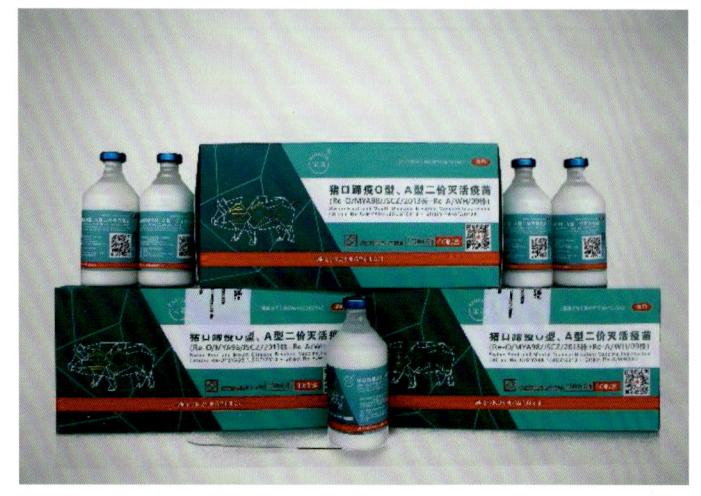
图2-4-15 金宇保灵生物药品有限公司疫苗产品

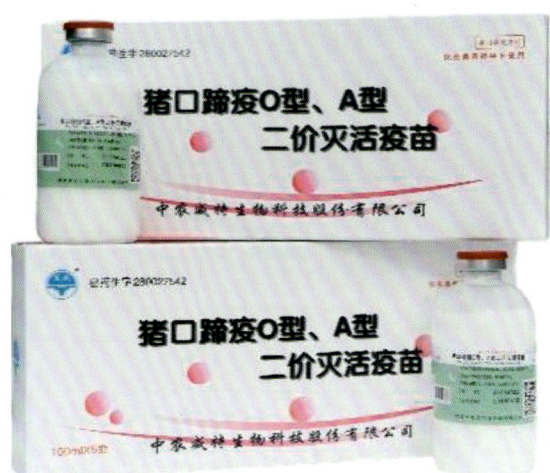
图2-4-16 中农威特生物科技股份有限公司疫苗产品

4.甘肃省科技进步奖一等奖

（1）空间电场探测技术与应用

主要完成人：雷军刚、王润福、马勉军、李世勋、李诚、宗朝、谢朝阳、刘泽、崔阳、李云鹏、胡向宇、毛俊程、苗园青、王佐磊、吴先明

主要完成单位：兰州空间技术物理研究所、航天东方红卫星有限公司

该项目创新开发了偏置电流自适应主动式空间电场测量等技术和方法，攻克了"球形传感器一致性精密制造"等3项关键技术，研制了"极低热膨胀抗拉复合电缆"等两种替代国外禁运的高性能空间产品。基于该项目研制的星载高精度电场探测仪，是中国首颗空间电磁监测试验卫星"张衡一号"的主要载荷、低频分辨率等重要指标达到国际水平，实现了中国在该领域的跨越式发展。"张衡一号"空间电场探测仪是继法国ICE电场仪之后，当前唯一在轨运行的电离层电场探测载荷，实现了目前为止国际最高分辨率的空间电场探测。其科学数据产品向国内外用户正式发布，所获全球电离层动态空间电场数据图像清晰可信，为国内外相关学者和机构开展地震孕育及短临预报研究、空间物理研究以及空间态势感知等提供了重要的数据资源。该项目实现了国内首次卫星平台空间电场的大尺度高灵敏度探测，创新了地震短临预报研究的天基监测手段，对中国防灾减灾事业具有重要意义。见图2-4-17~18。

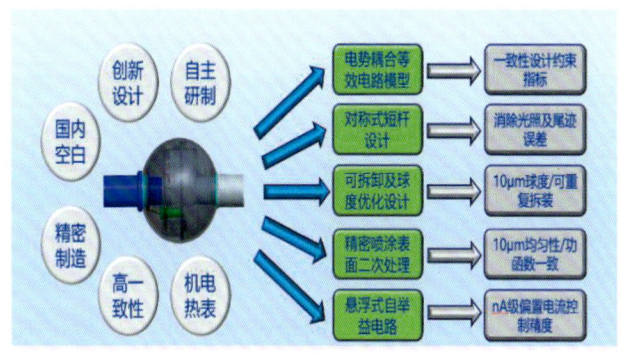

图2-4-17 国内首次研制的精密球形传感器

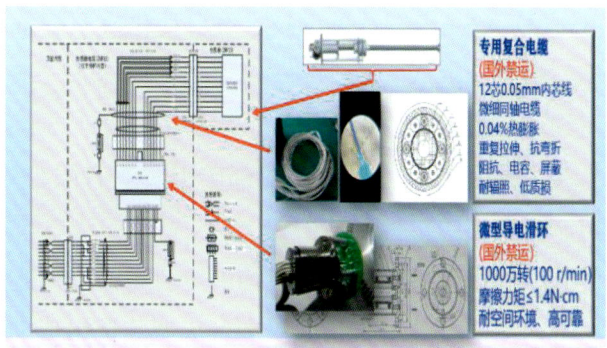

图2-4-18 替代国外禁运产品的高性能组件

（2）陇东百万吨页岩油示范区规模效益开发关键技术

主要完成人：王永康、何永宏、吴志宇、时建超、谢启超、成良丙、王博、吴大康、薛婷、何右安、李桢、赵国玺

主要完成单位：中国石油天然气股份有限公司长庆油田分公司

该项目研究创新了页岩油多学科"甜点"优选和评价技术，构建了储层"甜点"分类评价标准，平面上筛选建产目标区、纵向上优选目标小层，筛选了630万t建产目标区。形成了小井距、大井丛、立体式、长水平井布井技术，实现了页岩油多小层叠合储量一次性全部动用。提出了渗吸置换超前补能开发技术，优化水平井全生命周期技术政策，页岩油初期单井产量达18t，单井EUR2.6万t，预测采收率8.8%；创建了超大井丛黄土塬地貌工厂化作业、远程专家决策支持模式，百万吨用工人数控制在300人左右。该项目关键技术成果的规模应用，实现"资源向储量""储量向产量"的转变，助推10亿t庆城大油田的发现，建成了百万吨规模开发示范区，实现了页岩油规模效益开发。见图2-4-19。

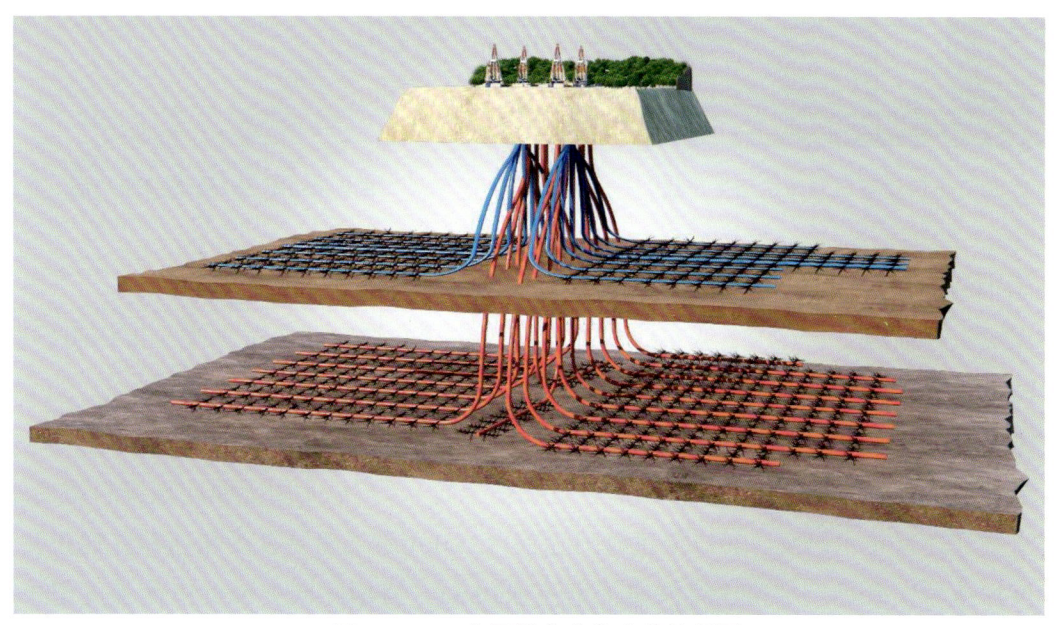

图2-4-19 多层叠合立体布井效果图

(3) 微晶磷铜球关键技术及自动化成型装备的研发与产业化

主要完成人：李少利、于国军、张忠科、王世卓、姚辉、赵长忠、张昌青、张胜全、张秀德、王红玲、任学良、徐军章、陈世雄

主要完成单位：金昌镍都矿山实业有限公司、兰州理工大学、西安麦特沃金液控技术有限公司、金川集团机械制造公司

该项目采用桥状卧式结构的全自动微晶磷铜球成型装备及集机、电、液、智能控制为一体的微晶磷铜球成型技术，建成了多台成型装备组成的微晶磷铜球规模化生产联动示范生产线。研发了基于形变再结晶的多阶段磷铜快速晶粒细化技术，使磷铜球晶粒细化小于40μm，磷元素分布均匀。研发的复合热处理技术使磷铜球自润滑挤压模具由普通模具的60d寿命延长至90d，采用故障树专家诊断系统，实现故障自动诊断与报警。研制的金川"金驼"微晶磷铜球成为高端印刷线路板（PCB）的最佳磷铜阳极材料，使金川集团成为中国最大、最具影响力的电镀铜阳极制造商。自2018年成果实施以来，企业新增产值36.27亿元，新增利润5987万元，新增税收4.71亿元，出口创汇2100万美元，并新增就业人数50余人。见图2-4-20~21。

图2-4-20　全自动液压制球机组生产线

图2-4-21　微晶磷铜球产品

(4) 面向核废料嬗变的25MeV质子超导直线加速器

主要完成人：何源、赵红卫、张军辉、王志军、张斌、张生虎、詹文龙、岳伟明、贾欢、武启、石爱民、郭玉辉、万玉琴、吴巍、张雍

主要完成单位：中国科学院近代物理研究所

2011年以来，中科院、基金委、科技部、近物所等投入约7亿元用于面向核废料嬗变的高功率超导质子直线加速器技术研发。2017年建成国际首台25MeV质子超导直线加速器并通过测试验收。2021年，该加速器实现稳定加速连续波质子束流强10mA，将国际同类装置束流强度纪录提高约5倍，百千瓦、百小时束流可用性超过93%，并通过同行专家现场测试，CERN courier报道该成果是

"ADS加速器发展的突破和加速器领域的杰出成就"。该项目攻克了国际上多年来持续努力尚未解决的难题，使中国在该领域保持国际同类装置显著领先地位，推动了核技术行业相关高端装备制造技术和产业升级，极大地支撑了国家重大科技基础设施"强流重离子加速器""加速器驱动嬗变研究装置"和甘肃省同位素实验室"先进同位素应用研发装置"的建设。项目成果多次入选国家和中科院科技成果展，2021年被国家原子能机构评为"核领域十件大事"。见图2-4-22~23。

图2-4-22 超导加速单元与液氦传输管线　　　　图2-4-23 超净间机器人与超导腔洁净装配

（5）工程装备高端自润滑滑动轴承

主要完成人：张俊彦、王宏刚、孟军虎、杨生荣、马学鹏、李炯、任俊芳、姜峰、张爱军、郭维新、高贵、张涛、徐瑞祥

主要完成单位：中国科学院兰州化学物理研究所、兰州兰石重工有限公司、丰泽智能装备股份有限公司、兰州星火机床有限公司、兰州兰泵有限公司

该项目基于自润滑材料设计及其摩擦表界面调控，开展了工况自适应摩擦层的设计策略、界面结合设计优化及基体表面强化设计方法等研究，突破了金属基滑动轴承工况适应性设计与调控技术，形成了烧结型、镶嵌型与双金属型自润滑滑动轴承的制造流程，实现了合金材料强度与自润滑性的同步提升，提高耐磨性4倍以上。突破了基体/润滑/耐磨相界面调控与调控技术，形成了高性能自润滑高分子滑动轴承制造流程，提高了材料耐磨性2~10倍。突破了轴承起始润滑与表面强化等关键技术，降低了起始润滑的摩擦系数，减小了机械爬行，极限PV值提高1倍以上。发展了系列高端装备自润滑材料与滑动轴承，在工程装备和零部件、系统、整机实现规模化应用，广泛应用于快速径锻机、锻造液压机组、桥梁支座、超大型起重机、舰船机械、精密机床、挖掘机等工程装备领域，实现了高端自润滑滑动轴承的进口替代，配套自润滑滑动轴承400万件以上，提升了工程装备产业链的自主可控能力。见图2-4-24。

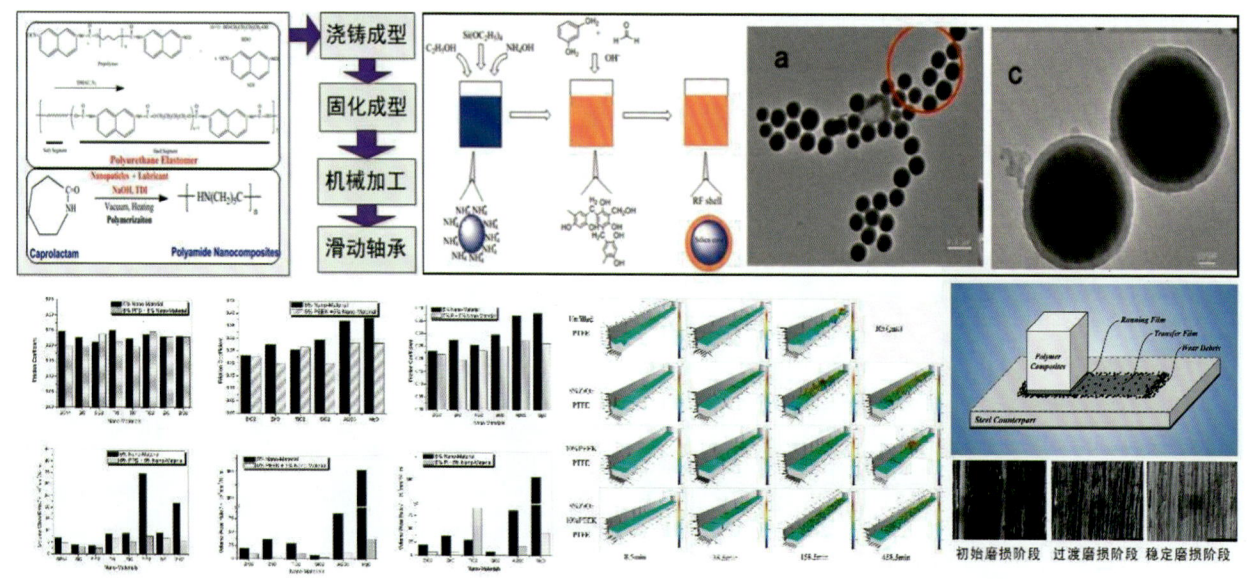

图2-4-24 高分子材料基体润滑耐磨相界面调控与滑动轴承制造技术

(6) 湖羊选育扩繁和高效利用关键技术研究与应用

主要完成人：李发弟、王维民、乐祥鹏、王新基、李积友、李万宏、张小雪、莫负涛、张清峰、喇永富、许开云、许辉、李建栋、牛骁麟、韩芙蓉

主要完成单位：兰州大学、甘肃农业大学、天津奥群牧业有限公司、民勤县德福农业科技有限公司、甘肃润牧生物工程有限责任公司、甘肃中天羊业股份有限公司、甘肃兰天同和农业有限公司、甘肃省畜牧技术推广总站、武威市畜牧兽医科学研究院、民勤县畜牧兽医工作站

该项目研发表型组测定技术与装置并进行表型高通量测定，研究湖羊重要经济性状遗传特征并挖掘其关键基因，填补羊饲料效率相关性状遗传参数的空白，筛选出26个有效分子标记并用于湖羊选育。选育出可以配套使用的高繁、快长湖羊新品系2个，率先开展湖羊与藏羊、澳洲白、特克赛尔杂交，筛选出北方地区湖羊杂交模式并为低繁殖力群体高效生产找到新的技术路径。综合产量、品质、健康、效率及能氮转化等指标，确定北方地区规模化舍饲条件下湖羊适宜营养水平，筛选出无豆粕日粮配方，为良种配好料、豆粕玉米减量替代、减少碳排放提供营养策略；建立全国湖羊联合育种大平台和协作网，使湖羊成为中国市场占有率最高的品种和舍饲的主导品种，有力地推动北方地区舍饲养羊母本升级换代。该项目在12省区建立含50家羊场的全国湖羊联合选育、扩繁和利用体系，并将湖羊推广到北方8省区500余家企业和合作社，百万农户受益。见图2-4-25~26。

图2-4-25 利用单栏测定湖羊饲料效率

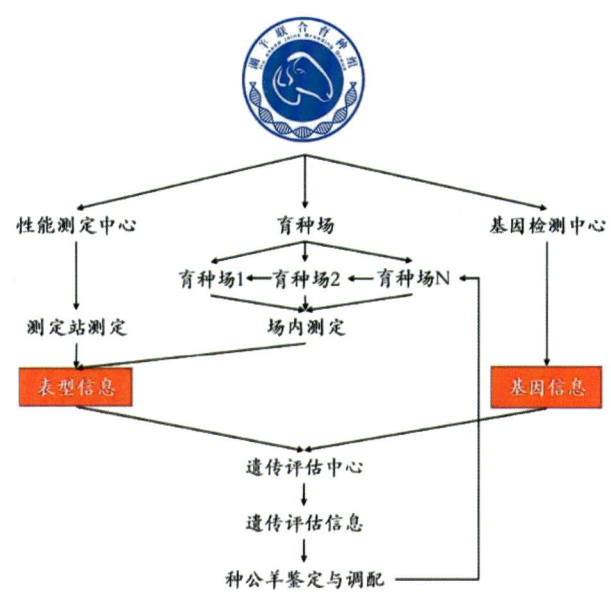
图2-4-26 全国湖羊联合育种方案

（7）新型超耐蚀合金镀层板带产品开发

主要完成人：杜昕、董世文、王瑾、赵永科、张国堂、孙朝勇、陈翠、史军锋、李积鹏、刘海军、茹亮中、杨国星、马维杰、高伟民、王海

主要完成单位：酒泉钢铁（集团）有限责任公司

"新型超耐蚀合金镀层板带"是酒钢自主创新研发的新一代高耐蚀镀层产品，镀层合金成分是以锌为基础，添加Al、Mg、Re等元素，产品具有非常优异的耐蚀性能，实验室对比耐蚀性能是普通镀锌板产品的8~10倍，中性盐雾试验时间超过4500h。该项目研究产品在国内率先实现工业化批量生产，独创了锌铝镁镀层专用气刀装置，打造了新型超耐蚀合金镀层板带的成熟工艺路线。截至2021年底，累计实现工业产值约16.1亿元，新增税收3.2亿元，新增利润2.3584亿元。产品投入市场后，有效平抑进口产品价格，实现外汇节约；超耐蚀性延长产品服役期限，节约了金属资源，引领中国金属涂镀产品向超高耐蚀、资源节约、安全环保、绿色友好方向发展。目前锌铝镁镀层板带已广泛应用在光伏、畜牧、结构桥架、轻钢建筑、通讯屋面壁板、汽车零件以及新基站项目等，产品质量得到国内外用户和市场的广泛认可。见图2-4-27~28。

图2-4-27　酒钢7#高炉出铁场罩棚

图2-4-28　喀什畜牧无拱梁养棚舍

（8）油橄榄产业升级关键技术研究与集成示范

主要完成人：姜成英、刘玉红、王成章、李朝周、吴文俊、李建科、周昊、赵梦炯、赵海云、金凤、张昌伟、陈炜青、李乔花、吴龚鹏、罗勤学

主要完成单位：陇南市祥宇油橄榄开发有限责任公司、甘肃省林业科学研究院、中国林业科学研究院林产化学工业研究所

该项目围绕鲜果生产和鲜果加工两个增收增效关键阶段开展了重点攻关示范，探明了在中国北亚热带生态条件下影响油橄榄开花结实的生理机制。筛选出丰产、高油、抗逆性强的3个良种，应用面积21.22万亩，突破了油橄榄扦插繁育周期长、成苗率低的难关，构建了创新高效栽培技术体系。改进传统融合和三相分离工艺，提高出油率约25%，减少废水排放约40%，油品中酚类物质含量提高约30%；建立了初榨橄榄油多酚指纹图谱，发明了近红外品质初榨橄榄油鉴伪专利技术；首次建立橄榄油风味物质（苦辣味）质量控制技术；创新设计橄榄果渣中核、皮与水连续超声提取分离技术和膜净化废水系统，使得废水中99.5%多酚得到富集利用。共建立生产线2条，开发新产品5个，获得国际特级初榨橄榄油大赛金、银奖各20项，新增销售额9678万元，新增税收1050万元。项目成果为甘肃省乃至全国油橄榄产业发展与升级提供技术支撑。见图2-4-29~30。

图2-4-29　世界先进全自动油橄榄冷榨生产线

图2-4-30　特级初榨橄榄油系列产品

(9) 治疗仔畜腹泻中兽药的创制与应用

主要完成人：王胜义、刘永明、齐志明、荔霞、刘世祥、崔东安、王慧、严作廷、王海军、夏鑫超、李胜坤、黄美州、妥鑫、吕亚楠

主要完成单位：中国农业科学院兰州畜牧与兽药研究所、成都中牧生物药业有限公司、郑州百瑞动物药业有限公司、山东德州神牛药业有限公司

该项目针对犊牛腹泻、羔羊痢疾和仔猪腹泻开展中兽医辨证论治研究，明确其病因病机，确定治法治则，筛选有效组方；开展有效组方的生产工艺、药理毒理、质量控制标准和临床试验研究，研制出新兽药黄白双花口服液、苍朴口服液、乌锦颗粒和香草口服液。黄白双花口服液、苍朴口服液、乌锦颗粒的研制和应用，凸显了中兽药纯天然、多靶点、广效能的特性。减少临床抗生素的使用量，降低动物耐药性的风险，对促进中国畜牧业健康发展，保障公共卫生和食品安全，助力脱贫攻坚和乡村振兴战略实施具有重要意义。该项目获得新兽药证书3项，授权发明专利4项，获得新兽药生产批准文号4项，转化科技成果3项。通过成果转化和生产销售，新增销售额15 094万元，新增利润8081.4万元；推广应用犊牛18.62万头、羔羊86.46万头，新增经济效益55 651万元。见图2-4-31~32。

图2-4-31　苍朴口服液新兽药证书

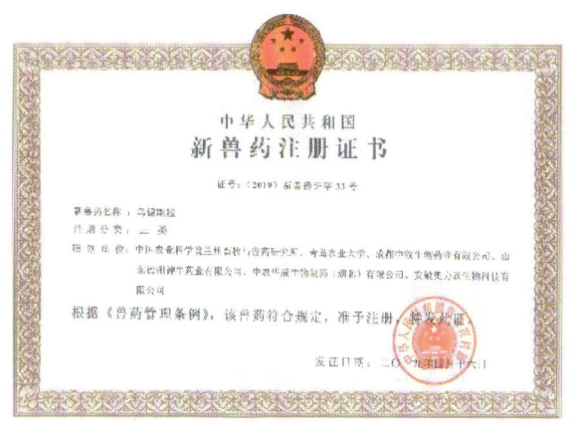

图2-4-32　乌锦颗粒新兽药证书

(10) 大规模新能源电站多层级智能化运行控制关键技术研究及应用

主要完成人：马明、马彦宏、吕清泉、赫卫国、张珍珍、姜达军、周强、郭小江、张睿骁、王明松

主要完成单位：国网甘肃省电力公司电力科学研究院、中国电力科学研究院有限公司、中国华能集团清洁能源技术研究院有限公司、甘肃中广核风力发电有限公司、国网甘肃省电力公司临夏供电公司、国网甘肃省电力公司白银供电公司、国网甘肃省电力公司酒泉供电公司

该项目针对大规模新能源并网导致的场站层级多、通信规约不统一、电站整体可调控性差、响应迟缓等问题，开展了新能源发电统一信息建模及信息交互技术、基于多源数据融合的大型新能源电站有功分层控制技术和动态无功控制技术研究，自主研发了大规模新能源电站多层级智能化运行控制系列装置和系统，实现了新能源电站运行控制响应时间小于4s，有功/无功控制误差小于1%，

有效解决了大规模新能源电站的组件/发电单元/场站不同层级设备运行控制的通信标准化、响应快速化、控制智能化技术难题，降低了大规模新能源接入的电力系统运行风险。项目成果在酒泉、白银、临夏等地市推广应用，目前已接入202座新能源场站，为甘肃省陇电入鲁、陇电入浙等重大工程提供技术支撑。近三年取得直接经济效益15 217.71万元，减排二氧化碳25.54万t，未来参与碳排放权交易会带来更大的额外收益。见图2-4-33~34。

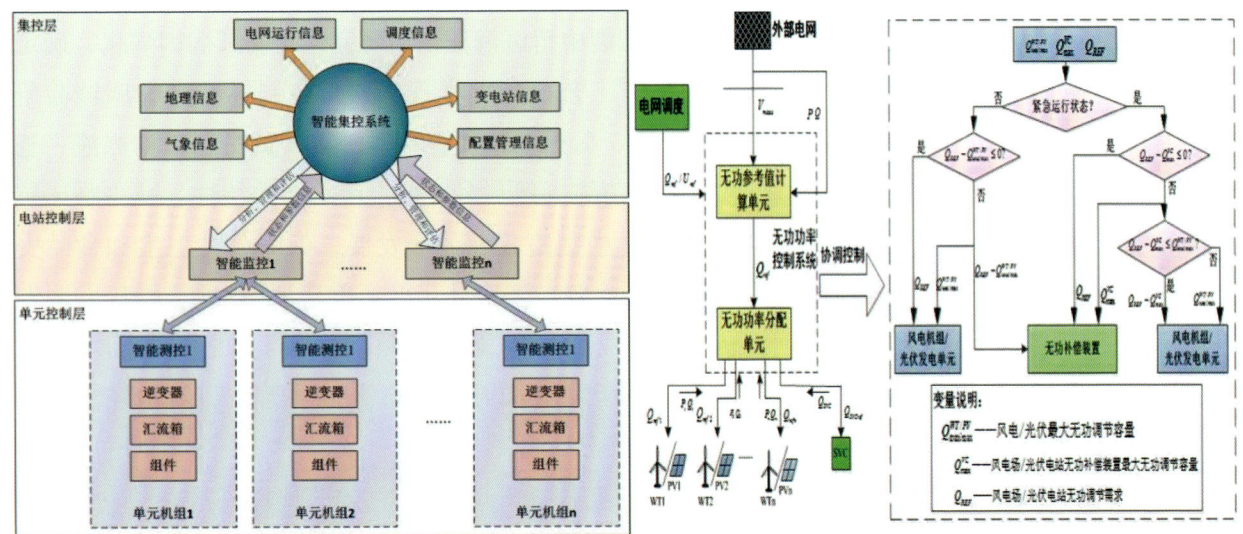

图2-4-33　多层级智能化运行控制体系构架　　　　图2-4-34　无功协调控制

（11）干旱灾害形成机制与风险特征及预测调控技术

主要完成人：张强、李栋梁、王劲松、姚玉璧、王莺、王慧、韩兰英、王素萍、司东、岳平、王芝兰、李清泉、王静、曾刚、王欢

主要完成单位：中国气象局兰州干旱气象研究所、南京信息工程大学、兰州区域气候中心、国家气候中心、中国科学院大气物理研究所、兰州资源环境职业技术大学、四川师范大学

该项目开展了干旱形成的多因子协同和多尺度叠加机制、干旱致灾过程的逐阶递进特征，以及干旱灾害风险分布演化主控因素等关键问题研究。揭示了气候变暖背景下高原热力、海温和夏季风等多因子对干旱形成的协同作用新机制，发现了降水亏缺时间尺度和作物不同生长阶段干旱敏感性新特征，明确了气候变暖背景下典型区域干旱灾害风险分布及其变异新规律，研发了干旱集成预测与灾害风险调控新技术。填补了干旱灾害风险综合动态评估技术空白，支持旱区支柱产业和特色农业发展，仅服务甘肃马铃薯和中药材年产值超过200亿元，间接效益年均超10多亿元；提交的《谨防气候变化成为西部地区因灾致贫新穷根》等重大决策建议，有力保障了精准扶贫和生态屏障建设；在中央电视台和人民日报等国家媒体平台就干旱防御等热点问题回应社会关切和科普宣传，受众超300万人次，促进了公众抗旱防旱科学素质提高。见图2-4-35。

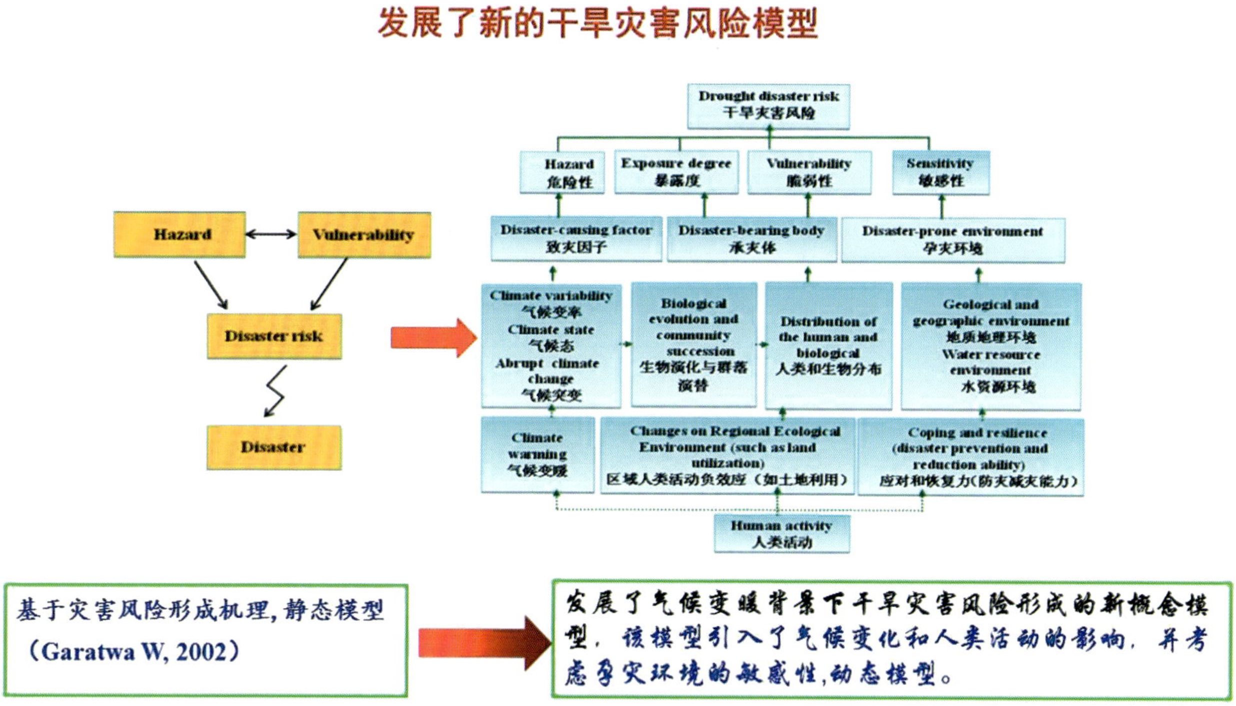

发展了新的干旱灾害风险模型

图2-4-35 新的干旱灾害风险模型

(12) 高寒生态脆弱区路基工程绿色建设关键技术

主要完成人：张明义、裴万胜、赖莹、金龙、喻文兵、单永体、谢胜波、白瑞强、王俊峰、李双洋、张熙胤、温智、张淑娟、李东庆、罗滔

主要完成单位：中国科学院西北生态环境资源研究院、中交第一公路勘察设计研究院有限公司、浙江大学、重庆交通大学、兰州交通大学、西京学院

为保障高寒生态脆弱区路基工程高质量建设与环境协调共生，该项目开展了寒区路基工程绿色建设的科技攻关。提出了确定寒区环境-路基工程系统水热耦合边界的新方法，建立了寒区路基工程水-热-气-力多物理场耦合数学模型，查明了高寒区脆弱环境与路基工程互馈机理，为寒区路基工程绿色建设奠定了理论基础；构建了冻融-风沙复杂环境下路基工程设计理论与原则，研发了寒区环境-路基工程系统抗冻-防融-固沙成套新技术，解决了高寒生态脆弱区路基工程冻融、风沙灾害防控难题；探明了寒区路基工程建设的路域环境效应，构建了路基工程路域生态环境评价方法体系，研发了路域系统生态环境保育与恢复关键技术，有力支撑了高寒生态脆弱区路基工程无痕化建设。成果成功应用于中国高寒生态脆弱区重大工程建设中，经济、社会与环境效益显著。见图2-4-36。

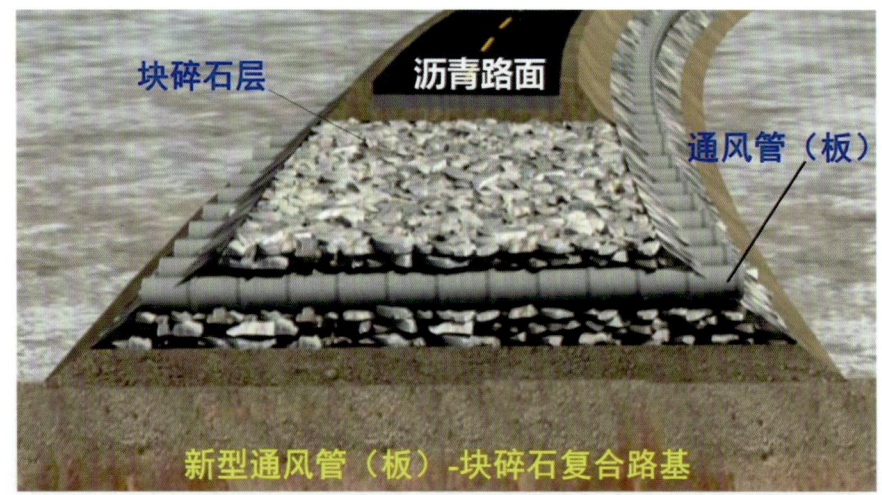

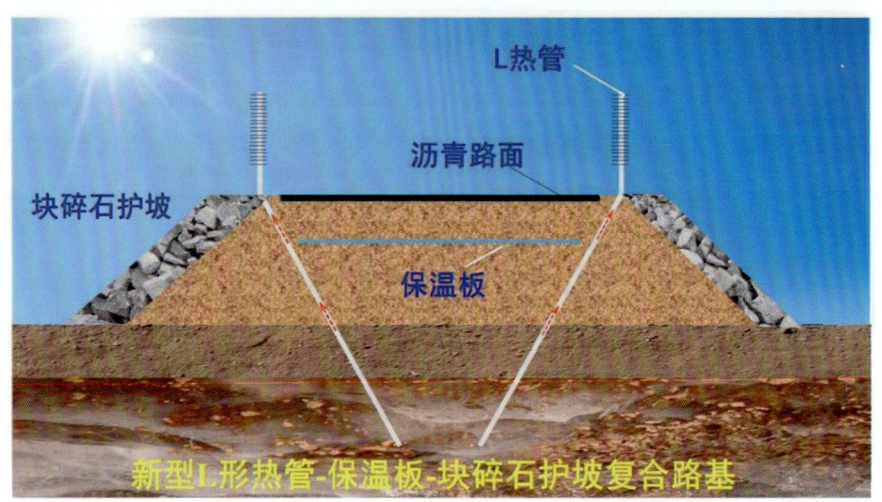

图2-4-36　新型复合冷却路基结构示意图

(13) 医用药包材聚烯烃树脂技术开发与应用

主要完成人：王福善、杨世元、侯景涛、赵东波、吴建、于国滨、王卓妮、徐元德、张红星、杨令衡、魏钦、熊华伟、高艳、李广全

主要完成单位：中国石油天然气股份有限公司兰州石化分公司、中国石油天然气股份有限公司兰州化工研究中心

该项目通过控制催化剂内外给电子体的协同作用、乙烯分段无规共聚，开发出窄分布乙丙无规共聚技术，解决析出物含量高的问题；发明了高效低迁移高分子型双官能团医药用聚丙烯树脂抗氧剂体系，达到欧美、日本等国家药典要求；设计发展了新型低温引发体系及超高压医药用聚乙烯生产技术，保证了装置在超高压力下的稳定、连续运行；建立了生物学和毒理学的安全性评价方法和标准体系，解决了中国医药用聚烯烃树脂应用评价和市场准入的难题，填补了国家空白；在国际石化领域开创性建立了符合药品生产质量管理规范的医药用聚烯烃树脂质量管理体系，建成了10万t级大型超洁净化聚烯烃树脂生产基地，实现了高风险医药用聚丙烯树脂和聚乙烯树脂产品的规模化

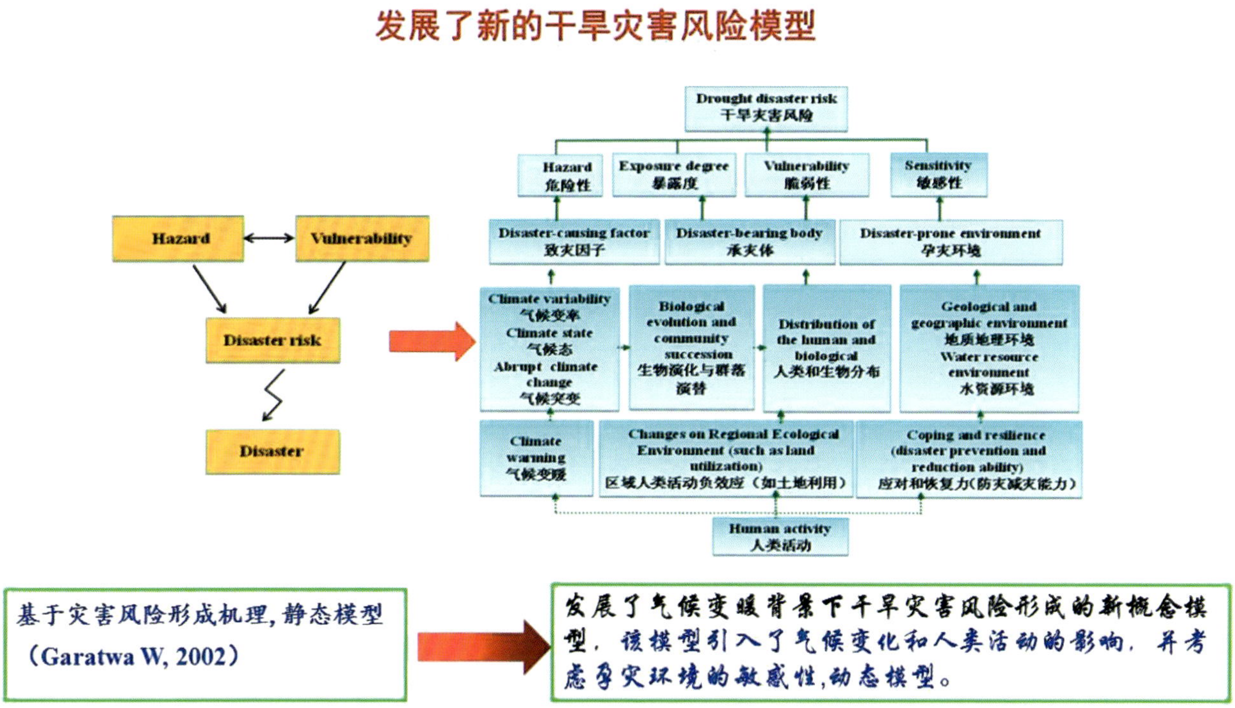

图2-4-35　新的干旱灾害风险模型

(12) 高寒生态脆弱区路基工程绿色建设关键技术

主要完成人：张明义、裴万胜、赖莹、金龙、喻文兵、单永体、谢胜波、白瑞强、王俊峰、李双洋、张熙胤、温智、张淑娟、李东庆、罗滔

主要完成单位：中国科学院西北生态环境资源研究院、中交第一公路勘察设计研究院有限公司、浙江大学、重庆交通大学、兰州交通大学、西京学院

为保障高寒生态脆弱区路基工程高质量建设与环境协调共生，该项目开展了寒区路基工程绿色建设的科技攻关。提出了确定寒区环境-路基工程系统水热耦合边界的新方法，建立了寒区路基工程水-热-气-力多物理场耦合数学模型，查明了高寒区脆弱环境与路基工程互馈机理，为寒区路基工程绿色建设奠定了理论基础；构建了冻融-风沙复杂环境下路基工程设计理论与原则，研发了寒区环境-路基工程系统抗冻-防融-固沙成套新技术，解决了高寒生态脆弱区路基工程冻融、风沙灾害防控难题；探明了寒区路基工程建设的路域环境效应，构建了路基工程路域生态环境评价方法体系，研发了路域系统生态环境保育与恢复关键技术，有力支撑了高寒生态脆弱区路基工程无痕化建设。成果成功应用于中国高寒生态脆弱区重大工程建设中，经济、社会与环境效益显著。见图2-4-36。

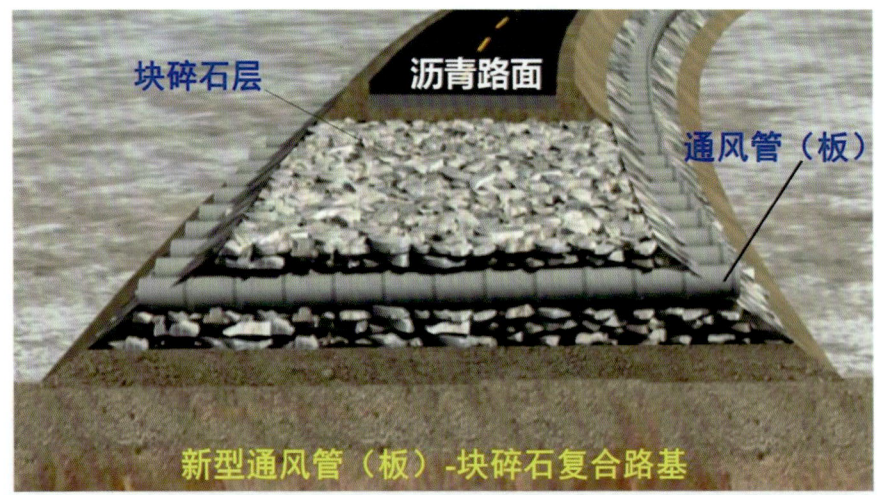

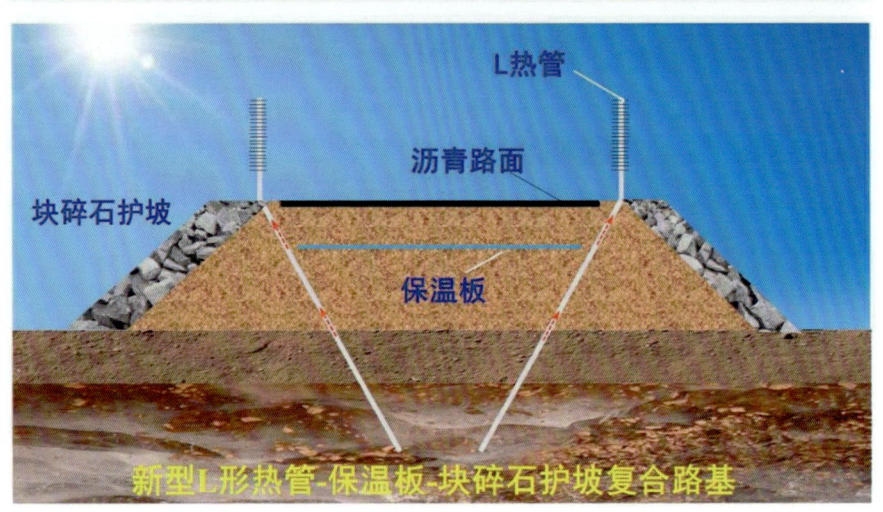

图2-4-36 新型复合冷却路基结构示意图

(13) 医用药包材聚烯烃树脂技术开发与应用

主要完成人：王福善、杨世元、侯景涛、赵东波、吴建、于国滨、王卓妮、徐元德、张红星、杨令衡、魏钦、熊华伟、高艳、李广全

主要完成单位：中国石油天然气股份有限公司兰州石化分公司、中国石油天然气股份有限公司兰州化工研究中心

该项目通过控制催化剂内外给电子体的协同作用、乙烯分段无规共聚，开发出窄分布乙丙无规共聚技术，解决析出物含量高的问题；发明了高效低迁移高分子型双官能团医药用聚丙烯树脂抗氧剂体系，达到欧美、日本等国家药典要求；设计发展了新型低温引发体系及超高压医药用聚乙烯生产技术，保证了装置在超高压力下的稳定、连续运行；建立了生物学和毒理学的安全性评价方法和标准体系，解决了中国医药用聚烯烃树脂应用评价和市场准入的难题，填补了国家空白；在国际石化领域开创性建立了符合药品生产质量管理规范的医药用聚烯烃树脂质量管理体系，建成了10万t级大型超洁净化聚烯烃树脂生产基地，实现了高风险医药用聚丙烯树脂和聚乙烯树脂产品的规模化

生产，性能达到欧美高端产品水平，并出口国外。2018-2020年累计生产医药用产品10.33万t，创效30.07亿元；实现了聚烯烃树脂在高风险医药用包材领域的应用，打破了国外垄断，市场占有率超过80%，有效保障了国民用药安全。见图2-4-37~38。

图2-4-37 聚丙烯产品正在进行产品输转

图2-4-38 医用聚丙烯产品可替代进口产品

（14）钢桥新结构设计理论及建造关键技术

主要完成人：冀伟、赵彦华、蔺鹏臻、冯建军、闫林君、姜红、王维、何维、崔文科、刘江、王力、唐海波、筵玉涛、韩大栋、苏伟业

主要完成单位：兰州交通大学、中铁二十一局集团有限公司、湖南大学、甘肃博睿交通重型装备制造有限公司、中铁二十一局集团第二工程有限公司

该项目以高强、高耐久、高工业化的新型钢桥为突破，针对钢桥新结构设计理论及建造关键技术中的新结构设计理论、制造安装新技术和安全监测与检测三个关键技术难题开展科研攻关，解决了从理论方法到智能化产线、技术设备，再到工程应用的一系列关键难题，提出了适宜于西部山区建造的钢桥系列新结构体系和系统化设计理论体系，建立了钢桥从原材料采购、营销、生产、运输、安装、安全等工作管理集成的智能制造服务信息平台，研发了高性能钢材数字化深熔焊技术和桥梁智能化设计建造一体化技术，在博睿重装产业园打造了国内领先、省内第一的示范性钢结构桥梁智能工厂，提升了中国桥梁工程质量可靠、高效建造、长期服役、安全环保的核心竞争力。首创了全国波形钢腹板桥梁全流程智能制造生产线，研究成果服务全国70余座钢桥建设，保证了钢桥结构安全，取得了明显的经济和社会效益。见图2-4-39~40。

图2-4-39　钢桥新结构全流程智能制造生产线

图2-4-40　山区大跨高墩钢桥架设施工

(15)能谱CT的临床应用及技术创新

主要完成人：周俊林、张文娟、刘建莉、赵建洪、魏晋艳、张国晋、张学凌、张玉婷、谢一婧、罗永军、王丹、徐瑞、周青、曹云太、黄乐乐

主要完成单位：兰州大学第二医院

该研究立足于临床重大需求及瓶颈问题，通过将能谱CT技术应用于动物实验、肿瘤、脑血管疾病、新冠肺炎并融合人工智能等一系列研究，全面揭示能谱CT在基础研究和临床应用中的重要价值，实现技术创新，为临床精准诊疗提供更充分有效的影像学信息，对优化治疗方案、改善预后具有重要价值。该项目历时十余年，基于疾病的精准诊断、肿瘤分期分型、基因表达、预后及疗效评估，能谱CT定量参数可以反映肿瘤细胞增殖活性及血管生成等微观水平信息；能谱CT功能成像提升了肿瘤的精准诊断和评估的能力，并能无创预测基因表达；能谱CT大数据与人工智能技术相融合，实现临床场景的拓展。该项目研究成果被北美放射年会录用20余次并交流，并在国内多家综合性三甲医院得到了良好的应用，通过对县级医院的培训，实现了能谱CT扫描技术标准化及诊断报告规范化，取得了极大的社会效益。见图2-4-41~42。

综 合 篇

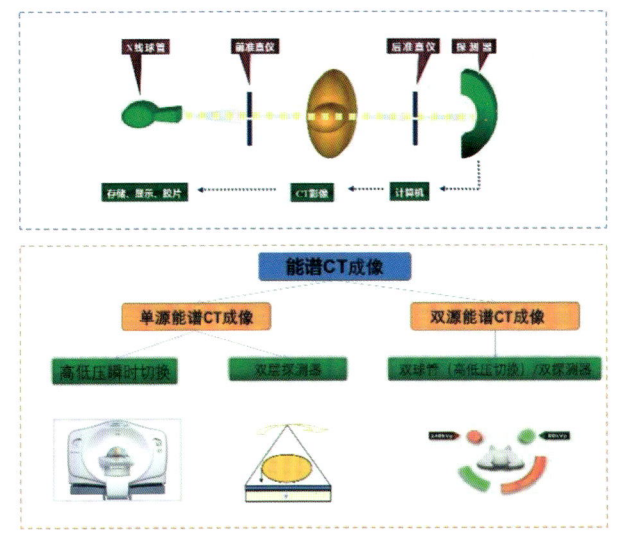

图2-4-41 CT工作原理及能谱CT工作流程　　图2-4-42 能谱CT多参数成像

（16）石羊河流域固沙植被退化过程、机制与修复关键技术

主要完成人：徐先英、马全林、何芳兰、唐进年、柴成武、赵鹏、付贵全、唐卫东、王方琳、刘虎俊、张大彪、尉秋实、金红喜、陈芳、李亚

主要完成单位：甘肃省治沙研究所

针对石羊河流域固沙植被退化引起的防护功能下降、土壤旱化和沙丘活化等制约流域发展的突出生态环境问题，系统揭示了石羊河流域固沙植被退化的生态过程与驱动机制，研发解决并应用了退化固沙植被快速修复新技术，研制出用于辅助快速修复退化固沙植被的治沙新装备。该项目成果在民勤县、古浪县和凉州区得到大面积推广应用，并辐射到酒泉玉门市、敦煌市、金塔县、瓜州县，张掖高台县、临泽县及青海省海晏县等地，累计推广应用面积19.33万亩，节约生态治理成本1955万元。项目成果大大提高了甘肃省治沙精准化、机械化技术水平，为加快中国西部沙区生态安全屏障建设，促进沙区生态-经济-社会可持续发展，为中国防沙治沙贡献了甘肃方案和智慧。见图2-4-43~44。

图2-4-43 梭梭+机械沙障修复技术　　图2-4-44 雨养条件下梭梭林空间配置技术

(17)铜铅锌冶炼多源固废协同利用关键技术开发及应用

主要完成人：鲁兴武、王军辉、王长征、柯勇、李毅、焦晓斌、闵小波、于建忠、金竹林、谭承锋、殷勤生、金明虎、李彦龙、李俞良、陈一博

主要完成单位：西北矿冶研究院、中南大学、白银有色集团股份有限公司、北京高能时代环境技术股份有限公司、甘肃高能中色环保科技有限公司、靖远高能环境新材料技术有限公司、洛南环亚源铜业有限公司、甘肃厂坝有色金属有限责任公司成州锌冶炼厂

该项目针对中国铜铅锌多金属固废处理存在的共性及关键技术难题，研究铜铅锌固废协同处置领域，破解环境污染重大瓶颈，为保障资源供给提供强力支撑。创建固废绿色处理技术体系，形成铜铅锌多金属固废系统解决方案，引领提升中国铜铅锌冶炼多金属固废循环利用技术装备水平。铜铅锌冶炼系统多物料耦合利用与协同处理，有价金属回收率大于95%，稀贵金属富集率大于98%，实现了有毒有害元素的无害化。项目核心成果在高能环境甘肃境内甘肃高能中色、靖远高能环境新材料、白银有色集团、陕西洛南环亚源铜业等进行了规模化应用，近3年，产生经济效益34亿元，利润7.5亿元，实现冶炼固废的资源化、减量化和无害化，减轻冶炼固废对区域生态环境的破坏，具有良好的生态环境效益。见图2-4-45~46。

图2-4-45　金昌高能技术公司项目

图2-4-46　甘肃高能中色项目

(18)建筑节能与结构一体化再生混凝土围护体系与低碳示范

主要完成人：曹万智、肖建庄、王洪镇、王秀丽、薛明利、甘季中、杨永恒、王洪群、郭启龙、田彦智、马亮亮、吴忠铁、常鹏麟、马得俊、苏明明

主要完成单位：西北民族大学、甘肃海能新材料科技有限公司、同济大学、兰州海锋建材科技有限公司、兰州民大土木工程科技有限公司、兰州生产力促进中心

该项目以复合胶凝材料和生态微孔混凝土的发明为基础，开发完成了建筑节能与结构一体化再生混凝土围护体系和装配式建筑的"三板"体系，包括产品、部品部件、生产装备、自动化生产线以及施工工艺和方法。发明了快硬低收缩复合胶凝材料，开发了压缩空气网孔阻滞制泡技术，制备了纤维增强微孔轻质混凝土，为建筑节能与结构一体化墙体围护系统所需要的复合制品和构件开发

奠定了材料基础；通过无机微孔材料和有机发泡材料的复合，开发了围护墙体系列产品和装配式建筑制品。研制的自动化生产线及其装备，实现了产业化；开发外复合保温模壳免拆模现浇混凝土墙体系统，确定生命周期评价指标，主编20部技术规程和标准设计图集，形成了产品低碳应用和科学评价的示范体系。项目成果已在山东、甘肃等地区11家企业进行产业化应用，取得了显著的经济、环境和社会效益，对改善生态环境、助力"双碳"目标实现、推动绿色建造和保障公共安全发挥了积极作用。见图2-4-47~48。

图2-4-47 系列墙材产品

图2-4-48 智能化生产车间

（19）甘肃方剂防治新冠肺炎的临床应用及化学生物信息学分析

主要完成人：张志明、刘永琦、张利英、靳晓杰、刘东玲、魏本君、雍文兴、宋忠阳、王鑫、龚红霞

主要完成单位：甘肃中医药大学附属医院、甘肃中医药大学

自新冠疫情发生以来，甘肃省科技厅紧急启动应对新型冠状病毒感染的肺炎疫情科研攻关特别专项，迅速成立科研攻关专家组，张志明先后担任甘肃省新冠肺炎医疗救治组组长、中医防治组组长、甘肃新型冠状病毒肺炎科技攻关专家组副组长，带领课题组围绕新冠肺炎积极开展科研攻关，提出"中西医结合"防治模式，将政府、医院和高校有效联合，融合基础与临床、中（藏）医与西医、多学科人才交叉，构建了"三联三融"体系，对新冠肺炎进行了理论探讨、临床疗效评判、物质基础挖掘、分子机制探索以及产品应用开发等工作，为中医药科学应对新冠肺炎等疫情提供了切实可行的研究模式。该项目研究甘肃省新冠肺炎的中医病因病机，制订了"甘肃省新冠肺炎中医药防治方案（试行版）、第二版"；凝练发布"甘肃方剂"，总结"甘肃经验"，在甘肃省、伊朗回国人员、武汉、白俄罗斯、泰国等地推广使用；结合分子对接、网络药理学方法，揭示"甘肃方剂"在防治新冠肺炎中起效的潜在物质基础及作用机制；研发"扶正屏风颗粒""宣肺化浊颗粒""培土益肺颗粒"3种院内制剂，净玉露、纤茛玉消杀产品2种，避瘟香囊1种。见图2-4-49~50。

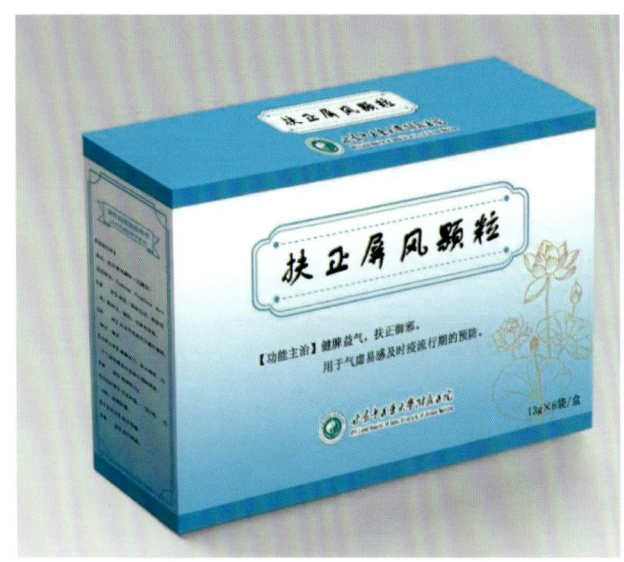
图2-4-49　院内制剂扶正屏风颗粒

图2-4-50　癖瘟香囊

(20) 多抗高产广适兰天系列冬小麦新品种选育及应用

主要完成人：鲁清林、张礼军、周刚、汪恒兴、白玉龙、张文涛、周洁、郭四拜、剡旭珍、杨晓辉、朱浩军、化青春、杨玉梅、马正忠

主要完成单位：甘肃省农业科学院小麦研究所、天水农业学校、天水市种子站、陇南市种子管理总站、平凉市种子站、徽县农业技术推广中心、徽县华澳种子有限责任公司、天水捷事达种业有限公司、陇南民乐种业科技有限公司

该项目针对陇南小麦条锈病常发易变、生产品种抗性易丧失、高秆品种易倒伏等一系列关键问题，充分利用兰天系列品种的抗锈性，结合周麦、济麦、陕麦等主产麦区品种矮秆、紧凑、丰产特性，大量配置杂交组合，历经20多年的优中选优，育成了兰天30号、兰天33号、兰天34号、兰天35号、兰天36号等5个冬小麦新品种。育成品种抗锈性显著提高，且兼抗多种病虫害。5个品种平均株高75.95 cm（比对照低17.58 cm），株型更加紧凑，增产潜力显著提高，兰天36号在陇南徽县创造620.9 kg/亩的高产纪录。创制了多抗、矮秆、丰产新种质，为全国冬小麦产量潜力的进一步提高夯实了材料基础，成果所属的5个冬小麦品种被全国11家小麦育种单位重点利用，共配置杂交组合3225份，育成稳定品系303个，其中19个参加区域试验，3个通过品种审定。见图2-4-51。

图2-4-51　兰天系列品种之一

(21) 膝骨性关节炎综合防治技术作用机制与临床应用

主要完成人：谢兴文、黄晋、胡彬、李宁、李鼎鹏、李建国、戴刚、吕立桃、王承祥、徐世红

主要完成单位：西北民族大学、甘肃省第二人民医院、甘肃省中医院、甘肃中医药大学、河南省直第三人民医院

该项目对膝关节骨性关节炎（KOA）综合防治技术进行了10余年研究，从生物力学及解剖学角度系统研究髌骨关节及异常髌骨运动轨迹，明确髌骨发育异常诊断参数，确定测量髌骨运动轨迹检测方法，提高髌骨发育异常患者诊断的准确性，利用临床研究明确益肾通痹方、桃红四物汤、四妙散、元胡止痛滴丸治疗KOA的有效性及最佳适应范围，从分子生物学角度明确益肾通痹方、桃红四物汤、四妙散治疗KOA的作用机制，形成针对早中期KOA的阶梯治疗方案，并为陇药元胡止痛滴丸的二次开发奠定临床基础。该项目研究成果被多家国内医疗机构应用，共计服务患者71 500余人次，近三年销售额约650余万元，新增利润300余万元，新增税收77余万元，产生良好的社会和经济效益。见图2-4-52。

图2-4-52 项目研究成果

(22) 瓜菜新品种选育及高品质栽培技术研究与示范

主要完成人：郁继华、王晓巍、吕剑、张学斌、黎家、刘华、张国斌、邵景成、王兰兰、侯栋、颉建明、常国军、霍建泰、李锦龙、包文生

主要完成单位：甘肃农业大学、甘肃省农业科学院蔬菜研究所、甘肃省经济作物技术推广站、兰州大学、兰州市农业科技研究推广中心、天水市农业科学研究所、酒泉市农业科学研究院、天水神舟绿鹏农业科技有限公司、甘肃民圣农业科技有限责任公司

该项目利用QTL分子标记辅助，三系配套制种等技术，构建了高效精准的育种技术体系，引进国内外瓜菜种质资源1478份，创制优异种质48份；选育出品质好、产量高、抗性强的瓜菜新品种11个；从光、温、水、肥等关键环境因子的调控入手，结合农艺措施的改进，研发集成精准水肥管理、化肥农药减量增效、生态栽培等技术20项，建立了以品质调控为目标的高品质栽培技术体系；基于高效液相色谱（HPLC）、顶空固相微萃取和气相色谱-质谱联用（HS-SPME/GC-MS）、电子鼻等测定技术的优化，实现了外观、营养、风味、安全和贮藏性5个方面的15类指标，120多种物质的

快速测定，大幅提高了测定效率和精度；利用转录组学、蛋白组学、质谱、生物信息学等高通量技术筛选出了控制优良农艺性状的3个关键基因，并建立番茄遗传转化体系，为分子设计育种奠定了应用基础。见图2-4-53~54。

图2-4-53 高原夏菜新品种与高品质栽培技术——天祝示范基地

图2-4-54 日光温室水肥一体化肥农药减施技术——酒泉示范基地

（二）甘肃省专利奖励

2021年，甘肃省授予张俊彦等15人专利发明人奖，50项专利获得甘肃省专利奖励，其中一等奖5项、二等奖20项、三等奖25项。专利一等奖如下：

1. 一种离子推力器栅极组件热形变位移的测量装置

专利号：ZL201610779480.5

专利权人：兰州空间技术物理研究所

本发明专利利用高分辨率相机对栅极表面紧固探针进行位移变化监测，并通过图像处理得到栅极组件的实时热形变位移。所提方法在国内首次解决了离子推力器工作过程中栅极热态间距实时测量的技术瓶颈，其测量精度达到国际先进水平，成为高性能与长寿命离子推力器的关键技术基础，涉及的栅极间距测量技术已被列为国军标《GJB 9738-2020航天器离子推力器规范》中的强制检验内容。本专利技术提升了国产离子推力器在国际市场的竞争力，产生显著的技术和经济效益，已成功应用于中国SJ-20、SJ-13、APSTAR-6D等多个卫星的电推进系统，成为卫星平台核心技术；本发明专利中的方法和装置还可应用于其他微位移测量领域，如离子源支撑结构热形变等，应用前景广阔。见图2-4-55~56。

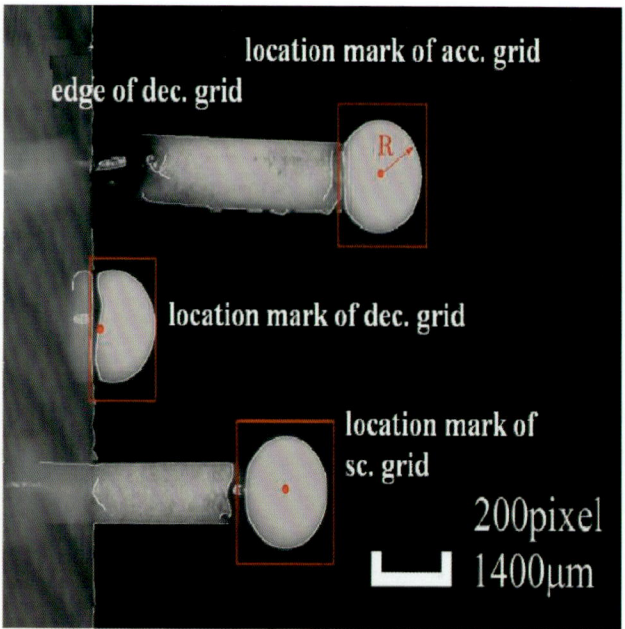

图2-4-55　栅极组件热形变位移的测量装置　　　　图2-4-56　栅极组件热形变位移实时测量过程

2.一种可快速光固化聚酰亚胺齐聚物及其制备方法和应用

专利号：ZL201510668467.8

专利权人：中国科学院兰州化学物理研究所

本发明专利采用封端方法控制分子量实现其优异的溶解性，并引入不饱和双键实现聚酰亚胺的良好光敏性，从而将光固化和优异溶解性等优点集于一体，实现了可快速光固化聚酰亚胺齐聚物。本发明专利有效打破目前中国聚酰亚胺制备技术及知识产权被欧美、日本等国家垄断，并在高性能聚酰亚胺光敏材料领域起到开创和引领作用。目前，本专利技术的基础和核心材料已成功应用于光固化3D打印、5G通讯、光刻胶、高端耐温涂料等领域，并成功孵化了估值超1.1亿元甘肃普锐特科技有限责任公司，属甘肃省内3D打印行业创新者和引领者。以该发明专利的快速光固化聚酰亚胺齐聚物为基础，研发团队发展了光固化3D打印聚酰亚胺、喷墨3D打印聚酰亚胺和低介电低损耗因子聚酰亚胺光敏树脂材料技术，成功应用于特种/高端装备用耐高温、微型复杂结构精密部件制造和5G电材等，为航空航天、安防控制等领域高度集成、小型化新装备设计和制造提供了有力支撑和新方案。见图2-4-57~58。

图2-4-57　专利技术产业化现场图

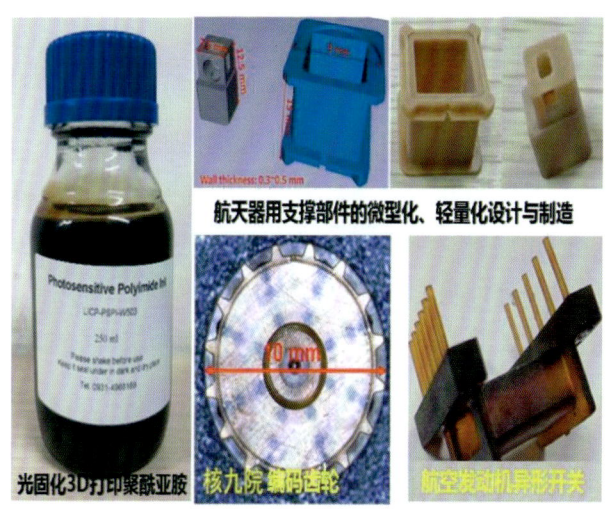

图2-4-58　专利技术产品应用

3.猪口蹄疫病毒O型广谱多表位重组抗原及其应用

专利号：ZL201210130997.3

专利权人：中国农业科学院兰州兽医研究所

本发明专利从基因水平出发、首次采用反向疫苗学技术设计了涵盖中国O型口蹄疫病毒三个谱系中和抗原表位的广谱多表位抗原，解决了表位抗原谱单一、效价不足，研发疫苗需操作活病毒的生物安全问题；首次利用"抗原抗体化"理论，将O型口蹄疫病毒多表位抗原正确展示在猪免疫球蛋白IgG的重链恒定区（Fc），实现了抗原表位的完全抗原化和靶向递呈，解决了抗原表位免疫原性弱、半衰期短、抗原递呈效率低、外源载体蛋白免疫副反应的瓶颈；通过与富集T细胞表位的口蹄疫病毒3D重组蛋白、佐剂合理配伍，成功研制出了安全、广谱、可鉴别诊断的O型口蹄疫Fc多表位疫苗，解决了O型口蹄疫防控缺乏广谱、可鉴别诊断疫苗的困境，实现了生产一种重组抗原即可防控多个毒株感染的目标。本专利产品的规模化生产，将在保护动物健康、降低发病率方面产生巨大的社会效益，为将来中国净化和根除动物疫病提供重要技术支撑。见图2-4-59~60。

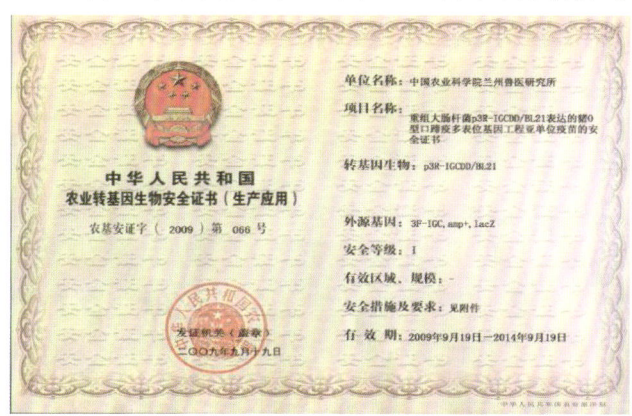

图2-4-59　疫苗生物安全证书

图2-4-60　疫苗中试产品

4.核孔膜大气辐照传动装置

专利号：ZL201610495340.5

专利权人：中国科学院近代物理研究所

本发明专利采用六放六收的辐照模式，可同时进行六卷膜的辐照生产，其辐照装置依靠中科院近代物理研究所的全能重离子加速器与自主研发的束流反馈系统，实现了束流流强与卷膜速度的联动，极大地提高了生产效率和辐照的均匀度，实现各种规格核孔膜的全自动化生产和批量生产，使国产核孔膜具备国际竞争优势。本发明装置所进行的核孔膜的批量辐照生产，填补了国内核孔膜生产的空白，打破了国外的技术垄断，开启了中国核孔膜产业化批量生产之路。截至目前，利用本发明专利所研发的辐照装置已生产数十万平方米核孔膜，为上海谷奇等数十家公司及清华大学等众多高校和科研院所提供了优质的核孔膜产品和相关技术支持。自生产以来，本专利技术直接创造经济效益近千万元，尤其在疫情期间，利用核孔膜研发的口罩，解决了当时口罩急缺的燃眉之急，社会效益显著。见图2-4-61~62。

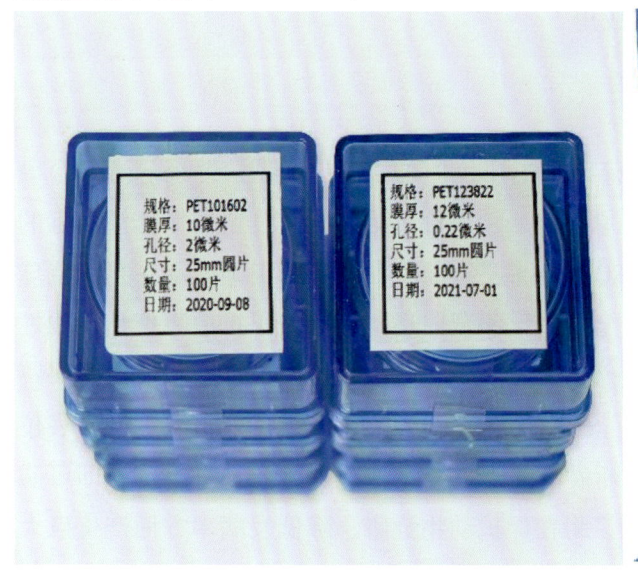

图2-4-61 核孔膜TCT癌细胞检测膜

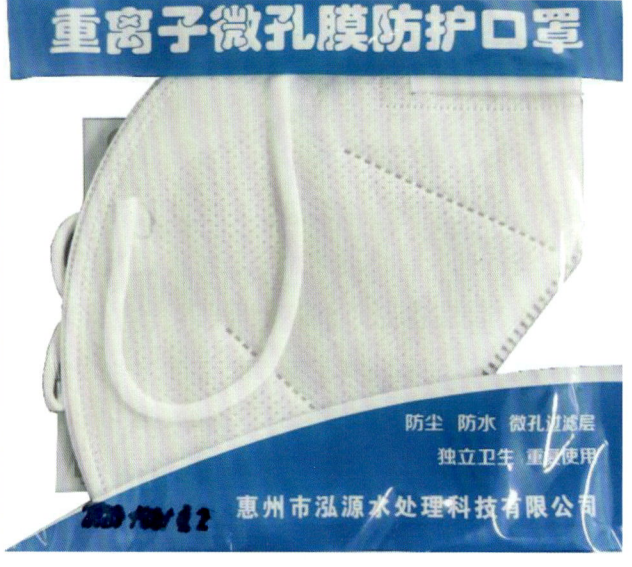

图2-4-62 核孔膜口罩

5.肉羊育肥期全混合饲料及其制备方法

专利号：ZL201410429483.7

专利权人：甘肃农业大学

本发明专利采用全混合日粮（TMR）技术，将肉牛羊日粮中的粗料、精料、矿物质、维生素和其他添加剂等所有原料，使用专门的TMR加工机械或人工掺拌方法充分混合，配制成精粗比例稳定且营养均衡的一种肉羊育肥期全混合饲料，具有推广性。本专利技术的推广应用适应了肉羊产业向集约化、规模化和标准化发展的需要，通过产学研合作方式先后在甘肃元生农牧科技有限公司等12家饲料企业进行研发，推广应用，具有明显的养殖效益。目前，本专利已成功许可转让于甘肃傲农饲料科技有限公司和盐池中泉饲料有限公司，其产品已陆续在宁夏、甘肃、内蒙古等地大面积销售推广，使用效果得到客户的高度信赖。截至2020年底，本专利产品产量73 805.76t，新增销售额16 635.59万元；新增利润1535.60万元。见图2-4-63~64。

图2-4-63　专利产品外包装和生产车间

图2-4-64　专利产品规格和外型

第五节　科技论文

一、甘肃省科技论文概况

（一）发表国际论文概况

2020年甘肃省国际论文总数11 076篇，占全国论文总数的比例为1.26%，在31个省（市、区）中排在第21位，较2019年下降1位。其中：

《科学引文索引》（SCIE）收录甘肃省论文6496篇（包括的文献类型为Article、Review、letter和Editorial），占全国SCIE论文总数的1.30%，在31个省（市、区）中位居第19位，较2019年排名上升1位，超过了河北省。

《工程索引》（EI光盘版）收录甘肃省论文4313篇，占全国EI论文总数的1.27%，在31个省（市、区）中排在第20位，较2019年排名上升1位，超过了江西省。

《科学技术会议录索引》（CPCI-S）收录甘肃省论文267篇，占全国CPCI-S论文总数的0.79%，在31个省（市、区）中位居第21位，超过了云南省。

2011-2020年，甘肃省SCIE收录论文在2020年被引总次数为581 559次，在31个省（市、区）中排在第19位，与2019年排名相同；被引篇数为35 235篇，在31个省（市、区）中排在第19位，与2019年排名相同。

（二）甘肃省发表国内论文概况

通过中国科技论文与引文数据库（CSTPCD）统计，2020年，中国作者在国内2084种中国科技期刊上共发表论文451 555篇（注：只包括A、R、L、S四种类型的文献）。2020年，CSTPCD共收录甘肃省论文8278篇，占全国论文总数的1.83%，比2019年增长了390篇，增长率4.94%，在31个省（市、区）中位居第20位，与2019年排名相同。

通过中国科技论文与引文数据库（CSTPCD）统计，2020年甘肃省发表论文在CSTPCD中共被引用53 736次，被引论文的篇数为30 695篇，篇均被引1.75次。

二、甘肃省科技论文学科分布

（一）国际论文学科分布

2020年，甘肃省发表的11 076篇国际论文的学科分布。其中基础学科论文有5016篇，工业技术论文有4540篇，医药卫生论文有1127篇，农林牧渔论文有330篇，管理及其他论文有63篇。与2019年相比，基础学科、农林牧渔和管理及其他的国际论文占总数的比例有所上升，工业技术和医药卫生国际论文占总数的比例有所下降。见图2-5-1。

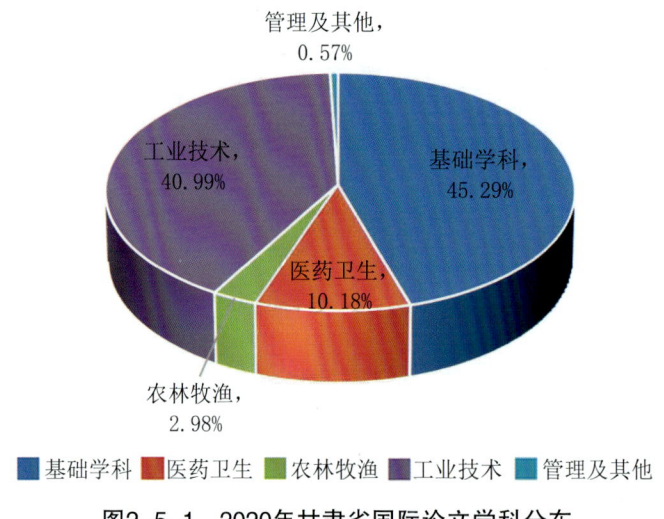

图2-5-1　2020年甘肃省国际论文学科分布

（二）国内论文学科分布

2020年，甘肃省发表8278篇国内论文，其中基础学科论文有1335篇，医药卫生论文有2491篇，农林牧渔论文有1218篇，工业技术论文有2994篇，管理及其他论文有240篇。见图2-5-2。

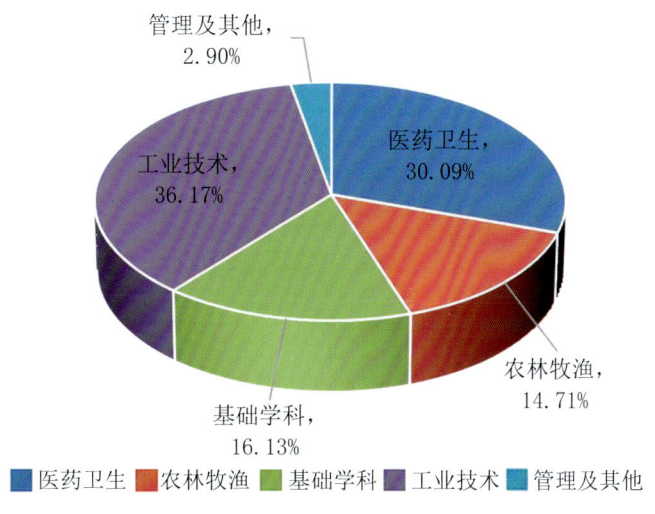

图2-5-2　2020年甘肃省国内论文学科分布

(三) 卓越论文学科分布

以SCIE统计，2020年31个省（市、区）卓越科技论文共有216 001篇，其中甘肃省共有2657篇，占总数的1.23%，相比较2019年下降0.04个百分点。甘肃省卓越科技论文主要分布在基础学科和工业技术中，基础学科论文1430篇，工业技术论文925篇，医药卫生论文153篇，农林牧渔论文144篇，管理及其他论文5篇。见图2-5-3。

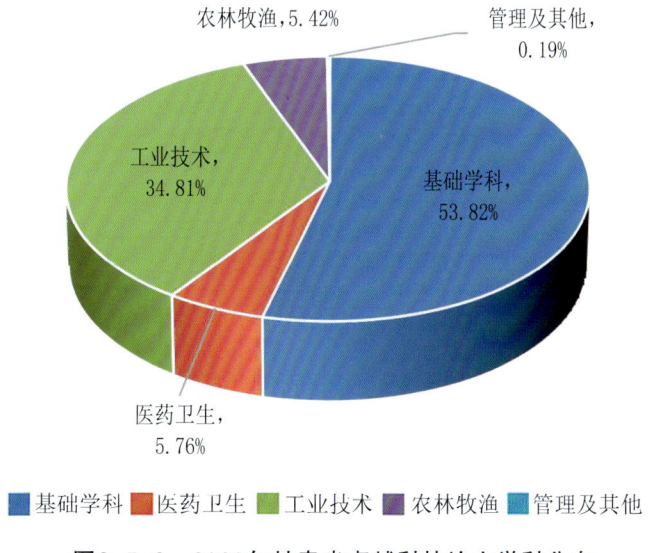

图2-5-3　2020年甘肃省卓越科技论文学科分布

甘肃省排名前3位的学科是化学、物理学和生物学，与2019年相比，进入前10名的学科中有9个一致，基础医学跌出前10位，农学进入10位，位列第8位。前三个学科的论文占2020年甘肃省卓越科技论文总数的38.58%。见表2-5-1。

表2-5-1 2020年甘肃省卓越科技论文排名前十位的学科

排名	学科	论文数（篇）	占总数的比例（%）
1	化学	532	20.02
2	物理学	250	9.41
3	生物学	243	9.15
4	材料科学	226	8.51
5	地学	194	7.30
6	环境科学	193	7.26
7	数学	138	5.19
8	农学	105	3.95
9	化工	90	3.39
10	临床医学	80	3.01

三、甘肃省科技国际论文机构分布

2020年，甘肃省共发表国际论文11 076篇，其中高等学校8541篇，科研院所2138篇，医药机构281篇，公司企业19篇，其他机构97篇，高等学校和科研机构是甘肃省国际论文产出的主力军。见图2-5-4。

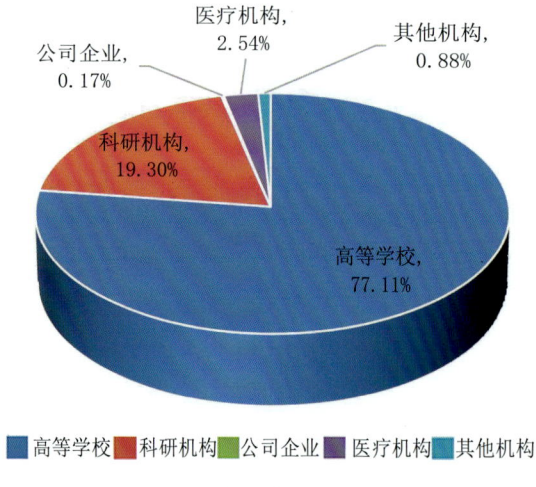

图2-5-4 2020年甘肃省国际论文机构分布

（一）SCIE科技论文机构分布

2020年，甘肃省共发表SCIE论文6496篇，其中高等学校4525篇，是甘肃省SCIE论文的主要产出机构，科研机构1302篇，医疗机构616篇，公司企业3篇，其他机构50篇。见表2-5-2。

表2-5-2　2020年甘肃省SCIE论文机构分布

机构类型	论文数（篇）	比例（%）
高等学校	4525	69.66
科研机构	1302	20.04
医疗机构	616	9.48
公司企业	3	0.05
其他机构	50	0.77
合　计	6496	100.00

注：大学附属医院论文数记入医疗机构。

（二）EI科技论文机构分布

2020年，甘肃省共发表EI论文4313篇，其中高等学校3489篇，是产出EI论文的活跃机构。见表2-5-3。

表2-5-3　2020年甘肃省EI论文机构分布

机构类型	EI论文数（篇）	比例（%）
高等学校	3489	80.89
科研机构	819	18.99
其他机构	5	0.12
合　计	4313	100.00

注：大学附属医院论文数记入医疗机构。

（三）CPCI-S科技论文机构分布

2020年，甘肃省共发表CPCI-S论文267篇。其中，高等学校193篇，是产出甘肃省绝大多数论文的机构。见表2-5-4。

表2-5-4　2020年甘肃省CPCI-S论文机构分布

机构类型	论文数（篇）	比例（%）
高等学校	193	72.28
科研机构	33	12.36
医疗机构	2	0.75
其他机构	39	14.61
合　计	267	100.00

注：大学附属医院论文数记入医疗机构。

（四）卓越科技论文机构分布

2020年，甘肃省共发表卓越科技论文2657篇。其中，高等学校卓越科技论文最多，共计1930篇，占甘肃省卓越科技论文的72.64%；科研机构589篇，医疗机构122篇。见图2-5-5。

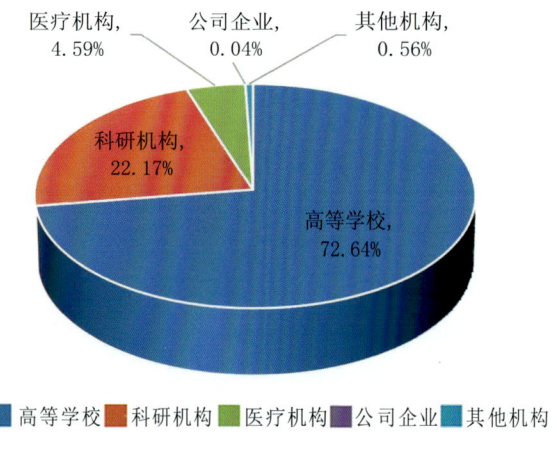

图2-5-5　2020年甘肃省卓越科技论文的机构分布

注：高等学校附属医院数据不计入高等学校。

甘肃省发表卓越科技论文的机构共有28个，兰州大学是甘肃省发表卓越科技论文最多的机构，共发表了1061篇。兰州理工大学位居第二，西北师范大学位居第三，中国科学院兰州化学物理研究所位居第四。据中国科技论文统计结果显示，2020年卓越科技论文高校排名中，兰州大学位于第40位；2020年卓越科技论文研究院所排名中，中国科学院兰州化学物理研究所位于第18位。见表2-5-5。

表2-5-5　2020年甘肃省卓越科技论文机构前十位

排名	机构名称	论文数（篇）
1	兰州大学	1061
2	兰州理工大学	294
3	西北师范大学	270
4	中国科学院兰州化学物理研究所	225
5	中国科学院西北生态环境资源研究院	213
6	兰州交通大学	174
7	甘肃农业大学	113
8	中国科学院近代物理研究所	59
9	西北民族大学	30
10	中国农业科学院兰州兽医研究所	28

注：大学附属医院论文数量并入相应大学。

四、甘肃省国内科技论文机构与地区分布

(一) 国内科技论文机构分布

2020年，甘肃省共被CSTPCD收录论文8278篇。其中，高等学校5432篇，是CSTPCD产出论文的主要机构；科研机构1300篇，医疗机构781篇，公司企业402篇，其他机构363篇。见图2-5-6。

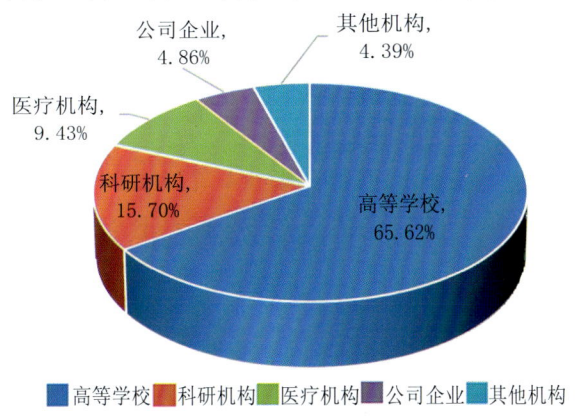

图2-5-6　2020年甘肃省被CSTPCD收录论文机构分布

(二) 市州国内论文分布

2020年甘肃省14个市州共发表国内论文8278篇，其中兰州市发表的论文数占了绝大多数，共发表7491篇论文，占甘肃省国内论文的90.49%。见表2-5-6。

表2-5-6　2020年甘肃省14个市州国内论文数

排名	市/州	论文数（篇）	占甘肃省国内论文比重（%）
1	兰　州	7491	90.49
2	庆　阳	126	1.52
3	张　掖	120	1.45
4	酒　泉	111	1.34
5	天　水	82	0.99
6	平　凉	72	0.87
7	武　威	66	0.80
8	白　银	50	0.60
9	定　西	41	0.50
10	金　昌	31	0.37
11	陇　南	30	0.36
12	嘉峪关	29	0.35
13	临　夏	18	0.22
14	甘　南	11	0.13

第三章 科技工作进展

第一节 兰州白银国家自主创新示范区和兰白科技创新改革试验区建设

2021年，兰州白银国家自主创新示范区（简称"自创区"）、兰白科技创新改革试验区（简称"试验区"）（以下简称"两区"）建设在甘肃省委省政府坚强领导、聚力推动下，在科技部大力支持和上海张江鼎力相助下，两区建设领导小组各成员单位通力协作、集智攻坚，各建设主体凝心聚力、实干担当，各项任务有力有序推进落实，建设水平持续迈上新台阶。

一、基本情况

2021年，试验区地区生产总值（GDP）预计达到1095.3亿元，较上年增长10.93%。（其中，兰州新区271.4亿元，约占兰州市地区生产总值的8.29%；兰州高新区321亿元，约占兰州市地区生产总值的比重为9.8%；兰州经济区356.9亿元，约占兰州市地区生产总值的比重为10.9%；白银高新区146亿元，约占白银市地区生产总值的比重为25.13%）。试验区高新技术企业预计达到681家（兰州新区90家，兰州高新区410家，白银高新区80家，兰州经济区101家），约占甘肃省的50.30%，较上年增长14.26%。自创区地区生产总值（GDP）预计达到467亿元，较上年增长11.22%。高新技术企业预计达到490家，约占甘肃省的36.19%，较上年增长12.39%。根据科技部火炬中心公布的国家高新区评价结果，2021年兰白自创区建设主体兰州、白银高新区，在全国157家国家高新区年度综合排名中分别位列第53名和第116名，较上年度均提升12位。

二、主要做法及成效

按照甘肃省委省政府决策部署，聚焦创新驱动引领，加强培育新动能，不断提升两区建设水平。

（一）健全机制、强化运行，统筹建设效能不断提升

始终把体制机制创新作为推进两区建设的根本保证，着力提升服务效能和创新效率。一是不断建强组织，务求实效。对标甘肃省委省政府优化整合各类领导小组有关精神，围绕两区建设定位目标，进一步明确了顶层设计和组织架构，成立了由甘肃省政府主要领导任组长，科技部相关部门和

上海张江高新区管委会相关负责同志任副组长的两区建设领导小组，统筹指导建设工作。同时，在甘肃省委组织部、甘肃省委编办的支持下，甘肃省科技厅增设一名二级巡视员专职负责协调两区建设事宜，并调整内设机构成立"兰白工作处"，进一步强化了两区领导小组办公室统筹协调抓总作用。选派骨干力量到两区建设主体一线挂职，深入掌握建设推进情况，当好信息员、联络员和服务员。二是认真剖析两区存在的问题。积极开展调查研究，深入了解两区各建设主体的困难和诉求。结合存在的短板弱项，主动加强与江苏（苏南）、河南（郑洛新）等自创区（园区）交流对接，开拓抓建视野，学习先进经验。甘肃省主管领导定期召开建设工作推进会，及时跟进自创区建设主体（兰州高新区、白银高新区）排名情况并进行分析研判，研提"增量进位"的对策建议和管用举措。三是统筹部署年度重点工作。召开甘肃省科技工作会议，对2021年度两区建设做出统筹安排，明确努力方向。印发《2021年两区建设工作要点》，围绕优化创新政策体系、加快创新平台建设、深化科技金融融合，凝练提出年度重点工作，明晰目标任务，靠实工作责任。印发《两区统计调查报告》，以高质量统计服务助推两区高质量发展。

（二）政策牵引、多措并举，创新发展环境不断优化

始终把自主创新和先行先试作为推进两区建设的最大动能，着力提升辐射示范带动能力。一是积极推动自创区立法准备。充分学习借鉴兄弟省市已有做法，积极组织《兰白自创区条例（草案）》软科学定向课题研究，推进做好自创区立法前期相关准备工作，围绕管理体制、技术创新、成果转化、科技金融、人才支撑、开放合作、辐射带动、服务保障等内容，起草提出了《兰白自创区条例（草案）》，拟制《兰白自创区条例（草案）立法调研建议方案》，主动向甘肃省司法厅和甘肃省人大进行了汇报衔接。二是持续优化创新政策供给。着眼推动甘肃省高新区高质量发展研究并提供针对性措施建议，有关建议在甘肃省委办公厅、甘肃省政府办公厅印发实施的《关于深化科技体制机制改革创新　推动高质量发展的若干措施》（甘办发〔2021〕28号），以及甘肃省政府出台实施的《关于推进园区加快发展若干措施的通知》（甘政发〔2021〕39号）中得到充分体现。三是不断激发创新主体活力。指导两区各责任主体不断完善本区域产业规划和创新政策，特别是在新冠疫情影响的背景下，跟进指导各建设主体及时调整出台相关政策措施，多措并举创新服务模式，最大限度维护经济和社会生活平稳运行。同时，通过专题培训（网上培训）、交流研讨及发放政策"口袋书"等方式，加大对普惠性政策的宣传解读，积极营造聚力推进两区建设的良好氛围。

（三）创新引领、靶向施策，创新平台布局不断完善

始终把创新平台载体培育作为推进两区建设的核心关键，着力提升基础和应用研发能力。一是谋划建设重大平台。积极推荐甘肃路桥建设集团、兰州佛慈制药申报国家企业技术中心，引导企业不断增强自主创新能力。对接打通与中国化工学会、中国检验检测学会、中国机械工程学会等国家级学会的沟通渠道，设立中国化工学会、中国机械工程学会新区服务站，积极搭建技术交流、学术

研讨平台。成功获批兰州大学旅游信息融合处理与数据权属保护重点实验室，着力打造国内一流并有国际影响力的文旅大数据研究平台，实现了两区乃至甘肃省行业重点实验室的"零"突破。二是优化创新平台布局。围绕加快推动产业链、供应链、创新链升级，在两区新认定兰石集团有限公司牵头组建的"甘肃省能源装备"等4家企业创新联合体，占甘肃省新认定总数的57%；围绕装备制造、信息技术、生物医药等领域，在两区新认定智慧矿山控制等22个省级工程研究中心，占甘肃省新认定总数的73%。支持"专精特新"化工科技产业孵化基地申报省级孵化器认定，职教园区大学生创新创业孵化示范基地挂牌运行，新区中小微企业工业产业园、西部药谷建成投运。三是提升创新平台效能。积极推动离子加速器及质量检验检测工程实验室建成试运行，超高温钍基熔盐泵阀试验平台达到验收条件，同位素实验室一期项目开工建设，为集聚高端人才、开展核应用技术前沿研究和成果转化奠定基础。中国（甘肃）知识产权保护中心建成运营，丝绸之路国际知识产权港加快建设，聚力打造形成快速确权、维权和专利导航、运营等一站式服务。兰州高新区创业服务中心、白银科技企业孵化器分别获得国家级科技企业孵化器考评优秀（A类）佳绩。

（四）提升潜力、建管并重，产业转型升级不断加快

始终把提升产业能级作为推进两区建设的重点任务，着力打造特色鲜明、技术领先、协同配套、效益可观的产业集群。一是着力凝练重点项目。围绕优势主导产业，指导兰州市凝练重点项目48项，协力推进重离子应用技术及装备制造产业基地、甘肃省同位素实验室、大科学装置科技创新创业园等重点项目建设。加快推进兰州新区"专精特新"化工新材料生产研发基地建设，累计开展医药中间体、农药中间体、电子化学品等项目74个。聚焦兰州高新区生物医药首位产业，协力推动中国生物西北地区科技健康产业园P3级生产车间和P3级实验室项目、中农威特生物医药基地（二期）等重大产业项目启动实施。二是加速产业落地步伐。围绕"产业链"聚集"创新链"，着力打造"多点突破、错位融合"的产业体系。兰州高新区首位产业优势不断显现，集聚中牧股份、奇正藏药等生物医药领域企业200多家，实现总产值200多亿元。白银高新区加快推进循环化工、生物医药、特色新材料"三基地"建设，东方钛业"硫-磷-铁-钛-锂"绿色循环产业项目发展无机盐化工产业项目进展良好，华实生物医药中间体项目已投料试生产。兰州经开区不断提升战略性新兴产业发展水平，甘肃德福新材料公司2万t/年高档电解铜箔建设项目、正威（甘肃）铜业科技有限公司高导新材料项目建成投产。三是加大招商引资力度。充分利用兰洽会、兰州科博会等大型活动，积极为两区建设主体招商引资引智搭台。在第27届兰洽会上两区共签约196个重点项目，总投资824.74亿元。新签约中国生物、广药集团、葛洲坝集团、华为技术等一批知名500强企业，涉及生物医药、新基建、互联网金融等多个领域。推进布局新一代信息技术产业，设立华为鲲鹏生态创新中心，引进中国电子西部区域总部、海康威视数字技术智能物联网等项目，助力大数据产业高质量发展。

（五）精准对接、强化支撑，融合创新亮点不断涌现

始终把"人才+金融"作为推进两区建设的有力保障，注重发挥助力作用，为两区创新发展提

供强力支撑。一是加大人才支持力度。制订出台《关于加强人才引进和培育支持营商环境建设的若干措施》，支持两区企业从事业单位引进人才，鼓励事业单位科研人员职务成果自主转化、单位转化和对外出售，个人及其团队收益最低不低于成果转化和出售收益的50%，最高可达90%。开辟特殊人才"直通车"职称评价通道，将两区做出重大贡献人才、引进的高层次人才、急需紧缺人才纳入特殊人才评价范围，及时开展职称评价。深入开展职业技能提升行动，两区全年培训29万人次（含以工代训13.35万人次），支出培训补贴3.82亿元。二是深化科技金融融合。研究组建新一届兰白基金风控委员会，及时更新专家组成人员，进一步规范运行引导，不断提升兰白基金效能，累计对区内科技型企业进行股权投资75家（次），投资总额24.17亿元。2021年各子基金共计投资企业4家，新增投资金额2亿元，新增科技贷款金额1.029亿元。鼓励两区企业多形式开展再融资活动，全年累计向两区企业发行公司债38亿元，新三板挂牌公司裕隆气体定向增发融资0.2亿元。预计到2021年末，区内企业贷款余额1609.85亿元，较上年增长12.32%，其中科技型及科创企业贷款余额118.35亿元；为区域内企业提供风险保障12 209.17亿元，较上年增长122.27%；服务两区企业12 402家次，较上年增长24.48%。三是争取各类创新支持。推进做好2021年科技部、财政部"百城百园"行动，在2020年中央引导地方科技发展资金支持自创区建设主体兰州高新区、白银高新区各200万元的基础上，再给予两个高新区各400万元支持。积极推荐兰州新区装备制造、绿色化工2项产业与科技人才融合试点项目成功入选2021年度第二批"科创中国"科技服务团示范项目。成功推荐区内5家企业（展品或展板）参加国家"十三五"科技创新成就展，参展数量创历史之最。

（六）区域联动、合作共赢，甘沪耦合特色不断显现

始终把甘沪科技创新合作作为推进两区建设的重要环节，着力加强关联领域开放合作，优势互补、共商共建，协力推进建设。一是聚焦合作平台共建。按照甘肃省主管领导"立足两区所需、对接上海之长"的工作要求，深挖两区优势产业需求，围绕新能源、生物医药、科技金融、大数据等领域，积极引入上海张江优质创新资源，全力促成两区与中科院上海药物研究所、上海中医药大学、上海长三角科创企业服务中心、上海超级计算中心、《中国企业报》中企视讯等开展关联项目（平台）合作共建，形成了"1+8"合作内容，共同争取国家相关领域支持，聚力打造"张江·兰白·上海中医中药经典名方研究院""张江·兰白先进能源技术创新平台"和"张江·兰白科创企业服务中心"3大平台。二是深化关联企业对接。积极组织区内甘肃奥凯医学工程开发有限责任公司等企业，参加第84届中国国际医疗器械博览会，并协调中国企业报、中企视讯等多家媒体对参展企业及相关产品进行了报道推介，进一步加强了与上海医疗器械相关单位的联系，提升了区内企业品牌知名度。成功举办"张江·兰白服务企业直通车线上推介会""第27届兰洽会张江·兰白创新政策线上推介会"等活动，积极促成区内兰州兰泵、申联生物、佛慈制药等企业与上海关联企业开展务实合作，国内首台套标准熔盐泵测试装置、可反复使用防控口罩、低温纤膏应用等一批科技成果快速应用，相关情况被央视《新闻联播》报道。三是发挥张江基金效能。持续加强与上海张江创业投资机构的对接合作，围绕培育战略性新兴产业、加快推动两区科技产业发展、推动高科技产业落地甘肃

为目标，探索形成了以投资带动优质项目、产业落地两区，提升区域新兴产业链发展的新模式。2021年兰白张江基金新增对外投资3500万元，累计对甘肃大象新能源科技有限公司等4家区内科技型企业参股投资2.25亿元，占投资总额的80%。通过"基地+基金"模式，成功引进上海炫踪网络股份有限公司、米大科技有限公司等互联网企业落地两区。四是加强区域创新协作。在巩固深化甘沪两地科技创新合作的同时，主动加强与江苏（苏南）、河南（郑洛新）等自创区（园区）交流对接，积极促成甘豫两地国家自创区间战略合作，围绕关联产业互动、科技金融融合、异地创新孵化、多元创新合作等内容，推进形成了甘豫两地国家自创区战略合作协议。积极指导两区各建设主体与科技先行地区开展交流与合作，先后与厦门海沧台商投资区、拉萨经开区等签订战略合作协议。组织两区关联产业企业参加北京、上海、西安等兄弟省市相关论坛、展会等活动，积极促成国科控股、北京颖泰嘉和、中关村生命科学园等16家企业机构来两区投资。深度参与"一带一路"科技创新行动计划，积极布局科技国际合作重大专项，着力打造"一带一路"技术制高点。依托兰州化学物理研究所与德国莱布尼兹催化研究所，积极开展精细化学品绿色合成所需催化材料国际研发合作；携手俄罗斯圣彼得堡彼得大帝理工大学，围绕"一带一路"沿线轨道交通相关系统等领域开展深度研发合作，不断推动先进智能交通装备在泛欧亚铁路的推广应用。

第二节　工业与高新技术领域科技进展

2021年，工业领域高新技术工作聚焦甘肃省传统产业改造升级和新兴产业培育壮大，充分发挥科技支撑引领作用，不断推进工业领域重大关键技术攻关，强化企业创新主体地位，较好地完成了各项工作任务。

一、着力推动重大关键技术攻关

一是积极争取国家科技计划项目。组织兰州大学牵头申报国家重点研发计划"面向节假日城市旅游客流调控和智能服务支撑平台及示范"子课题"面向节假日城市旅游客流调控和智能服务支撑平台及示范"项目，并获批立项，获国拨经费近1400万元。二是组织实施企业创新联合体重大专项。坚持以企业为主体、市场为导向，组织实施企业创新联合体重大专项6项，支持行业龙头企业联合高校和院所科研力量，围绕产业关键核心技术开展技术攻关，破解产业发展难题，带动上下游小微企业协同创新。三是聚焦传统产业"高端化、智能化、绿色化"升级改造和新能源、新材料、工业互联网、人工智能、区块链、超级计算、5G+等新兴产业培育，组织实施一批科技重大专项、重点研发计划等项目，开展关键核心共性技术攻关和科技成果转化，不断强化科技支撑引领作用。

二、推进企业创新联合体组建备案

先后两批次在甘肃省冶金、新材料、装备制造、交通、核、集成电路制造材料等工业重点领域，引导技术创新资源整合能力强的金川集团股份、酒泉钢铁（集团）有限责任公司等骨干龙头企业牵头组建备案6家企业创新联合体，联合行业内高校、科研院所科研力量，集聚行业创新资源，带动产业上下游中小微企业协同创新，形成体系化、任务型的协同创新模式，推动产业延链补链强链，全面提升自主创新能力和核心竞争力。

三、强化科技创新平台能力建设

一是加强国家火炬特色产业基地和软件产业基地建设。积极推荐陇西高新技术产业开发区申报国家火炬特色产业基地，完成兰州软件园国家火炬软件产业基地发展报告编写工作。二是加强高新技术产业化基地建设。完成金昌国家新材料高新技术产业化基地等6家国家级高新技术产业化基地的复核工作。6家产业化基地现有相关（主导）产业的规模以上企业272家、高新技术企业194家、研发机构数量202家、服务机构79家，有效推动了产学研用结合和创新要素优化配置，促进了高新技术产业集群化发展。三是加强科技企业孵化器运行管理。认真做好国家级孵化器季度监测和年度统计、考核评价和有关信息变更工作，参与考核的12家国家级孵化器有2家优秀，6家良好，其余4家合格，国家级孵化器质量明显提升。成功推荐天水科技企业孵化器获批国家级科技企业孵化器。新认定5家省级孵化器，省级以上孵化器总数达到59家。

四、加强科技型企业集群培育

着力构建科技型企业梯次培育体系，不断培育壮大科技型企业集群。一是开展科技型中小企业入库评价工作。全年组织开展科技型中小企业入库评价10批次，完成入库科技型中小企业抽查工作，1832家企业取得入库编号，比上年度增加638家，增长53.43%。二是开展省级科技创新型企业认定工作。开发省级科技创新型企业认定管理系统，修订《甘肃省科技创新型企业认定和管理办法》，将省级科技创新型企业作为高新技术企业培育库。2021年共认定234家，其中第一批123家，第二批111家。三是高新技术企业培育认定取得新进展。加强与甘肃省财政厅、甘肃省税务局等有关部门沟通对接，推进高新技术企业认定管理工作。2021年甘肃省通过国家备案的高新技术企业566家，其中复审259家，新认定307家，较2020年高企数量净增加142家，总数达到1371家。

第三节 农业农村领域科技进展

2021年，甘肃省农业农村科技工作坚持以习近平新时代中国特色社会主义思想武装头脑、指导实践、推动工作，深入实施创新驱动发展战略，按照甘肃省委省政府决策部署，以巩固脱贫攻坚成果、保障粮食安全、提升特色农产品质量效益和竞争力为目标，不断创新工作举措，有力推进甘肃省农业科技创新工作高质量发展。

一、聚焦农业产业发展，凝练组织科技计划

甘肃省科技厅围绕种质资源创新、动物疫病防控、循环农业、农机装备研发、粮食安全等农业领域共性关键技术研发与示范推广，组织实施农业领域重大专项、重点研发和民生科技专项等各类科技计划。支持兰州兽研所、兰州大学等单位争取科技部重点研发计划"非洲猪瘟亚单位疫苗研发""绵羊新品种新品系培育及良繁"等项目4项、经费2.1亿元。与甘肃省农业农村厅共同组织完成《甘南牦牛品种提升与种质资源挖掘》《抗旱机收玉米新品种选育》等种业联合攻关重大专项。针对玉米种业发展技术难题和瓶颈制约，研究制订《振兴河西国家玉米繁育制种基地实施方案》。依托龙头企业，组织省内外优势创新资源，组建甘肃省动物用生物制品、玉米种质资源与育繁推一体化企业创新联合体。

二、打造平台集聚资源，形成区域创新优势

甘肃省科技厅与科技部农村中心共同启动"100+N"开放协同创新体系建设，探索建立技术研发供给、成果转移转化、园区提质增效、人才进乡入村的工作机制和模式。依托"100+N"协同创新体系，组织甘肃省农科院设立农业科技园区发展专项，投入经费400万元，着力解决制约甘肃省农业科技园区产业发展关键技术问题。临夏、甘南、白银和庆阳国家农业科技园区顺利通过科技部的综合评估和验收工作，新增瓜州、舟曲、临洮、麦积、秦安、华池、正宁、崇信等8家省级农业科技园区，组织开展国家和省级农业科技园区创新能力监测评价和年度报告编报工作。

三、引导科技人员下沉，服务农业技术生产

甘肃省科技厅积极争取科技部"三区"人才支持计划科技人员专项经费2752万元，选派1300人、培训234人，围绕受援地资源禀赋和主导产业发展需求开展科技服务、技术培训等工作。遴选兰州大学、甘肃省农科院等123家"十四五"期间"三区"科技人才选派单位。依托科技特派员基地，组织10个市（州）实施科技部渗水地膜旱作技术试点示范工作，开展品种筛选试验、覆盖材料

及覆膜机具等试验研究和示范工作。与科技部农村中心在福建南平共同举办甘肃省科技特派员能力素质提升专题培训班，完成科技特派员服务甘肃省23个国家乡村振兴重点帮扶县和16个省级乡村振兴重点帮扶县调研工作。

四、拓展东西科技协作，实现共赢持续发展

围绕引进东部新技术、新成果和人才培训交流等重点工作，研究制订《2021年东西部科技协作助力巩固脱贫攻坚成果同乡村振兴有效衔接工作方案》。组织市（州）、高校、院所、企业赴天津、山东、青岛等对口帮扶省市开展对接交流，签署科技合作协议、召开科技需求对接会、实地调研考察。组织开展津企陇上行活动，与天津市科技局联合认定第二批津甘"双地"科技特派员112名，设立津甘"双地"科技特派员工作站3个，现场培训科技人员和致富带头人等600余人，线上培训科技特派员、农牧民共计2.78万人（次）。天津市东西协作财政援助资金中设立"科技创新专项"，支持每个帮扶县不少于100万元科技专项资金。启动鲁甘东西科技协作专项，支持甘肃省帮扶地区400万元，并明确2022年、2023年分别支持1000万元，为受援地区富民产业提质增效提供技术、项目、人才支撑。

五、推进康县帮扶工作，巩固提升脱贫成果

严格落实"四个不摘"工作要求，多次赴康县调研并召开帮扶工作推进会，切实落实好巩固拓展脱贫攻坚成果，接续推进乡村振兴工作各项任务。充分发挥科技扶贫示范引领作用，继续加大对帮扶村资金、人才、技术等支持力度，充分发挥科技创新在推进农业农村现代化中的支撑引领作用，组织省内外优势科技人才资源，在产品品种、品质、品牌、标准化等领域开展关键技术集成研究，持续培育壮大康县特色富民产业，打造"一县一业""一村一品"。针对康县产业发展技术需求，精准选派科技特派员、"三区"人才，提供精准科技服务，探索建立科技助力精准扶贫的好机制好模式，不断巩固脱贫成果，提高帮扶质量。组织各帮扶单位帮办实事好事，捐赠价值23万余元的生活物资，动员社会各方力量及帮扶责任人开展消费扶贫活动，全年采购康县农特产品50万余元。积极帮助康县疫情防控工作，协调落实急需的医用口罩、消毒液、方便食品等物资。

第四节　社会发展领域科技进展

2021年，是"十四五"开局之年，也是构建新发展格局起步之年。社会发展科技创新工作紧紧围绕省委省政府决策部署，在甘肃省科技厅党组的坚强领导下，坚持"四个面向"，紧扣"三新一高"，聚焦《2021年甘肃省政府工作报告科技工作重点任务》落实，社会发展科技在甘肃省科技布

局中的地位显著提升，科技投入同比增幅较大，2021年投入经费达5240万元（其中，省级科技重大专项（含重大项目）立项10项，支持经费2600万元；重点研发计划项目立项85项，支持经费1700万元；民生科技专项社发专题立项25项，支持经费500万元；省临床医学研究中心立项22个，支持经费440万元），社会发展领域的科技创新能力进一步增强。大力促进社会发展科技成果源头供给和转化应用，推动社会发展科技创新成果在全社会共享，持续加强创新平台和人才队伍建设，形成社会发展领域科技支撑立体化、网络化发展格局。加强防灾减灾、公共卫生等科技应急工作，为保障社会安全提供科技支撑。积极发挥科技创新支撑生态文明建设和应对气候变化，全面强化人类遗传资源管理，不断扩大科技开放和国际合作。

一、加强部门联动，构建科技重大项目形成机制，凝聚社发科技创新新合力

实施"有组织的科研"，主动融入行业重大需求，对接甘肃省生态环境厅、甘肃省卫生健康委、甘肃省地震局等厅局，建立了甘肃省科技厅与行业部门的沟通协调和推进落实工作机制。结合行业部门和产业发展急需的重大科技需求，组织凝练"甘肃省典型脆弱生态系统健康评估与预警技术研发与示范"等重大科技项目。在生物医药、生态环保等领域向相关科研院所和企业征集"揭榜挂帅"制技术需求，其中"环丙藁本抗脑卒中一类新药研发"已经纳入第一批甘肃省科技厅揭榜挂帅制张榜公布目录。

（一）支持申报国家临床医学研究中心

聚焦中医重大疫病、医学营养领域，组织甘肃中医药大学附属医院、兰州大学第二医院申报国家第五批国家临床医学研究中心。目前一直与有关部门跟踪对接，积极争取国家支持。

（二）积极共建"中药经典名方研究院"

协调兰州高新区与上海中医药大学、中科院上海药研所共建"中药经典名方研究院"，目前已完成了《兰州高新区与中科院上海药物研究所合作框架协议》《兰州高新区与上海中医药大学框架合作协议》，明确了中药经典名方研究院建设方案和合作意向，具体协议签约和建设工作正在积极推进。

（三）争取建设"兰州寒区科学与工程国家研究中心"

向科技部争取"兰州寒区科学与工程国家研究中心"建设，在全国两会期间，甘肃省科技厅副厅长葛建团以全国政协委员的身份向全国政协提交了《关于建设"兰州寒区科学与工程国家研究中心"的提案建议》。

二、提前谋划，编制完成《科技支撑碳达峰碳中和实施方案（2022—2030年）》

《中共中央、国务院关于完整准确全面贯彻新发展理念 做好碳达峰碳中和工作的意见》《国务院关于印发2030年前碳达峰行动方案的通知》出台后，着手编制《科技支撑引领碳达峰碳中和实施方案（2022—2030）年》（以下简称"实施方案"），在"实施方案"编制期间，积极对接浙江省科技厅、重庆市科技局等兄弟省市，借鉴典型经验做法，并向甘肃省发改委、甘肃省工信厅等部门征集编制素材，广泛征求相关部门、单位的意见建议。

"实施方案"主要内容包括总体要求、重点任务、组织保障三大部分。其中重点任务有超前部署基础前沿技术研究、加快突破关键核心技术攻关、推进绿色低碳技术转化示范、培育发展碳中和科技支撑力量、提升碳中和自主创新能力、做好碳中和人才培养和科学普及和加强碳中和科技创新合作7个方面的内容。

"实施方案"紧盯国家战略部署，紧扣甘肃省实际，紧贴甘肃省能源规划和重点行业绿色转型需求，围绕能源低碳转型、工业重点领域节能降碳、建筑领域低碳零碳技术研发、交通领域降碳零碳技术研发、农业固碳减排、生态碳汇等6个技术方向，采用"专栏"的形式制订了关键技术攻关方向，并提出14项具体支撑措施。

目前科技部正在制订"科技支撑碳达峰碳中和实施方案"，待科技部实施方案出台后，对照修改完善，呈报相关审议程序印发实施。

三、以重大科技专项为载体，让更多科技成果惠及民生

贯彻落实《甘肃省黄河流域生态保护和高质量发展规划》，以祁连山地区、甘南黄河上游水源涵养区和陇中陇东黄土高原区为重点，围绕水的涵养、土的保持、沙的治理三个方向，推动黄河流域生态保护和高质量发展，打好污染防治攻坚战。发挥甘肃省在冰川冻土、草业生态、防沙治沙等学科的优势和特色，帮助甘肃省优势科研团队牵头申报或参与国家重点研发计划项目，力争继续保持部分生态环境领域在国家重大项目竞争中的优势地位。

（一）积极争取国家重点研发计划项目支持

聚焦国家重点研发计划"长江黄河等重点流域水资源与水环境综合治理""典型脆弱生态系统保护与修复""碳达峰碳中和关键技术研究与示范"等专项，发挥甘肃省社发领域在生态保护、资源化利用等方向的学科优势和中医药产业大省的资源优势，统筹组织凝练一批国家重大项目，争取国家倾斜支持。督促推进兰州大学、中国科学院西北生态环境资源研究院在研的6个社发领域国家重点研发项目的实施进度；组织兰州大学、中国科学院西北生态环境资源研究院研究国家"十四五"典型脆弱生态保护与修复专项实施方案，协调甘肃省专家进入"典型脆弱生态保护与修复"重点专项专家指导委员会。

（二）启动中西医结合防治新冠肺炎科研攻关

为落实国务院领导的重要指示要求，甘肃省科技厅决定启动甘肃省中西医结合防治新冠肺炎科研攻关。前期与甘肃省卫健委、甘肃省中医局、甘肃省药品监督管理局等单位和有关专家进行了沟通咨询，制订落实方案。召开中西医结合防治新冠肺炎科研攻关推进会，征求意见，完善工作方案。印发《关于启动中西医结合防治新冠肺炎科研攻关工作的通知》，向社会征求科研攻关项目和中西医结合防治科研攻关咨询专家。已确定由甘肃省中医院牵头，相关高校、科研院所、医院等科研力量参与，重点围绕中西医结合救治等内容开展科研攻关，初步提出40个专家咨询组名单和35个项目，待进一步论证细化。

（三）会同甘肃省委宣传部开展文化和科技融合示范基地评审认定工作

联合甘肃省委宣传部，组织专家评审咨询，完成甘肃省文化和科技融合示范基地及甘肃省非物质文化遗产传承保护创新坊咨询评审工作，拟推荐省级文化和科技融合示范基地10家，非物质文化传承保护创新坊23家，加快推进文化和科技融合，助推甘肃省文化产业转型升级和非物质文化保护高质量发展。

（四）持续加强甘肃省生物安全工作

贯彻落实《生物安全法》《生物技术研究安全管理办法》等法规文件，加强国家生物安全风险防控和治理体系建设，提高国家生物安全治理能力，推进生物安全领域科技创新，强化甘肃省人类遗传资源管理培训，做好生物安全监管，配合甘肃省生物安全协调机制，做好生物安全相关工作。

第五节 基础研究工作进展

2021年，甘肃省基础研究工作深入贯彻党的十九届五中、六中全会精神，紧紧围绕甘肃省委省政府决策部署和科技创新重点任务，加大基础研究经费投入，着力推动重点平台建设，强化实施重点科技项目，认真落实重要改革精神，加强创新型人才队伍建设，充分发挥基础研究源头的支撑作用。

一、亮点和成效

（一）区域创新发展联合基金顺利实施

2021年，甘肃省科研单位牵头获批联合基金项目17项，资助经费4411万元；由省外单位牵头联合甘肃省相关单位获批联合基金项目6项，资助经费1553万元。通过联合基金项目的实施，在黄土高原干旱缺水区综合植被承载力研究、祁连山区生态水文多尺度多模态智能感知网络关键技术研究、河西走廊阻沙固沙带防护机理与调控、特色中药材活性成分及作用机制研究等方面吸引了中国林业科学研究院、北京邮电大学、北京师范大学、首都医科大学和北京中医药大学等骨干团队，与甘肃省高校、科研院所共同开展联合攻关、解决关键核心技术问题。

（二）承担国家项目能力稳步提升

2021年度，甘肃省共获批国家自然科学基金项目674项，经费36 865万元。其中，甘肃省属单位获批地区基金项目数和经费数创历史新高，获批项目278项，资助经费9626万元。

（三）甘肃省自然科学基金项目资助强度大幅增加

2021年度实施甘肃省自然科学基金项目865项，覆盖单位超过120家。其中，杰出青年基金项目单项资助经费提高了50%，达到30万元；重点项目、"西部之光"青年学者配套项目单项经费额度翻了一番。实施自筹项目563项，基础研究投入更趋多元化。

（四）高层次人才队伍建设成效显著

出台《甘肃省高端人才引进扶持办法》，支持企事业单位面向海内外引进高层次科技创新人才。生态产业特聘专家工作积极开展，20人入选科技领域省级拔尖领军人才。2021年，甘肃省4位科学家新当选为"两院院士"，2人获得国家杰出青年项目资助，4人获得国家优秀青年项目资助。10项科技成果获国家科学技术奖，5项成果入选国家"十三五"科技创新成就展。

二、主要做法

（一）加强国家项目的组织实施

一是重点支持国家自然科学基金项目组织工作，公开征集联合基金项目指南，邀请相关领域专家指导项目组织、申报和答辩。二是与兰州大学共同举办国家自然科学基金甘肃联络网管理工作会议，宣传、解读国家自然科学基金改革政策和申报动态，及早动员部署甘肃省内单位做好项目组织申报。三是加强政策牵引，落实奖励补助，进一步调动科研人员申报国家项目的积极性、主动性。

（二）优化甘肃省自然科学基金资助体系

一是普遍提高甘肃省自然科学基金各类项目资助经费额度，2021年资助经费较2020年增加了3800余万元。二是扩大自然基金项目的受众面和辐射面，对一线科研单位（兰外）、青年科技人员给予倾斜支持，进一步激发创新热情。三是实施自筹项目，积极引导和撬动企业、社会力量投入基础研究。四是树立人才专项品牌，坚持少而精的原则，着力发现和培养有潜力的青年科技人才，给予高水平人才团队重点支持。五是聚焦重点产业、重点领域，倾斜支持具有突破预期的源头创新和产业化前景明确的应用基础研究。六是落实破"五唯（唯论文、唯帽子、唯职称、唯学历、唯奖项)"相关精神，项目评审不再将发表SCI论文数量、人员职称和人才"帽子"等作为重要评价指标，聚焦标志性学术成果，注重提出问题、解决问题的能力。七是打破评审项目"圈子"文化，邀请更多青年优秀科学家参与项目评审。八是规范项目管理，简化项目申报、结题验收流程，及时清理应结未结项目，统筹项目布局，避免项目重复支持，做好项目梯次衔接。

（三）努力营造人才成长良好氛围

一是配合甘肃省委组织部实施拔尖领军人才培养扶持计划，制订"一对一"个性化培养扶持方案，签订培养协议。二是对照完成人才工作台账任务，认真做好国家、省级人才计划（工程）遴选推荐工作。三是落实《甘肃省生态产业特聘科技专家管理办法》奖补政策，出台《甘肃省高端人才引进扶持办法》，激励引导急需紧缺高端人才引进。四是坚持院地联动，高标准推进"西部之光"人才培养计划组织实施。

（四）强化科技基础性工作

一是深入贯彻习近平总书记对第二次青藏高原综合科学考察研究的贺信精神和甘肃省第二次青藏科考领导小组决策部署，依据《甘肃省第二次青藏高原综合科学考察研究管理办法》，统筹保障和支撑甘肃省科考相关工作。二是深入开展调研活动，借助重点实验室、野外观测台站立项建设和验收考察时机，开展调研工作，认真听取一线科研单位在贯彻落实科技政策、营造创新环境、搭建创新平台、加强人才培养和推动成果转化方面形成的经验、做法和存在的问题、困难，收集意见建议，进行相关问题回应解答和政策宣讲。

第六节　国际科技合作交流

2021年，国际科技合作与交流工作坚持以党的十九届五中、六中全会精神为引领，着力贯彻新发展理念，认真落实甘肃省委省政府决策部署，严格按照甘肃省科技厅党组"以重大科技项目为牵引、以重点创新平台为支撑、以重要机制创新为保障"的工作思路，坚持科技外交政策指引，落实"一带一路"决策部署与丝绸之路"科技走廊"建设的各项具体任务，较好地完成了年度各项目标任务。

一、加强创新合作平台建设

一是加强国家国际科技合作基地建设。兰州大学"草地农业生态国际联合研究中心"和中科院近物所"国际反质子与离子大科学研究国际科技合作基地"被科技部评估为优秀，按照奖补政策分别给予300万元奖补资金支持。落实科技部评估整改任务，组织甘肃省3家国家国际科技合作基地评估整改，完成自评估报告和整改情况报告并上报科技部。二是支持培育联合实验室。支持甘肃省商业科技研究所与塔吉克斯坦国家科学院联合共建"中塔食品检测与研发联合实验室"，中国向塔吉克斯坦转移食品安全国家检测标准及全套分子生物学检测技术方法7项，联合编撰《中国-塔吉克斯坦食品安全检测标准互通性研究》，科技部对该实验室进行实地调研并给予高度评价，认为"这既是科技部与甘肃省合力支持的典范，也是中国与塔吉克斯坦政府共同支持的典范"；以科技重大专项支持兰州交通大学与俄罗斯奔萨国立大学联合共建"中俄先进智能交通技术联合实验室"，目前正筹建3个子科研实验室。三是推进国际技术转移平台建设。签署《协同推进中国-匈牙利技术交流与合作协议》，以省级重点研发计划项目支持兰州大学建设中匈技术转移中心兰州分中心，下一步将以项目实施推进双方从联合研究、成果转化、人员交流、人才培养等方面开展务实合作。四是强化省级国际科技合作基地管理。完成首批35家省级国合基地周期评估并形成评估报告，15家省级国际科技合作基地评估为优秀等次。完成2018年认定的35家国合基地周期评估和现场考察。按照甘肃省科技厅党组关于推进科技管理流程再造的工作要求，以规范化、制度化管理为目标，梳理绘制了甘肃省国际科技合作基地认定和评估流程图。

二、组织实施国际合作项目

一是争取国家项目，征集推荐国家重点研发计划国际合作项目3批25项，争取国家重点研发计划政府间国际科技创新合作项目"极端环境微生物源性抗氧化辐射活性产物的应用评估"1项，获批经费297万元；争取中国与乌克兰政府间科技交流项目1项。二是组织省级重大项目，发布2021年度省级科技计划第一批重大项目（国际科技合作领域）指南，立项国际科技合作重大项目3项，支持兰州交通大学与俄罗斯联合共建实验室并开展泛欧亚轨道交通安全保障与智能运维关键技术研发与应用，支持兰州理工大学与白俄罗斯开展核用包壳管磁力研磨关键技术及装备联合研发，支持中科院化物所与德国开展精细化学品绿色生产的新型催化材料研究与产业化。三是支持全方位多领域科技合作，以推进丝绸之路"科技走廊"建设为目标，组织立项省级重点研发计划国际科技合作项目18项，涉及"一带一路"12个国家。

三、深化国际科技创新合作

坚持"引进来"和"走出去"并重，以科技计划项目为支撑，深化国际合作与交流。一是深化中俄合作，完成中俄科技创新年确定甘肃省承担的11项重点任务。二是推进中以合作，组织实施科技部中以合作示范项目"现代设施农业关键技术集成与应用"，甘肃省农科院与以色列耐特菲姆公司合作完成设备区系统安装调试和人员培训。三是加强中新合作，支持兰州科技大市场开发新加坡南洋理工大学科技成果转移转化数字化信息系统，征集新加坡南洋理工大学科技成果7项、甘肃省技术需求50项，为适用技术成果转移转化提供平台服务支撑。四是拓展中哈合作，组织实施科技部对发展中国家科技援助"丝绸之路草原生态修复技术模式研究与示范"项目，兰州大学与哈萨克斯坦合作研制退化草原生态修复的技术和模式，推动甘肃省草资源挖掘与利用、草原生态修复与健康管理、灌草优化耦合等先进适用技术在境外示范转化。五是延伸中尼合作，推动实施科技部对发展中国家科技援助"尼泊尔马铃薯优质高效种薯繁育技术援助"项目，甘肃农业大学帮助尼泊尔完成马铃薯脱毒种薯质量检验规程和马铃薯脱毒微型原原种繁育技术规程编制，助力尼泊尔马铃薯商业化生产。

四、持续开展科技人文交流

一是举办陇韩科技合作交流座谈会，搭建韩国与甘肃省之间的国际科技合作与交流平台。二是参加"甘肃-乌拉圭合作对接会"，介绍甘肃省科技创新成果和国际科技合作进展，推动友好交流和务实合作。三是参加第九届中国-东盟技术转移与创新合作大会，商议密切合作的形式；参加2021年中国国际服务贸易交易会和第五届中国-中东欧国家创新合作大会。四是参加中国-塔吉克斯坦科技合作委员会第二次会议，甘肃省科技厅介绍了甘肃省与塔吉克斯坦科技合作情况，会议期间就中塔两国科技创新领域政策和最新科技发展规划等交换信息，并将共建"中塔食品检测与研发联合实验室"列入会议纪要。五是组织以线上形式举办科技部发展中国家技术培训班4期，来自亚、非、拉等30多个发展中国家的130多名学员参加线上培训。

五、主动融入"一带一路"建设

一是开展国际科技合作国别研究，梳理总结甘肃省与东亚、东盟、西亚、南亚、中亚、独联体、中东欧、非洲等47个国家的科技合作现状，形成国别清单和成果清单。二是落实甘肃省政府工作报告中关于"持续抓好'一带一路'最大机遇，进一步拓展发展空间"的部署要求，结合科技部关于政策文件绩效评估的通知，对照《甘肃省加强创新能力开放合作实施意见》的职责分工和重点任务，梳理总结了2020年以来的政策落实进展和成效，分析了面临的机遇与挑战，研究提出了2022年工作举措和建议，并向科技部上报政策落实报告。三是配合科技部来兰开展亚非重点国别科技创新合作和中俄创新年项目跟踪专题调研，赴庆阳开展省市协同提升区域科技创新能力专题调研，凝练省市共同支持的重点项目、创新平台和改革举措。四是完成科技部援助项目的启动和甘肃省科技重大专项国际合作项目的验收评估。

六、提升国际合作宣传广度

围绕装备制造、生态修复、文化传播、食品检测等技术领域，借助科技日报、中国新闻网、网易新闻、新甘肃、香港商报以及俄新社等中外媒体，专题报道了甘肃省与"一带一路"重点国家的国际合作成果，特别是"中俄科学家携手研发高速列车智能大脑"一文被俄新社全文转载报道；在甘肃广播电视总台专题报道（"一带一路"建设成就巡礼）——甘肃：放大"一带一路"机遇效应，让科技创新合作空间更加广阔。

第四章　科技创新环境

第一节　科技体制改革与政策

2021年，甘肃省科技厅按照甘肃省委省政府决策部署，坚定甘肃科技发展战略自信，全面深化科技体制改革，首创首用激励政策，推进重点创新平台建设，实施重大科技项目攻关，推动重要机制落实，甘肃省科技工作实现"十四五"开局良好。

一、优化科技创新环境，推进科技体制机制改革

制订发布《甘肃省"十四五"科技创新规划》，为"十四五"时期甘肃省推进创新型省份建设、打造西部地区创新驱动发展新高地谋篇布局。印发实施《关于深化科技体制机制改革创新　推动高质量发展的若干措施》（甘办发〔2021〕28号），从8个方面提出83个政策点，进一步加强政策激励。修订《甘肃省科学技术奖励办法》，配套形成《甘肃省科学技术奖励实施细则》《甘肃省科学技术奖提名制实施办法（试行）》等文件，增设特等奖项及授奖总数，加强科技奖励导向作用。坚持以科技创新质量、绩效、贡献为核心的评价导向，制订《甘肃省科技成果评价办法》。

二、加强科技政策"立改废"，实施科技管理流程再造

对甘肃省原有的科技创新法规、政策、办法等进行全面梳理评估和"立改废"。开展2次文件专项清理，共废止和宣布失效规章、规范性文件、政策性文件66件，废止的文件颁行时间跨度近30年。围绕基地平台、科研项目、科技人才、科研经费、科技成果和奖励、科技监督等模块，组织实施科技管理流程再造，重新构建完善以一级制度、二级办法、三级细则为框架的科技管理工作制度体系，全面推进科技管理向创新服务转变。举办"科技创新政策暨科研诚信监督政策与法治政府建设培训班"，在市州、高校等开展科技创新政策的宣传与解读，加大科技创新政策的知晓度，提高科技工作者学习、运用政策的能力。

三、激发科研人员创新活力，深入推进科研自主权落实

开展"落实科技评价改革政策　推动作风学风转变问题"调研工作，深入了解一线科研人员和创新主体的期盼和诉求。联合甘肃省卫生健康委、甘肃省财政厅、甘肃省教育厅开展"减轻科研人

员负担，激发创新活力专项行动"。选取4家省属高校院所开展赋予科研人员职务科技成果所有权或长期使用权改革试点，提出以"先赋权后转化"的形式赋予科研人员职务科技成果所有权，或者直接赋予科研人员不低于10年的使用权。联合甘肃省教育厅、甘肃省财政厅、甘肃省人社厅、甘肃省审计厅和甘肃省政府国资委印发《关于推进赋予科研机构和人员自主权有关政策落实的通知》。配合甘肃省委改革办对甘肃省落实以增加知识价值为导向的分配政策情况进行专项督察，督促各创新主体完善内部管理制度，解决政策落地"最后一公里"。

四、贯彻法治理念，有效提升依法行政工作水平

坚持在法治轨道上推动各项工作有序运行，法治建设的执行力落实力持续提升。印发《甘肃省科技厅2021年法治建设工作要点》，推动成立了甘肃省科技厅法治建设工作领导小组。协调甘肃省人大法工委、教科文卫委将《兰州白银国家自主创新示范区条例》的立法调研纳入工作计划，开展了涉及长江流域保护、行政处罚和营商环境以及教科文卫领域的地方性法规、规章及规范性文件专项清理工作，向甘肃省司法厅提供了新技术新业态新应用领域立法调研相关材料。积极做好普法宣传活动，制订了甘肃省科技厅2021年度普法任务清单，开展"4·15""12·4"等法治宣传重点节点的普法学法，组织国家工作人员做好网上学法考试工作，开展甘肃省科技厅系统防范电信网络新型违法犯罪法治宣传教育。推进行政执法工作，完成了行政执法主体资格证换领，组织开展执法人员网上学习，推进"双公示"工作，公布有关行政许可及行政处罚信息。

五、强化责任担当，有序推进科技监督与诚信建设

不断提高科技监督工作的质量和效率，加强监督与诚信制度建设，起草制订《甘肃省科研项目监督管理办法》，推动科研监督与诚信工作规范化、标准化，努力营造甘肃省科技创新良好环境。在甘肃省科技管理信息系统增加科技诚信管理环节，以项目诚信承诺书、失信信息记录等方式，明晰各责任主体的监督与诚信责权利，推动提升项目任务目标和绩效指标的完成质量。加大监督与诚信协同推进力度，协同甘肃省卫生健康委共同开展甘肃省医学科研诚信专项整治行动，对甘肃省医学科研机构、医学教育机构、医疗机构等单位科研诚信问题和处置工作进行研讨。

六、履行政府职能，营造更加浓厚的科普氛围

协调各方力量，调动社会资源，推动甘肃省公民科学素质提升。成功举办"百年回望：中国共产党领导科技发展"的2021年甘肃省科技活动周。组织甘肃省第六届科普讲解大赛，选拔产生了2021年"十佳科普使者"。科普微视频《菌物世界——祁连山上的美丽精灵》被科技部办公厅、中科院办公厅评为2019年全国优秀科普微视频三等奖。联合财政、税务、海关等部门印发了《"十四五"期间享受科普进口税收政策的单位名单核定实施办法》。

第二节　科技创新平台建设

一、基础研究创新平台建设

积极对接科技部、中科院和国家文物局，及时掌握国家重点实验室重组建设动态，推进同位素、石窟与土遗址保护国家重点实验室申报建设，指导中科院近物所、敦煌研究院按照全国重点实验室建设要求编制申报书和建设方案。依托中科院近代物理研究所、基于甘肃省同位素实验室申报的加速器驱动核能源全国重点实验室已进入中科院首批全国重点实验室筹建名单，依托敦煌研究院申报的石窟与土遗址保护全国重点实验室得到国家文物局和科技部的大力支持。

落实《关于进一步激发创新活力　强化科技引领的意见》《关于深化科技体制机制改革创新　推动高质量发展的若干措施》等政策精神，给予重点实验室、野外科学观测站奖补支持，引导各类平台提质增效，不断提升创新能力。甘肃省同位素实验室建设进展顺利，协调争取国家专项资金8000万元、甘肃省级财政建设经费3000万元支持。甘南草原生态系统野外科学观测研究站等3个野外台站获科技部立项建设。

加大省级重点实验室优化重组力度，扩大体量、打造特色、提升能力，强化标志性成果产出。科技部正式批准依托甘肃农业大学建设"省部共建干旱生境作物学国家重点实验室"，甘肃省国家重点实验室数量达到11个。围绕现代交通、新能源开发利用、生态保护和医疗卫生等领域创新发展需求，建成并运行14个省重点实验室、11个省野外科学观测研究站。在核能、数字经济、农业育种等特色领域筹划新建一批省级重点实验室。

加强省级平台管理，聘任、调整重点实验室主任和学术委员会主任，推动召开学术委员会会议，指导重点平台建设发展，进一步凝练研究方向、明确发展目标。

二、社会发展领域科技创新平台建设

创新平台是集聚创新资源、汇聚创新人才、开展技术创新的有效载体。临床医学研究中心，作为连接"实验台""手术台""生产线"的枢纽，以疾病防治需求为基础，以临床应用为导向，以医疗机构为主体，以协同网络为支撑，开展联合攻关、学术交流、人才培养、成果转化，取得了积极成效。

2021年，甘肃省已批复成为国家临床医学研究中心分中心并完成备案的省级临床医学研究中心有6家。其中，甘肃省神经内科临床医学研究中心（兰州大学第二医院）成为国家神经系统疾病临床医学研究中心分中心（北京天坛医院），甘肃省眼科临床医学研究中心（兰州大学第二医院）成为国家眼耳鼻喉疾病临床医学研究中心分中心（温州医科大学附属眼视光医院），甘肃省口腔疾病

临床医学研究中心（兰州大学口腔医院）成为国家口腔疾病临床医学研究中心分中心（中国人民解放军空军军医大学），甘肃省内分泌疾病临床医学研究中心（兰州大学第一医院）成为国家代谢性疾病临床医学研究中心分中心（上海交通大学医学院附属瑞金医院），甘肃省呼吸系统疾病临床医学研究中心（兰州大学第一医院）成为国家呼吸系统疾病临床医学研究中心分中心（广州医科大学附属第一医院），甘肃省血液病临床医学研究中心（兰州大学第二医院）成为国家血液系统疾病临床医学研究中心分中心（苏州大学附属第一医院）。

2021年，布局建设省级临床医学研究中心22家，涉及肿瘤、骨科、生殖医学、麻醉、医学检验、血液疾病、消化疾病等14个疾病领域。充分发挥了甘肃省医疗优势学科，整合集成临床医学优势资源，促进医学研究成果转化和推广应用，提升甘肃省疾病诊疗防治水平，为优化组织实施相关疾病临床研究和转化医学发展提供科技支撑。

2021年，甘肃省科技厅联合甘肃省委宣传部开展省级文化和科技融合示范基地和非物质文化遗产传承保护创新坊创建工作，首次入选甘肃省文化和科技融合示范基地10家（聚集类3家，单体类7家），甘肃省非物质文化遗产传承保护创新坊23家。

第三节　科技创新人才

2021年，甘肃省科技厅党组深入学习领会习近平总书记在中央人才工作会议上的重要讲话精神，积极贯彻落实习近平总书记关于新时代人才工作的新理念新战略新举措，深刻把握"八个坚持"的内涵要义和逻辑要求，着眼"全方位培养、引进、用好人才"，持续深化人才发展体制机制改革，不断完善人才政策体系，科技人才结构持续优化，科技人才活力得到有效激发。

一、科技创新和人才工作基本情况

甘肃省是西部地区重要的科研创新基地，拥有一批高水平研究型大学、国家科研机构、中央在甘科技型企业、国家级创新平台和区域创新基地，在重离子物理、化学、大气、草业、冰川冻土、文物保护等领域形成了一批优势学科，在石油化工、有色冶金、核技术、装备制造、寒旱农业等领域具有较强的工程化技术优势，在新能源、新材料、先进制造等新兴产业领域具备一定的研发基础。

甘肃省现有在甘两院院士17人，享受国务院政府特殊津贴专家1471人，R&D人员5.5万人。"十三五"以来，甘肃省获得国家科技成果奖励36项，其中牵头15项；先后有10名科技工作者获何梁何利奖，6名在甘工作外国专家获中国政府友谊奖。

二、甘肃省科技人才工作亮点特色

（一）深化体制机制改革，涵养良好人才创新生态

1.完善科技人才政策体系

出台《关于深化科技体制机制改革创新 推动高质量发展的若干措施》，83个政策点中，有13项内容涉及人才政策。针对甘肃实际，创新性地在全国率先提出"45岁以下科研人员主持承担省级科技计划项目的比例原则上不低于50%"的要求，树立了在科研一线发现、培养高素质青年科技人才的鲜明导向。

2.加大科技人才创新激励

修订完善《甘肃省科学技术奖励办法》及相关配套文件，增加授奖总数，提高奖金额度，增设特等奖。优化工作流程，安排专项资金对促进和开展技术成果交易的单位进行奖励。科技奖励对区域科技进步与创新人才的激励导向作用更加明显，科技激励对科技创新的保障作用更加有力，让真正有作为、有贡献的科研人员"名利双收"。

3.为科研人员减负松绑

落实"减轻科研人员负担、激发创新活力专项行动"，在部分高校院所开展职务科技成果权属改革试点，完善科研资金管理制度，赋予科研人员更大技术路线决定权、更大经费支配权、更大资源调度权。实施科技管理流程再造，重塑科技管理服务体系，为科技人才心无旁骛做研究营造宽松的科研氛围。

（二）发挥创新载体作用，激发科技人才创新潜能

1.注重发挥创新平台人才吸附功能

依托现有国家重点实验室、国家学科创新引智基地等高能级创新平台，布局实施重大科技项目，吸引集聚包括两院院士在内的一批高层次科技人才，锻造一批引领行业科技创新潮流的科技领军人才和创新团队。引导企业建设实验室、公共技术研发平台，吸引人才向企业流动，提升企业创新能力。充分发挥中国工程科技发展战略甘肃研究院的平台作用，借力国家"高端智库"加速创新发展。

2.稳定支持和培养青年科技人才

2021年，加入国家区域创新发展联合基金，引导人才参与国家重点项目竞争，提升甘肃省基础研究能力和人才培养层次，获立项资助17项。持续与中科院联合实施"西部之光"人才计划。加大自然科学基金支持力度，近几年，累计执行自然科学基金项目7445项，支持经费22.14亿元，培养了一大批中青年科技人才。

3.在关键核心技术攻关中锻炼人才

在全国率先出台企业创新联合体管理办法,组建8个创新联合体,集聚甘肃省内外近150个单位开展产学研联合攻关。2021年共组织实施"揭榜挂帅"和科技重大专项62项,凝聚培养了一批科技领军人才和创新团队。近年来,在科技计划项目支持下,36人(项)获得国家科学技术奖励,近700人(项)获得甘肃省科学技术奖励。

(三)以开放交流合作为突破,拓展柔性引才渠道

1.坚持开门办科技,深化跨区域科技合作

2021年,甘肃省与中国工程院签订省院科技合作协议,共同组建中国工程科技发展战略甘肃研究院。与中国科学院达成新一轮战略合作协议,与4家中央科技型企业签署战略合作协议,启动建设农业科技"100+N"开放协同创新体系,加快走出人才共育新路径。

2.完善科技对外交往布局,深化东西部科技人才帮扶协作

甘肃省科技特派员数量动态维持在1万名左右,与东部协作地区联合认定了"双地"科技特派员366名,培训指导科技人员和致富带头人等1446人次。选派"三区"科技人才9074人次,下沉基层、服务三农、助力乡村振兴。

3.强化国际科技人才合作

积极参与"一带一路"科技创新行动计划,不断拓宽渠道,广聚人才。2021年,共有6名外国专家荣获中国政府"友谊奖",25名外国专家荣获甘肃省政府"敦煌奖"。

(四)弘扬爱国奋斗精神,营造尊重科学、尊重人才的良好氛围

1.大力弘扬新时代科学家精神

借助多种媒体渠道,加强对优秀科学家、甘肃科技功臣先进事迹的宣传报道,讲好科学家故事,引导广大知识分子把爱国之情、报国之志融入甘肃改革发展的伟大事业之中,建立宣传学习科学家精神的长效机制。

2.加强科研诚信建设

印发《关于进一步加强科研诚信建设的实施方案》,完善科研失信行为调查核实、惩戒处理等制度,建设严重失信行为记录信息系统,推动高校、科研院所、医院等单位建立完善学术管理制度,加强对科研人员和青年科技人才的科研诚信教育,引导其树立正确的科研价值观。

第四节 大众创业万众创新

2021年，甘肃省深入贯彻落实《国务院关于大力推进大众创业万众创新若干政策措施的意见》（国发〔2015〕32号）有关精神，不断加快实施创新驱动发展战略，有效激发了大众创新创业活力，为区域经济社会高质量发展不断注入新动能。

一、基本情况

截至2021年，甘肃省共认定省级及以上众创空间145家，其中国家备案众创空间32家，国家专业化众创空间1家，省级专业化众创空间17家。省级及以上科技企业孵化器59家，其中，国家级科技企业孵化器12家，省级孵化器47家。据2021年底统计结果显示，甘肃省各类众创空间、孵化器当年服务的创业团队5975个；孵化企业数量8213个；累计毕业企业数量1672个；带动就业人数67 499人，其中吸纳大学生就业38 024人；专兼职创业导师4576人；举办创新创业活动、各类培训6700次。

二、亮点成效

（一）提升创新服务水平，帮助企业纾难解困

以网络在线培训形式，积极向省内孵化器、众创空间和在孵中小企业开展相关政策培训和工作交流。甘肃省高新技术创业服务中心联合中国技术创业协会开展了全球知名孵化器创新模式解读系列讲座。为帮助企业做好复工复产工作，开发了"甘肃省科技企业孵化器及众创空间疫情监控平台"，免费向各孵化载体及在孵企业提供使用权限，实现了全员健康打卡、线上填报、数据分析统计一条龙服务。

（二）强化创新公共服务，降低企业运营成本

指导各级科技企业孵化器、众创空间、大学科技园等载体疫情期间为入孵企业减免实验与生产用房租金约641.2万元，帮助在孵企业解除后顾之忧。组织甘肃省科技管理工作培训会，帮助参训学员熟悉各类政策规定，提升科技工作人员业务水平。

（三）氛围熏陶，激发创新创业活力

甘肃省高标准连续承办中国创新创业大赛（甘肃赛区）、中国创新挑战赛（甘肃·兰州）等国家级"双创"赛事，高规格定期举办兰州科技成果博览会、兰洽会科技创新高峰论坛、创业导师陇原

行等特色"双创"活动，不断营造创新创业氛围、激发创新创业活力，一批大学生和青年创客们跃跃欲试，到众创空间创新创业已蔚然成风。截至2021年底，甘肃省已举办众创空间从业人员培训班11期，培训创新创业服务专业人才1363人。甘肃省内各级各类众创空间开展形式多样的创新创业活动3169场次，组织开展创业教育培训2540场次。在众创空间的引领和带动下，数万个创新团队、初创企业参加了中国创新创业大赛、中国"互联网+"大学生创新创业大赛、甘肃省大学生创新创业大赛、"创新杯"工业设计大赛等各类创新创业赛事，在全社会掀起创新创业热潮。据统计，在已举办的十届中国创新创业大赛中，甘肃赛区共有2448个企业、477个团队报名参赛，其中获得国家级奖励的企业20家、团队4个，累计获得中央财政支持590余万元；近500人次的创投机构和专家参与甘肃赛区的评审和各项活动，实现意向项目融资近5亿元。

（四）资本跟进，助力创新创业实践

甘肃省积极发挥众创空间服务平台作用，帮助企业找资金、帮助资金选企业，协调投融资机构与小微企业无缝对接，着力解决初创企业资金短缺问题。截至2021年底，甘肃省256家各级各类众创空间中2575家创业团队获得融资支持，创业团队累计获得投融资总额1.83亿元；943家初创企业获得融资支持，初创企业累计获得投融资总额8.86亿元。白银创新梦工厂主动对接甘肃银行白银分行、甘肃盛达集团及省内外多家投融资机构，积极推荐优质创新创业项目，努力拓宽入驻中小型企业融资渠道，先后促成甘肃盛达集团有限公司出资6000万元收购入驻企业甘肃青宇新材料有限公司51%股份，甘肃银行白银分行为白银楚瑞包装材料有限公司、中检普泰检验检测有限公司等入驻企业贷款1200万元，有效解决了以上企业项目产业化、试生产期间资金困难的问题。

（五）成果转化，凸显创新创业效益

甘肃省充分发挥众创空间在推进科技资源开放共享和科技创新供需有效对接等方面的桥梁纽带作用，通过推广科技创新创业活动、推进大型科研仪器开放共享、推荐创新创业团队申领使用创新券等方式，服务科技型中小企业降低科研活动成本、加速成果转化落地。截至2021年底，甘肃省众创空间为3176个团队和企业提供了技术支撑服务。256家各级各类众创空间常驻团队和企业拥有知识产权超过1864件，其中发明专利超过372件。

三、典型案例

（一）有效促进成果转移转化，服务创业企业

兰州科技大市场累计发布国内外科技成果61 034项，征集甘肃省内企业技术需求164项，举办成果发布推介会、成果标准化评价、技术实地对接等活动24场，撮合"新型纸纤维基导电聚合物超级电容器的开发"等14项技术达成合作意向，促成了"新型复方高分子消毒剂的开发与应用"等127项科技成果在甘肃转移转化，转化金额共计3.86亿元，充分发挥了科技成果转化直通机制主平

第四节 大众创业万众创新

2021年，甘肃省深入贯彻落实《国务院关于大力推进大众创业万众创新若干政策措施的意见》（国发〔2015〕32号）有关精神，不断加快实施创新驱动发展战略，有效激发了大众创新创业活力，为区域经济社会高质量发展不断注入新动能。

一、基本情况

截至2021年，甘肃省共认定省级及以上众创空间145家，其中国家备案众创空间32家，国家专业化众创空间1家，省级专业化众创空间17家。省级及以上科技企业孵化器59家，其中，国家级科技企业孵化器12家，省级孵化器47家。据2021年底统计结果显示，甘肃省各类众创空间、孵化器当年服务的创业团队5975个；孵化企业数量8213个；累计毕业企业数量1672个；带动就业人数67 499人，其中吸纳大学生就业38 024人；专兼职创业导师4576人；举办创新创业活动、各类培训6700次。

二、亮点成效

（一）提升创新服务水平，帮助企业纾难解困

以网络在线培训形式，积极向省内孵化器、众创空间和在孵中小企业开展相关政策培训和工作交流。甘肃省高新技术创业服务中心联合中国技术创业协会开展了全球知名孵化器创新模式解读系列讲座。为帮助企业做好复工复产工作，开发了"甘肃省科技企业孵化器及众创空间疫情监控平台"，免费向各孵化载体及在孵企业提供使用权限，实现了全员健康打卡、线上填报、数据分析统计一条龙服务。

（二）强化创新公共服务，降低企业运营成本

指导各级科技企业孵化器、众创空间、大学科技园等载体疫情期间为入孵企业减免实验与生产用房租金约641.2万元，帮助在孵企业解除后顾之忧。组织甘肃省科技管理工作培训会，帮助参训学员熟悉各类政策规定，提升科技工作人员业务水平。

（三）氛围熏陶，激发创新创业活力

甘肃省高标准连续承办中国创新创业大赛（甘肃赛区）、中国创新挑战赛（甘肃·兰州）等国家级"双创"赛事，高规格定期举办兰州科技成果博览会、兰洽会科技创新高峰论坛、创业导师陇原

行等特色"双创"活动,不断营造创新创业氛围、激发创新创业活力,一批大学生和青年创客们跃跃欲试,到众创空间创新创业已蔚然成风。截至2021年底,甘肃省已举办众创空间从业人员培训班11期,培训创新创业服务专业人才1363人。甘肃省内各级各类众创空间开展形式多样的创新创业活动3169场次,组织开展创业教育培训2540场次。在众创空间的引领和带动下,数万个创新团队、初创企业参加了中国创新创业大赛、中国"互联网+"大学生创新创业大赛、甘肃省大学生创新创业大赛、"创新杯"工业设计大赛等各类创新创业赛事,在全社会掀起创新创业热潮。据统计,在已举办的十届中国创新创业大赛中,甘肃赛区共有2448个企业、477个团队报名参赛,其中获得国家级奖励的企业20家、团队4个,累计获得中央财政支持590余万元;近500人次的创投机构和专家参与甘肃赛区的评审和各项活动,实现意向项目融资近5亿元。

(四)资本跟进,助力创新创业实践

甘肃省积极发挥众创空间服务平台作用,帮助企业找资金、帮助资金选企业,协调投融资机构与小微企业无缝对接,着力解决初创企业资金短缺问题。截至2021年底,甘肃省256家各级各类众创空间中2575家创业团队获得融资支持,创业团队累计获得投融资总额1.83亿元;943家初创企业获得融资支持,初创企业累计获得投融资总额8.86亿元。白银创新梦工厂主动对接甘肃银行白银分行、甘肃盛达集团及省内外多家投融资机构,积极推荐优质创新创业项目,努力拓宽入驻中小型企业融资渠道,先后促成甘肃盛达集团有限公司出资6000万元收购入驻企业甘肃青宇新材料有限公司51%股份,甘肃银行白银分行为白银楚瑞包装材料有限公司、中检普泰检验检测有限公司等入驻企业贷款1200万元,有效解决了以上企业项目产业化、试生产期间资金困难的问题。

(五)成果转化,凸显创新创业效益

甘肃省充分发挥众创空间在推进科技资源开放共享和科技创新供需有效对接等方面的桥梁纽带作用,通过推广科技创新创业活动、推进大型科研仪器开放共享、推荐创新创业团队申领使用创新券等方式,服务科技型中小企业降低科研活动成本、加速成果转化落地。截至2021年底,甘肃省众创空间为3176个团队和企业提供了技术支撑服务。256家各级各类众创空间常驻团队和企业拥有知识产权超过1864件,其中发明专利超过372件。

三、典型案例

(一)有效促进成果转移转化,服务创业企业

兰州科技大市场累计发布国内外科技成果61 034项,征集甘肃省内企业技术需求164项,举办成果发布推介会、成果标准化评价、技术实地对接等活动24场,撮合"新型纸纤维基导电聚合物超级电容器的开发"等14项技术达成合作意向,促成了"新型复方高分子消毒剂的开发与应用"等127项科技成果在甘肃转移转化,转化金额共计3.86亿元,充分发挥了科技成果转化直通机制主平

台的功能作用。累计引导和帮助2749家中小微企业和创新团队精准对接服务机构，催生新产品、新技术、新工艺等科技成果231项，申请专利6962件。通过为科技服务机构直接兑现科技创新券，为中小微企业和创新创业团队开展科技创新活动补助研发投入6468.37万元，为企业团队提升自主创新能力，激发科技创新活力提供了有力支撑。

兰州大学科技园2021年利用推介、对接和走访等途径，搜集、整理企业技术难题6次/127项，促成科技园与地方企业技术服务合作项目1项，间接促成校内教授与企业或地方平台合作项目2项。收集、整理西部省份、沿海经济发达省份的全国500强企业、工业百强县（市）及上市公司相关信息，为学校今后开展产学研合作提供参考依据。引入高水平创业团队教授6人、副教授4人、留学和海外人员3人、在校学生16人、校友10人入园创办企业；推动实现了兰州大学首个知识产权作价入股成立公司的成果转化案例，专利评估价值达到500万元。

（二）大中小企业融通发展

能源装备国家专业化众创空间依托兰石集团装备制造产业，为创业者提供检验检测、研发设计、小试中试等专业技术服务，充分利用网上技术平台，为创业者推介最新产业信息、科技成果、数据咨询、实现成果对接、成果转移转化等。

镍钴资源综合利用专业化众创空间通过招募创客团队、共享科研资源、搭建创新平台等方式，促进专业化众创空间良性发展。开放镍钴资源综合利用国家重点实验室的采矿及地质工程、矿物工程、火法冶金、湿法冶金、设备及自动化工程实验室。其在孵企业、团队针对集团公司内部各单位生产工艺过程中的测控难题展开技术攻关，先后研发了高温电极、电解液杂质测量仪、萃取液色度测量仪、pH专用人工智能模糊控制器、矿石水分在线分析仪等二十余个产品，为企业解决多项技术难题，实现科技成果市场化。

真空低温专业化众创空间依托航天510所的专业平台，设立了创新基金，支持众创空间的专业化创新活动，开放具备国际先进水平的真空低温类实验设施和测试评价设备百余台套，并引入国防科技工业真空一级计量站、国家低温容器质量监督检验中心等国家级技术服务机构，全面保障地方、行业、企业的专业化创新活动顺利开展。

（三）强化院企合作，推进产学研用

甘肃省高科技创业服务中心与兰州大学等组建了"兰州大学国家核产业研究院"，形成产学研合作共赢的良好局面。同时，与丝绸之路国际知识产权港合作，共同搭建国际合作交流服务平台，推进国际合作和国际人才、项目等创新资源的引进工作。

第五节　知识产权保护运用

2021年，甘肃省知识产权工作在甘肃省委省政府的正确领导和大力支持下，各项工作都取得了显著成绩。白银市、陇南市、民勤县市场监管局被人社部、国家知识产权局评为全国知识产权系统先进集体，甘肃省有3名同志被授予全国知识产权系统先进个人荣誉称号。2021年，甘肃省发明专利授权2253件，同比增长55.81%；每万人口发明专利拥有量4.06件，同比增长29.37%；PCT国际专利申请32件。商标注册量34 945件，同比增长28.4%；商标有效注册量15.75万件，同比增长27.17%。地理标志证明商标新增7件，达到153件。新增知识产权质押融资金额7.05亿元，较上年增长9.5%，实现了"十四五"良好开局。

一、知识产权顶层设计全面加强

甘肃省委常委会议、省政府常务会议专门听取甘肃省知识产权工作汇报，审议印发了《甘肃省知识产权强省建设纲要（2021—2035年)》。经甘肃省政府审定，印发《甘肃省"十四五"知识产权保护和运用规划》，绘制了甘肃省"十四五"期间及未来十五年知识产权事业发展的宏伟蓝图。甘肃省委省政府将知识产权保护纳入年度督查检查计划，首次组织对市州知识产权保护工作进行考核，并将知识产权工作纳入"一带一路"倡议规划，主导举办了"一带一路"科技创新·知识产权高峰论坛。甘肃省政府工作报告专门就落实中国（甘肃）知识产权保护中心建设等重点工作进行了安排。知识产权工作纳入甘肃省优化营商环境和高质量发展的重要评价指标。陇南市率先出台"十四五"知识产权保护和运用规划。

二、知识产权运用效益显著提升

实施专利转化专项计划，制订高校院所"沉睡专利"清单，建立中小企业专利技术需求数据库，向科技型中小企业定点推送匹配专利，促成84项科技成果在甘肃省落地转化，转化金额7590.49万元。大力推动知识产权金融工作，修订印发《甘肃省中小微企业知识产权质押融资办法》，开展知识产权质押融资"入园惠企"行动，深化政、银、保战略合作，有效解决了一批中小企业融资难问题。兰州市重点产业知识产权运营基金已累计投资5家企业，投资总额9600万元，在助推甘肃省战略性新兴产业发展上迈出了坚实的步伐。持续推进丝绸之路国际知识产权港建设，知识产权转移转化和线上云平台建设取得了新突破。白银市以构建知识产权发展联盟为抓手，积极探索知识产权推动区域产业创新发展的有效路径。

三、知识产权保护水平稳步提升

高标准建成中国（甘肃）知识产权保护中心，预计节能环保、先进制造产业发明专利审查周期可由19.4个月压缩至6个月。聚焦重点领域，加大执法力度。查处商标侵权、假冒专利案件475件，罚没金额861万余元。推动成立知识产权纠纷人民调解委员会，推进国家专利侵权纠纷行政裁决示范试点建设，甘肃省办结专利侵权纠纷行政裁决案件548件。依托甘肃省知识产权保护中心成立海外维权专家组，为相关研究机构应对涉外纠纷提供指导。酒泉、张掖专利侵权纠纷行政裁决工作取得积极进展。金昌、白银、兰州等市州共设立47个维权援助工作站，推进甘肃省知识产权维权援助工作向园区延伸。落实知识产权行刑衔接、诉调对接等工作机制，知识产权保护体系进一步完善。

四、知识产权服务能力明显增强

商标注册便利化改革稳步推进，实现了14个市州及兰州新区商标受理窗口全覆盖。以实施知识产权公共服务"六个一"工程为抓手，便民利民的知识产权公共服务体系初步建立。探索搭建了知识产权公共服务平台，以丝绸之路国际知识产权港、知识产权保护中心、技术与创新支持中心（TISC）为骨干节点的知识产权公共服务网点布局逐步健全，专利导航、专利预警分析等知识产权公共服务能力显著提升。《甘肃省知识产权服务业集聚区管理办法》《甘肃省商标品牌指导站管理办法》《甘肃省地理标志产品保护示范区建设管理办法》相继出台，知识产权公共服务政策制度体系日益优化。

五、商标品牌战略实施取得明显突破

"甘味"商标在商标尼斯分类的5个大类已获得初审公告，"陇字号"商标正处于复审阶段，"兰州牛肉面"商标已完成专有权人转让工作，区域公用品牌注册和培育工作取得突破性进展，获得了甘肃省政府主要领导批示肯定，甘肃省政府分管领导批示"此事标志甘肃省在商标管理、品牌打造利用方面迈出了一大步"。在甘肃省布局建设了一批商标品牌指导站，定西马铃薯、陇南橄榄油获批筹建国家地理标志产品保护示范区，商标、地理标志赋能区域品牌经济发展能力显著增强。静宁苹果、张掖种子等4个地标产品开展省级地标示范区建设，靖远文冠果油、靖远枸杞等9个地标产品被国家知识产权局确定为地理标志运用促进重点联系指导名录，地理标志助力乡村振兴作用充分发挥。

第六节 科普工作

2021年，甘肃省各级科技部门坚持从实际出发，立足长远、着眼当前，以加强科普能力建设为重点，以提高公民科学素质为宗旨，广泛开展科学技术普及活动，加强重点领域科普工作，扎实推进科普工作各项目标任务落到实处。社会化大科普工作格局进一步建立，科普平台建设向多元化发展，科普服务能力稳步提升，全民科学素质提升步伐加快，政策和经费保障力度持续加大，基础性工作更加牢固。

一、甘肃省科普工作综述

（一）成功举办2021年科技活动周系列活动

为隆重庆祝建党100周年，推动科技创新成果和科学普及活动惠及于民，根据《科技部 中央宣传部 中国科协关于举办2021年全国科技活动周的通知》（国科发智〔2021〕77号）要求，2021年5月22~28日，甘肃省组织开展了以"百年回望：中国共产党领导科技发展"为主题的科技活动周，突出宣传党对科技全面领导和方向指引，大力弘扬科学家精神。活动周期间，主会场集中举办了中国共产党领导甘肃科技发展成就展、科普展览互动体验、2021年"十佳科普使者"讲解、"科学之夜"、科技为民重大示范活动等形式多样、精彩纷呈的活动，各市州根据自身优势和特点，同步举办了各具特色的群众性科技活动，让广大人民群众通过自身感受和亲身体验，更好认识创新、支持创新、参与创新、推动创新，动员全社会提升全民科学素养，积极投身创新驱动发展战略。

1. 科普周启动仪式盛大隆重

2021年5月22日，2021年科技活动周启动仪式暨中国共产党领导甘肃科技发展成就展在兰州顺利举行。甘肃省副省长张世珍出席启动仪式并宣布活动周启动，甘肃省科技厅厅长张世荣、兰州市市长张伟文分别致辞。启动仪式上，与会领导为2021年甘肃十佳科普使者颁发了荣誉证书，主办方向兰州职业技术学院、兰州市一只船小学、外国专家书屋·东方中学捐赠了图书。甘肃省委宣传部、甘肃省科学技术协会、兰州市区两级党政机关有关负责同志及科技工作者、科普志愿者、有关企业代表、媒体记者等共1000余人参加了启动仪式。

2. 系列特色科普活动丰富多彩

一是成功举办2021年全国科普讲解大赛预选赛暨甘肃省第六届科普讲解大赛。甘肃省科技厅、甘肃省科学技术协会作为大赛主办方，高度重视，积极协调，精心组织。各市州围绕甘肃省科普讲解大赛，自主举办科普讲解赛事15场次，累计参赛选手达到454人，为决赛输送了大量的高质量种子选手。与往年相比，2021年大赛社会参与度进一步提高，参赛选手除博物馆专业讲解员、科技馆专业科技辅导员、大学生等群体外，教师、医生、一线科研工作者以及中学生也积极参与其中。比赛全程进行网络直播，有3.8万人参与了网上投票，评选出"2021年度甘肃十佳科普使者"。大赛社会影响力与日俱增，科普讲解成为社会热潮，对于深入实施创新驱动发展战略、提升全民科学素质，让科技发展成果更多更广泛地惠及全体人民，服务于人民群众对美好生活的向往具有重要的引领和示范作用。二是成功举办了中国共产党领导甘肃科技发展成就展及科普展览互动体验活动。科技活动周期间，主会场集中举办了中国共产党领导甘肃科技发展成就展、科普展览互动体验、2021年"十佳科普使者"讲解、科技为民重大示范活动等形式多样、精彩纷呈的活动。本次活动在助力民众提高科学认知的同时，更加注重科技"体验感"，展现科技创新的"生活气息"。按照1921-1949年、一五期间、三线建设期间、改革开放前及改革开放后5个阶段，以视频、实物、互动体验、现场咨询、重点示范等方式，围绕民众关注的科技热点，通过一系列科普展览互动体验、"十佳科普使者"科普讲解等活动，全面展示甘肃各地科技事业发展取得的重要成就。三是成功举办"甘肃省第十六届中小学生科学知识网络竞答"活动。为推进甘肃省科普事业创新发展，丰富科技活动周内涵，充分调动全社会参与科普活动的积极性，甘肃省科学技术厅、甘肃省科学技术协会于2021年5月22日至6月20日举办了"甘肃省第十六届中小学生科学知识网络竞答"活动。活动采取网络在线即时答题方式，各市（州）科技局、科协、兰州新区科技发展局积极协调配合，加强组织宣传，充分调动了甘肃省中小学生参与网上在线竞答的积极性，竞答活动取得了良好成效。同时在科技活动周期间通报表扬了"甘肃省第十五届中小学生科学知识网络竞答"表现优异的个人和集体。

（二）各市州开展了各具特色的群众性科普活动

为使广大人民群众通过自身感受和亲身体验，更好认识创新、支持创新、参与创新、推动创新，动员全社会提升全民科学素养，积极投身创新驱动发展战略，甘肃省各市州根据自身优势和特点，举办了各具特色的群众性科技活动。一是集中开放科技资源，传播科学知识。在平时和科技活动周期间，甘肃省各国家和省级技术创新中心、实验室等高端科技资源向社会开放，激发公众特别是青少年的科学兴趣；各类从事科研推广和检验检测的机构、院所、高新技术企业、农业科技园区向社会开放，促进科技知识的宣传普及；各类科普场馆、科普基地、流动式科普设施面向广大群众开展一系列科普服务，营造了良好的科普宣传氛围。甘肃省计量研究院等组织高校师生上百人参观科学研究实验室，并由专业人员进行演示和讲解；白银市组织企业专技人员和社区人员至市药品检验检测中心参观仪器设备，了解常见药品鉴别要点，在轻松互动的氛围中了解学习了药品安全常识。二是主动开展科普进基层活动，促进全民科学素质提升。科普进农村，助力乡村振兴。甘肃省各市州积极组织农业专家、科技特派员开展进村入户送科技活动，针对农业生产中的实际问题，以流动课堂、面对面答疑、田间地头示范操作、开展技术培训班、宣讲政策措施、发放科普宣传资料等形式普及农业生产先进技术，为农民提供切实有效的技术指导服务。兰州市组织农业科技专家为农民讲解百合栽培和防病治病技术，发放农药，进行机器人和无人机农药喷洒展演；兰州新区邀请专家，针对农民关切问题，以流动课堂方式，现场示范演示、讲解指导，大力推广农业新技术，提高农民农作物生产科技含量，增强农民的生产技能和生产热情；临夏州举办各类实用技术培训班20期，培训科技明白人2000余人、推广实用技术成果10类50余种。通过培训，让群众掌握一定的农业实用技术，增长生产本领，提高经济效益，全面提升了农业产业发展的技术水平。三是科普进社区，提高科学素质。兰州市组织科技志愿者、科技大篷车进入社区楼宇，开展科普互动体验，宣传科普知识，加强未成年人思想道德建设；酒泉市科技局与社区联合举办"轮值主席聚合力，社区治理添活力"科技周系列共建活动，发放科普资料400余份，解决实际问题15件；庆阳、金昌等市开展卫生科普系列活动，通过线上线下相结合方式，宣传抗疫典型，普及防疫知识，展示科研成果，开展健康义诊活动近百场（次），为上万名群众免费进行了健康检查。通过科普进社区活动，在加强城市社区党建工作的同时，有力引导社区居民热爱科学，用科学法治思维解决问题。四是科普进企业，激发创新活力。武威市组织业务骨干先后深入企业，对企业在加工、检验等方面存在的问题，提供现场技术指导和帮扶；酒泉市组织部分企业代表召开科技专题座谈会，为企业答疑解惑；金昌市主动深入基层了解企业科技创新情况，向企业发放科技创新政策读本，举办科技助推产业发展培训班，邀请西北农林科技大学教授授课，养殖户、合作社及相关企业技术人员共100余人参加培训。通过科普进企业活动，鼓励企业重视人才引进、技术研发，积极争取科技计划项目，充分调动企业创新创造能力，让企业争做创新发展的探索者、组织者和引领者，不断增强企业的核心竞争力。五是科普进校园，培养科学兴趣。兰州市邀请在甘专家走进中小学校，通俗易懂、趣味性地讲解中小学生关注的肠胃健康、地震预防逃生等科学热点问题，激发广大师生热爱科学的爱国情怀，发扬科学家精神，勇于探索，大胆创新；临夏州组织134名青少年和科技辅导员赴外开展科技志愿服务和科技体验活动；庆阳市在中小学开展了防震减灾知识宣传暨应急疏散科普演练活动；金昌市开展"送编程进校园"活动，让同学们在学习过程中，结合现有知识，解决简单编程问题。通过一系列科普进校园活动，启迪了青少年的科技思维，激发了创新热情，培养了创新能力。

（三）科普为未成年人保护工作推波助澜

2021年，甘肃省积极加强未成年人的科学教育，以省级科普基地认定和科普作品制作为载体，不断加强科普阵地建设。一是在省级科普基地认定中，针对未成年人假期"有地可去"，保护未成年人身心健康，提出"经营性的基地对青少年实行优惠或免费开放时间每年不少于30d（含法定节假日），在科技活动周、科普日、寒暑假期间，对公众实行优惠或免费开放"的认定条件，提升科普基地对未成年人的服务水平。二是已认定的43家省级科普基地，涵盖甘肃省境内科技场馆、公共场所、教育科研机构、生产设施、信息传媒、培训研发等类，为甘肃省未成年人提供了丰富的科普资源。三是组织做好科普作品的制作工作。组织有关单位参加全国科普作品评选，有力提升了各单位制作科普影像制品及图书的积极性。发挥政府职能，组织兰州大学、航天五院510所、中科院兰州近代物理研究所、甘肃省人民医院、甘肃中医药大学编写了系列科普丛书，丛书共五本，内容涵盖卫生健康、中医药、核技术、航天、生态环境等内容，丛书出版后受到社会广泛好评。

二、甘肃科普工作主要特点

（一）高度重视，精心组织

甘肃省各市州把举办科技活动周作为集中宣传党和国家科技方针政策的重要载体，作为集中开展全民科学普及活动的有效抓手和展示甘肃省最新科技成果的重要平台。制订了活动方案，明确了活动主题、时间、内容、形式，提出了活动要求；成立了活动领导小组，由分管领导亲自抓落实，负责活动的组织和开展工作；活动周期间，甘肃省各市州围绕主题，集中资源，精心组织，通力合作，针对不同群体，全力做好科技活动周的各项工作。

（二）主题鲜明，活动新颖

突出"百年回望：中国共产党领导科技发展"主题，举办了第六届甘肃省科普讲解大赛、科学之夜、甘肃省第十六届中小学生科学知识网络竞答等系列活动，扎实推进科技扶贫、科技下乡、科普进社区、科普进校园等系列科普惠民工作，组织广大科技工作者和科普工作者，深入田间地头、厂矿企业、社区农村、中小学校开展形式多样的为民科普服务，在全社会营造了崇尚科技、弘扬科学精神的浓厚氛围。

（三）切合实际，注重实效

科技活动周把加强宣传、营造氛围、注重实际、突出实效作为着力点，充分利用多种宣传媒体和手段，在扩大宣传力度上下功夫，在实际效果上做文章。甘肃省各市州各成员单位以及新闻媒体，互联互动、密切配合，充分发挥各自优势，做到"三个注重"，即注重形式多样的科普活动和解决生产生活的现实问题紧密结合，让广大公众感受科技的力量；注重开展集中性科普活动与建立长效机制紧密结合，推动科普活动的深入持续开展；注重把普及科学知识、展现最新科技成就与倡导科学思想、弘扬科学精神紧密结合，全面提高公民科学素质。

（四）县区活动，丰富多彩

甘肃省86个县（市、区）高度重视科技活动周，按照省、市科技管理部门的相关部署，结合科技活动周总体要求，根据各自实际情况和群众需求，以科技促创新促发展、普及科学知识、丰富群众科学文化生活、送科技到基层为重点，突出区域特色，开展了一系列丰富多彩、群众喜闻乐见的科普活动，将科技创新、科普宣传真正深入到基层一线。

（五）广泛宣传，全民参与

甘肃省科技厅、甘肃省委宣传部、甘肃省科协与各市（州）、县（区）相关单位和部门加强协作，通力配合，整合资源，上下联动，发挥部门优势，加大对科技活动周的宣传报道力度，营造声势，在电视、广播、报纸、期刊等传统媒体和网站、微信、微博等新媒体分别进行了宣传报道，营造了科学生活的良好社会氛围。

专题篇

专题篇 新型研发机构建设进展

新型研发机构建设是深入实施创新驱动发展战略的重要载体，是提升区域创新体系整体效能的重要驱动力。近年来，甘肃省出台多项政策鼓励支持新型研发机构发展，并于2019年分两批组建新型研发机构24家，包括2019年9月支持建设的第一批新型研发机构11家和2019年10月支持建设的第二批新型研发机构13家。新型研发机构在不同领域持续释放活力，取得较好的技术创新成果，为经济高质量发展提供持续动能，对甘肃省建立以企业为主体、以市场为导向、产学研深度融合的技术创新体系和现代产业体系具有推动作用。本篇选取甘肃省15家新型研发机构，分享建设进展与成效、亮点与特色等，以期为甘肃省新型研发机构建设提供可复制的经验与做法，进一步盘活创新资源，实现创新链条的有机重组，促使科技创新活动突破地域、组织、技术界限，不断完善和优化甘肃省创新生态体系。

甘肃省新型研发机构科技创新进展概述

一、甘肃新型研发机构建设情况

甘肃省新型研发机构主要围绕重点产业领域布局，以产业技术创新为主要任务，以开展技术研发和应用为核心功能，兼具应用基础研究、成果二次开发、技术转移转化、企业孵化育成、产业投融资、科技服务等功能。甘肃省24家新型研发机构涉及科研服务、生物医药、农业、中医中药、节能环保、制造业、能源、材料等12个领域，分布在兰州、定西、白银、武威、天水、酒泉、张掖、临夏、甘南9个市州。见表1-1。

表1-1 甘肃省新型研发机构名单

序号	单位名称	成立时间	所在地
1	兰州大学白银产业技术研究院	2019年第一批	白银
2	兰州空间技术物理研究所	2019年第一批	兰州
3	兰州理工大学白银新材料研究院	2019年第一批	白银
4	甘肃省敦煌种业集团股份有限公司研究院	2019年第一批	酒泉
5	定西马铃薯研究所	2019年第一批	定西

续表1-1

序号	单位名称	成立时间	所在地
6	定西科技创新研究院	2019年第一批	定西
7	甘肃重离子医院股份有限公司	2019年第一批	武威
8	甘肃长城电工电器工程研究院有限公司	2019年第一批	天水
9	兰州和盛堂药物研究院有限公司	2019年第一批	兰州
10	甘肃亚盛农业研究院有限公司	2019年第一批	兰州
11	甘肃省商业科技研究所有限公司	2019年第一批	兰州
12	甘肃药物产业研究院有限公司	2019年第二批	兰州
13	甘肃省中药现代制药工程研究院有限公司	2019年第二批	兰州
14	兰州兰石能源装备工程研究院有限公司	2019年第二批	兰州
15	兰州大学应用技术研究院有限责任公司	2019年第二批	兰州
16	兰州牧药所生物科技研发有限责任公司	2019年第二批	兰州
17	甘肃省建材科研设计院有限责任公司	2019年第二批	兰州
18	兰州新区兰白试验区联合创新研究院	2019年第二批	兰州
19	甘肃省科学院磁性器件研究所	2019年第二批	兰州
20	甘南州牦牛乳研究院	2019年第二批	甘南
21	甘肃汇瑞发酵技术研究院有限公司	2019年第二批	武威
22	临夏燎原乳业产业研究院有限公司	2019年第二批	临夏
23	甘肃奥林贝尔生物工程研究院有限公司	2019年第二批	张掖
24	兰州肽谷研究院有限公司	2019年第二批	兰州

经过三年建设，甘肃省大部分新型研发机构达到了《甘肃省促进新型研发机构发展的指导办法（试行）》规定的建设要求，实现了"有场所、有平台、有团队、有投入、有产出、有制度"的基本功能，在促进科技成果转化、创业孵化、服务产业创新等方面取得了一定成效。

（一）基础条件与设施较为完备

新型研发机构依托重点实验室、工程技术研究中心、众创空间等重点创新创业平台和载体建设，不断完善开展研发、试验和服务等必需的基础条件和设施。主要开展各类基础与应用基础研究、产业共性技术研发与服务、科技成果转化与科技企业孵化服务等活动。24家新型研发机构依托94个省级以上创新平台建设，建设期内研发经费支出的43%用于购置科研仪器设备。

（二）研发资金投入基本稳定

积极争取国家、省级各项研发补助奖励资金和科研项目资金，通过承担一批重点领域的科研项目，开展成果产业化过程的中试实验、工业化试生产，提升了科技成果"工程化、产品化、产业化"水平。据调查，24家新型研发机构建设资金来源中，横向项目是其建设主要来源，政府资金在引导其他资金投入方面起到杠杆作用，24家新型研发机构承担横向协作项目1170项，实到经费37 465.5万元，并支出1578.9万元委托其他单位开展研发项目64项，一定程度上推进了产业链不同创新主体间的协作。

（三）创新人才队伍建设有效

大部分新型研发机构建立了一支结构相对合理的专职研发团队，通过直接或者柔性引才等方式，吸引、培养和稳定了一批研发人员及创新创业人才。据调查，24家新型研发机构引进专职研发人才226人，引进专职高层次人才科研启动资金及薪酬总额1913万元；获得人才（团队）支持计划17项，获得个人、团队荣誉21项。

（四）高质量技术成果转化加快

围绕市场需求开展技术研发及应用研究，形成一批较高水平的科技创新成果，为产业创新发展提供了有效的技术供给，通过团队研发能力提升、机制体制创新，加快促进了技术成果的市场化。据调查，24家新型研发机构取得各类成果1003项、转化260项，实现成果转化收入1.8亿元。

（五）孵化服务行业能力显现

甘肃省新型研发机构通过开展产业技术研发服务，强化研发平台孵化器功能，有效提升了企业孵化服务能力，为培育创业企业及新兴产业、完善和延伸产业链条、促进高校院所与产业企业联合提供了技术支持。新型研发机构以"面向产业，服务企业，推动产业发展"为导向，引导各类人才创新创业、加速科技成果转化。据调查，24家新型研发机构孵化企业39家，服务行业企业3813家，在研在孵项目44项。

（六）运行管理制度基本形成

甘肃省新型研发机构基本建立了管理运行的各项规章制度，各项内控制度正在不断完善和健全，部分新型研发机构探索建立了理事会领导制度、人才激励机制、引才用人机制、收益分配机制等，为机构正常运转提供制度保障。开放合作方面，24家新型研发机构建立50家开放合作平台，承办3项国际性学术活动，参加37项国际学术活动。

二、甘肃省新型研发机构建设突出做法

近年来，甘肃省深耕科技创新创业，促进成果转移转化，着力"集聚、整合、激活、撬动"创新资源，加快以科技创新带动产业创新，构筑区域发展新优势。新型研发机构建设，契合产业发展需求和创新难点，对加快产业结构调整升级、打造优势产业链自主创新体系、增强高质量发展支撑引领能力具有前瞻意义。经过建设，甘肃省新型研发机构发展呈现了一些亮点、形成了一些独特做法。

（一）行之有效的政策指引

2019年科技部制订并发布《关于促进新型研发机构发展的指导意见》，明确新型研发机构的定义、条件和发展原则，2020年，甘肃省发布《甘肃省促进新型研发机构发展的指导办法（试行）》，为引导甘肃省新型研发机构健康有序发展提供了基本遵循，为探索科技与产业融合提供了一条可探索可创新的路径，如何实现高水平科技自立自强，试行新型研发机构建设的决策正当其时。

（二）实力较强的依托单位

部分新型研发机构具有一定基础设施、技术积累、优势资源和人文环境，为后续机构建设提供保障。如兰州大学白银产业技术研究院依托兰州大学基础研究成果，提供创业平台，鼓励高校教授自主创业转化成果，利用兰州大学毕业人才资源，吸引校友入驻创业，互惠互利、协同发展，同时增强了研究院服务地方的能力。

（三）改革魄力的领导团队

部分新型研发机构，领导者或领导团队起到了关键引领作用，领导层的勇于变革、敢于创新，推动了机构的创新发展。如甘肃省商业科技研究所有限公司在其领导团队带领下，机构不断发展壮大，将主营业务由从事检验检测、技术创新培训延伸至科技综合服务，帮助中小企业开展科技研发与成果转化、人才培养和市场开拓。

（四）特色优势的技术支撑

部分新型研发机构具有自主知识产权技术，可灵活实现技术转移、成果转化、产业应用，以研发优势促进产业发展。如甘肃省科学院磁性器件研究所根据磁力传动技术，研制生产磁力传动产品，参与核电领域设备研发及生产，市场反响良好。兰州兰石能源装备工程研究院有限公司在绿色现代煤化工工艺及装备、新能源技术和装备、集成化数字化智能化技术与装备等方面处于国内前沿水平，首台套国内自主研制的1.6MN径锻机组EPC总包项目出口缅甸。

（五）灵活有效的市场运作

部分新型研发机构重视市场运作，研发活动以满足市场技术需求为导向，针对性开展研发、设

计、检测等活动，探索市场化人才激励机制，调动研发人员积极性，降低企业前期研发投资风险。如甘肃省敦煌种业集团股份有限公司研究院以商业化育种为主线，重视制种生产成本分析和风险控制，实现新品种成果转化。兰州和盛堂药物研究院有限公司运用"科学家合伙人制"模式，吸纳全国优秀科学家，在心脑血管、神经系统、新型生物医疗器械方面开发了一批拥有国际、国内领先水平的新产品。

兰州大学白银产业技术研究院

一、建设进展及成效

（一）基本情况

兰州大学白银产业技术研究院（以下简称"研究院"）成立于2016年7月19日，是兰州大学、白银市政府、甘肃省科技发展投资有限公司、白银科技企业孵化器共建的民间非企业机构。

研究院由兰州大学功能有机分子化学国家重点实验室和化学化工学院负责管理，由白银市科技局和白银科技企业孵化器指导工作。以服务白银乃至甘肃和西部的科技企业为宗旨，充分发挥兰州大学的科研优势、利用兰州大学的技术力量、社会影响力及校友资源，通过技术服务、成果转化、联合开发、技术资本与金融资本融合等方式开展工作。

研究院实行理事会指导下的院长负责制。理事会由各理事单位、兰州大学校友、行业专家组成。结合兰州大学的技术力量和校友企业的经营管理、商业推广力量，下设研究所，包括化学药研究所、食用与药用植物研究所、基因工程菌开发与应用研究所、材料研究所、绿色技术研究所、环保技术与工程实验室、分析检测公共服务平台。研究院托管于兰州大学的三个校友企业，分别负责中试放大和生产、平台和成果的宣传推广、产品销售和技术转让。研究院院长由兰州大学指派，副院长和研究所所长来自于兰州大学、兰州大学校友企业等。

（二）建设进展

研究院使用白银高新技术产业开发区白银科技企业孵化器基地已经建成的8号科研楼作为执行场地，现有占地面积8600m²，配置相应的办公设备及公用设施。研究院拥有超过一千万元的分析检测设备，依靠兰州大学化学化工学院和功能有机分子化学国家重点实验室，可以满足医药中间体、原料药、精细化学品、天然产物、矿物、材料等的定性定量分析的需要。其中包括小试实验室2000m²，工艺放大实验室1000m²。拥有中试放大设备超过30套，包括酶催化设备、固定床催化设备、高压反应设备、低温反应设备、自动提取设备、高分子材料加工与性能测试设备等，同时中试车间有超过12套的500~5000L中试设备。

围绕白银产业发展实际需求和兰州大学优势成果，研究院侧重于三个方向、八个方面的工作，医药（化学药中间体和原料药、中药材）、材料（高分子材料、小材料用有机小分子）、安全-环保-

职业健康（三废处理技术和工程、职业健康、绿色安全技术）。其中，绿色安全技术主要侧重于基因合成和酶催化工艺、微通道等连续流安全生产技术、水相合成技术。

研究院定位于联系高校、研究院、企业、投资机构和政府的公共服务平台，覆盖基础研究、应用研究、中试放大和产品生产销售的研发链条，将基础研究成果负载到产品之上，打造政产学研的创新体系。

1.依靠政府和兰州大学，共建专业化公共技术服务平台

兰州大学白银产业技术研究院结合兰州大学学科优势和甘肃产业需求，建立了多个专业化公共技术平台，包括国家-地方联合工程实验室（国家发改委）、国家级国际联合研究中心绿色催化与合成（科技部）、分析检测公共服务平台（白银科技企业孵化器）、兰州大学功能有机分子化学国家重点实验室技术转移中心、高分子材料合成与性能测试公共服务平台、环保技术与工程实验室、新药与新材料研发-中试-检验检测公共服务平台。正在筹建的平台有化工技术安全评价公共服务平台。

以分析检测公共服务平台为例，三年来为白银地区企业提供检测服务5万多次。通过这些平台各位老师和企业开发完成了多个项目，其中部分项目已经转化生产，创造经济效益。

2.合作开发创新项目，吸引兰大校友企业落户甘肃

研究院获批建设了甘肃省众创空间、白银市众创空间、甘肃省技术转移示范机构。已吸引兰州大学教师和校友在研究院注册公司，目前已入驻企业10家，多为拥有领先技术的初创型企业，已有2家在白银落地建厂，入驻企业累计获得投资1亿多元。入驻企业甘肃天立元生物科技有限公司和白银图微新材料科技有限公司入库科技型中小企业，甘肃皓天化学科技有限公司获得高新技术企业称号；白银图微新材料科技有限公司完成聚硫酸酯合成中试生产，完成了聚硫酸酯水处理膜应用开发研究，有望实现国产替代和国产领先；甘肃皓天化学科技有限公司在研究院建立快速研发、公斤级研究平台，开拓创新药CDMO业务；2021年所有入驻企业销售收入超过2亿元。

3.构建技术成果和企业需求交流平台

研究院积极对接兰州大学专利技术和企业技术需求，充分发挥平台纽带作用，目前已促成8项专利技术的转让。兰州大学的科研人员以企业重大需求为目标导向，开展原创性基础性研究，从技术变革方向解决产业共性难题。

4.利用兰州大学技术和人才的优势，做好地方服务工作

兰州大学白银产业技术研究院共举办培训讲座80多场，参与人员超过2000人次，技术咨询50余次，组织参与白银市各类招商引资活动10余次，组织近50家企业赴白银进行考察，落地白银企业超过10家。

(三) 建设亮点与特色

兰州大学白银产业技术研究经过多年的发展和探索，形成了以下运行模式，为兰州大学技术成果转化和甘肃省高质量发展提供了强有力的支撑平台。

1."共享开放平台"模式

研究院依托兰州大学的平台、仪器设备、人才队伍和校友资源，在白银市的支持下整合了白银科技企业孵化器和入驻企业的设备、人力、商业等资源，建成面向所有企业事业单位和专家团队开放专业化的公共技术开发服务平台、成果对接与转化平台。兰州大学的科研人员、校友企业、投资机构可通过该平台获取市场和行业需求信息，进行立项、研发、转化和生产。

研究院作为技术开发和技术转化平台，兰州大学科技成果可通过平台进行中试放大，形成可用于生产的技术包，确保技术的完整性、可行性，搭建科研机构和企业、科技成果和市场之间的桥梁。研究院也是政府智库，帮助政府了解行业信息、规划行业发展、招商引资、引进人才，也可利用研究院的技术成果和商业渠道聚集人才、聚集项目、聚集企业。

2.孵化器模式

研究院提供场地、设备、技术咨询和指导、商业服务等，吸引技术开发团队携带技术成果入驻并进行技术转化和商业推广。协助项目团队注册企业或以技术成果投资参股其他企业，使技术成果快速进入产业化和产品化阶段，孵化新企业或者提升老企业的技术水平，扩展其他企业的产品线。

二、存在的主要问题

（一）制度与政策层面

兰州大学白银产业技术研究院为民办非企类新型研发机构，是当前创新驱动发展形势下一种新型科技创新平台，集合了信息、技术、人才、知识等诸多共享要素，形成一个有利于提出原创性理念、开展科学研究、转化科技成果、收集创新信息以及交流与扩散的共享平台。

由于其公益性服务和"共有性"特征，民办非企类新型研发机构的角色定位仍较为模糊，属于"三无"和"四不像"单位。相比较其他类型的新型研发机构，其研发人员、机构规模、技术水平等方面整体发展水平仍较弱。民办非企单位的"民办"和"非企业"特点，亦使其面临着资源约束、市场化不够、发展动力不足等制约因素。

公共服务供给制度制约。民办非企类新型研发机构不同于一般意义的公益类民办非企业组织，可给社会带来较大的外部效应。但受机构投资方的行为约束，未能充分发挥民办非机构的职能，使得该类机构处于盈利与公益两难境地。

（二）资金、人才、技术层面

发展资金不足，融资难。民办非企类新型研发机构具有轻资产的特点，除自有资金以外，多样化的融资渠道不畅。政府项目未能考虑民办新型研发机构"小而弱"的特点，制订民办非机构、传统科研院所、高校、企业等类型统一的申报条件，使得民办非企类新型研发机构缺乏竞争力。

三、对策建议

完善政府购买公共服务制度。加大财政支持力度，强化民办非企机构的公益性非营利特征。民办非企类新型研发机构，从事的研发工作风险大、投入大，外部效应明显，研发的领域聚焦前沿，政府应加大对此类服务的购买力度，保障其研发工作顺利开展。

探索新型研发机构分类管理机制。结合各新型研发机构特点，围绕政府自建型、政府共建型、企业自建型和境内外合作等不同类型机构，建立其申报及评价指标，充分考虑各类型发展重点和目标，对其进行分类管理，引导其充分发挥公益性价值和公共服务能力，为相关产业发展提供支撑。

甘肃省敦煌种业集团股份有限公司研究院

一、建设进展及成效

（一）基本情况

甘肃省敦煌种业集团股份有限公司研究院（以下简称"研究院"）是由全国首批育繁推一体化种子企业、国家农业产业化龙头企业甘肃省敦煌种业集团股份有限公司在原有的种子研发中心基础上于2012年成立的独立研发机构，2014年完成注册并开始实体化运营，法人性质为公司制企业法人。研究院于2019年入选甘肃省首批新型研发机构。

研究院自组建成立以来，立足于育繁推一体化经营的建院宗旨和强品种、强企业、强产业的总体发展思路，以打造国内一流科技创新企业、一流育种创新团队、一流创新成果为创新发展目标。按照"以产业技术研发为核心，打造兼具应用基础研究、成果转移转化、科技企业孵化培育、产业投融资及高端人才集聚培养、产业合作交流、战略咨询等功能的企业化管理、实体化运行的产业领域重大新型研发机构"的总体功能定位，围绕玉米、蔬菜等农作物商业化育种与成果产业化、市场化，坚持面向国际前沿育种技术、国家玉米产业重大需求、国家玉米主产区，实行"自主研发为主，合作研发为辅，购买品种权和技术为补充"的研发创新模式，全面推进商业化育种创新平台建设，主攻育种新技术、新材料、新品种三大创新，持续加强适宜不同区域条件和满足各地多元化市场需要的玉米等农作物新品种培育与示范，构建以商业化育种为核心的研发创新体系、以质量控制为核心的生产加工体系、以产品服务为核心的市场营销体系，形成了从研发、生产到加工、销售为一体的全产业链发展格局。

(二) 建设进展

1.提升研发基础设施，搭建商业化育种创新体系

研究院先后在甘肃酒泉、黑龙江呼兰、吉林公主岭、河南新乡、四川成都和海南三亚建成6个育种站，77个规范化测试站和生态试验点，建立稳定的育种基地84hm²，形成了覆盖国家玉米主产区的"一院六站"商业化育种体系。建成标准化种质资源库1900m²，玉米种质资源保存数量9.65万份，占甘肃省保存数量的60%以上，建立了33.34hm²种质资源鉴定圃，建成了生物育种实验室，自主开展种质资源表型鉴定和遗传多样性分析，开发了自主知识产权育种管理系统。

2.打造研发创新团队，构建科研创新人才高地

特聘戴景瑞院士为公司首席育种科学家，聘请国家玉米产业技术体系李新海等20多位国内玉米产业高端技术人才为公司育种专家，形成了以院士专家领衔的顶层设计、品种选育、测试转化、生物技术应用、项目开发5个专业化团队，现有专兼职研发人员87人，其中高级职称45人、研究生32人，并与国内外30多家优势团队开展技术合作，建立了协同合作、高效运转的研发创新队伍。

3.持续加大科研投入，建立研发投入保障机制

将每年种子产业营业收入的3%以上作为研究院的研发专项经费，并不断拓宽投融资渠道，积极争取国家、省级各项研发补助项目资金，将新品种、新技术的成果转化收入中的研发团队奖励和转化费用摊销剩余资金全部用于研发创新再投入，并积极通过现金投入、合作项目、技术委托及技术种质资源折价入股等多种形式吸纳其他科研院所、企业和技术人员投入，建立了以单位研发投入、项目资金投入、成果转化再投入和吸纳社会投资为主的多元稳定投资机制，研究院年均研发投入稳定在2000多万元，近年来累计研发投入已超1.5亿元。

4.深化科研项目攻关，搭建产学研用协同创新平台

结合研究院的功能定位，加大科研平台的申报和争取，先后主持成立了甘肃种业领域唯一的院士专家工作站、博士后科研工作站和企业创新联合体，组建了农业农村部机械化生产玉米品种创制重点实验室、杂交玉米育繁推国家地方联合工程实验室等国家级、省级创新平台13个，主持参与国家级和省市级的重大、重点科研项目56项，获得国家和省市级科技奖励30项、授权发明专利和软件著作权22项，构建了紧密高效的产学研用链条。

5.创制优异种质资源，持续推进优势品种选育

利用SSR、SNP技术规模化开展种质资源的类群划分、杂种优势预测、品种差异性比较、纯度真实度鉴定、同质化和转基因检测、自交系指纹图谱信息和DNA数据库构建等种质挖掘利用，全面启动单倍体育种工作，年可生产DH系10 000个左右。结合种质材料规范化鉴定筛选利用，稳步推进以杂交组合配制与选拔为主的市场需求性品种研发工作，每年参加国家和各玉米主产区省级品种

审定试验的品种保持在30~50个，有8~10个新品种通过审定。累计选育优良自交系162个，审定玉米新品种45个，其中国审品种20个，结合新品种研发申报植物品种权175件，获得授权20项。

6.加大集成技术研究应用，提升育繁推一体化水平

以自主知识产权品种敦玉系列玉米新品种为主要试验研究对象，开展制种玉米标准化种子生产技术集成研究与示范，结合研究工作的开展申报并获批敦玉328、敦玉706、敦玉735等杂交玉米新品种的（甘肃省）地方标准7项，制订完成敦玉系列玉米新品种良种繁育和生产技术规程22项，制订制种玉米田改良培肥、病害综合防治等技术规程8项，在国家和省级各类期刊发表学术论文25篇。

7.强化品种产业化开发，稳步提升市场占有率

加快已审定品种等科研成果的转化力度，累计在黄淮海、东北、华北及西北玉米主产区建成玉米新品种及配套技术示范点126个，新品种、新技术示范面积累计达146.67万hm²。通过大规模试验示范和有效成果转化，研究院近年来选育的45个玉米新品种全部投向市场，其中国审品种敦玉15在西北区域持续推广已近十年，机收品种敦玉27在新疆和黑龙江垦区得到市场高度认可，敦玉213连续三年被列为黑龙江第一积温带主导品种，敦玉735和敦玉810市场表现突出，当年审定、当年大面积示范推广，新品种累计推广面积已超373.33万hm²，增加经济效益33亿元以上，有效带动农业增效、农民增收。

8.强化孵化能力建设，不断提升孵化服务功能

结合研究院功能定位，立足海南省自由贸易港的政策区位优势，依托中国"南繁硅谷"战略高地，于2020年9月在崖州湾科技城注册成立集科研、生产、销售、科技交流、成果转化为一体的二级子公司——海南经济特区敦种作物种子研究院有限公司。利用成都高新区科研、成果转化、创新企业培育等配套政策，以科研创新成果的应用、转化及经济效益为主要目标，于2020年11月成立了成都敦种作物农业科技有限公司。

（三）建设亮点和特色

1.完善现代运行制度

在实行原有的按照"一级法人，分级管理，授权经营，独立核算，自负盈亏"公司管理运行体制的基础上，成立了新型研发机构理事会，实行理事会决策下的秘书长（机构执行主任）负责制，搭建了"领导机构+联合创新中心+服务平台"三位一体组织模式，全面推行综合管理"制度化、程序化、规范化"和研发管理的"标准化、效率化、人性化"，建立了组织机构科学、业务范围明确、岗位分工明确、业务逻辑合理、分配体制完善、具有统一发展战略、独立经营核心的管理体系，形成了以市场为导向的农作物种子开发、转化、辐射产业化运行模式。

2.强化人才队伍建设

依托已建立的院士专家工作站、博士后科研工作站积极开展人才引进，从项目、薪酬、奖励、配套条件等方面确定引进和培养人才的具体措施，引入柔性流动机制，推行固定与流动、专职与兼职相结合的高层次专业人才管理办法，允许高层次专业人才通过兼职、定期服务、技术开发、项目引进、科技咨询等方式参与机构的各种活动，通过智力引进、智力借入、兼职等柔性机制和共建培训基地、校企院企合作等措施，加强人才引进与培养培训，形成知识与年龄结构合理、专业层次互补的人才梯次发展格局。

3.加大市场化体制建设

按照商业化育种、市场化开发的思路，做好新品种制种生产成本分析和风险控制，开展大面积熟期、密度、施肥、灌水等项目梯度试验及栽培技术试验，评估制种生产成本，精准品种定位试验，确定优势制种生产区域，形成技术规程，控制降低推广风险，并根据研发成本、市场表现，在适宜区域内选择销售能力强的3~5个销售企业或团队，进行条带试验，加速育种品种及研发技术与市场的对接。

4.构建合理的收益分配机制

建立岗位与能力相匹配、薪酬与岗位价值相挂钩的工资机制，实绩与考核、成果与奖金挂钩的激励机制。实行机构建设和任务委托的双重契约制，建立以契约为导向的知识产权分配模式和平台化的知识产权服务体系，按照契约划分、管理成员的知识产权权益，推动知识产权不断实现增值，形成良性的研发反哺机制和团队权益分享机制。加大成果转化力度和销售提成奖励，加快落实研发人员新品种提成奖励，全面激发研发人员的内生动力。

5."院园"联动推动产业创新升级

将研究院纳入甘肃酒泉国家农业科技园区和酒泉肃州国家现代农业产业园建设园区建设规划，充分利用现代农业园区的聚集效应，强化和拓展农业园区与新型研发机构产业创新融合力度，加大技术引进和人才培养，依托园区建设强化地方政府对新型研发机构发展的资金支持，形成"院园"资源共建、共享、共通、共荣的优良区域创新生态环境。

6.对接创新资源推进产学研合作

深度挖掘和广泛对接国内外种子产业的创新资源，推进与中国农科院、中国农业大学等玉米产业优势团队在种质资源交换利用、新品种合作选育、单倍体和转基因等生物育种技术等方面的校企、院企合作，构建紧密高效的产学研合作模式。充分利用发起单位自身龙头企业和平台资源，联合共建新型研发机构，实现以企育企、以企兴企、以企带企，将机构培育成敦煌种业的平台型企业。

7. 聚焦产业方向，提升机构创新能力

围绕机械化、专业化等产业创新需求和发展方向，面向国际前沿育种技术、国家玉米产业重大需求、国家玉米主产区，开展前瞻性关键共性技术研究，健全完善以市场为导向的商业化育种体系，覆盖国家玉米主产区"一院六站"的商业化育种体系也日臻完善。引进国内外比较成熟的科研成果进行二次开发，引进的分子标记、单倍体、信息化等育种技术在机构内得到良好应用，在提升育种效率的同时有效降低了研发成本。强化运营管理能力提升，实行投管分离、充分赋权，聘用职业经理人，实现专业化管理。

8. 建立多元投入机制

敦煌种业每年将种子经营收入的3%以上作为机构研究创新和发展专项经费，不断拓宽投融资渠道，积极争取国家、省级各项研发补助项目资金投入拉动产业创新，将新品种、新技术成果转化收入中的研发团队奖励和转化费用摊销剩余资金全部用于研发创新再投入，并积极通过现金投入、合作项目、技术委托及技术种质资源折价入股等多种形式，吸纳其他科研院所、企业和技术人员投入，建立了以单位研发投入、项目资金投入、成果转化再投入和吸纳社会投资为主的多元稳定投资机制。

二、存在的主要问题

（一）制度、政策等

新型研发机构具备"投资主体多元化、管理制度现代化、运行机制市场化、用人机制灵活化"的定位和特点，协调新型研发机构的公益属性和企业营利性之间的矛盾、厘清运营组织管理的定位，是其面临的首要问题，表征新型研发机构与其他企业牵头的科技创新平台、基地之间的差异也是面临的突出问题，新型研发机构在地方层面缺乏有效的政策支持和运行体制保障措施。

（二）技术、人才、资金等

1. 现代生物育种技术应用不足

当前以全基因组选择、转基因技术、基因编辑等为代表的生物育种技术已成为国际育种的前沿和核心，正在蓬勃迅猛发展。研究院自成立以来虽有针对性地引进应用了分子标记、单倍体等现代生物育种技术，但由于生物育种技术投入、配套条件等方面的限制，在转基因、基因编辑、智能化育种技术等现代育种技术应用方面相对比较滞后。

2. 高端技术人才相对缺乏

受研究院所处区域和地理环境、总体薪酬水平、配套条件补助措施等因素的限制，高端人才引进难度较大，引进的人才留不住。虽然近年来结合育种研发工作需求引进了一批产业技术人才，但人才流失较为严重,生物育种、现代信息技术等方面的高端人才相对匮乏。

3.研发资金较为紧张

研究院在敦煌种业集团公司的支持下建立了稳定的研发投入机制,年研发经费稳定在2000万元左右,由于农业研发工作自身存在研发回收周期长、前期投入大、成果收益不稳定等特点,加之现代生物育种技术应用需要庞大的资金支持,研发经费仍然较为紧张。

三、对策建议

(一)政策层面

一是进一步明确新型研发机构的功能定位,支持其在项目申报、职称评审、人才培养、建设用地保障、重大科研设施和大型科研仪器开放共享、投融资等方面享受科技事业单位同等待遇;二是加大对新型研发机构配套项目方面的支持力度;三是加快建立自上而下的支持新型研发机构发展的联动机制,进一步提升新型研发机构的创新成效。

(二)操作层面

建立与创新成效、能力建设、研究院发展、社会贡献相结合的新型研发机构绩效评价体系,由第三方机构按要求开展评价,并根据评价结果加大对新型研发机构的补助力度。

定西科技创新研究院

一、建设进展及成效

(一)基本情况

定西科技创新研究院(以下简称"研究院")是市委、市政府搭建的一所集决策咨询、科技研发、成果转化、创新服务等于一体的综合性、市场化科研机构,自2019年2月组建成立以来,得到了定西市委、市政府的高度重视、关怀支持和省科技厅、市直相关部门、县区的帮助指导。三年来,研究院充分发挥"政府+市场"的独特优势,努力开创定西市民营科技工作新局面,已取得阶段性工作成效。2019年被认定为甘肃省第一批新型研发机构、被定西市政府评为全市优秀科技创新平台。

研究院按"一院多中心一智库"的模式进行构建,实行理事会领导下的院长负责制。现有在职和兼职人员56人,其中固定人员17人。下设中医药、马铃薯、草牧、果蔬、农机装备、新材料等6个科技创新中心和科技创新服务、中医外治研究、设施农业研究和畜禽绿色养殖、芦笋产业等5个研发中心。先后与国内30多家高校院所建立了稳定的科技合作关系,分重点产业领域,聘请了相关专家团队,建立了由139名市内外知名专家组成的专家咨询智库。在陇西、岷县、渭源3

县设立了分院。

（二）建设进展

1.积极开展科技研发

一是依托6个科技创新中心，联合市内外相关科研、技术推广机构，自主或联合实施科研项目（课题）16项，已取得《中医外治祖传秘方"一擦灵"挖掘整理与临床应用》《中药制剂速愈宁治疗带状疱疹临床应用研究》《面瘫扶正膏穴位贴敷治疗面神经麻痹的临床应用研究》《中药祖创膏治疗难愈性创面修复研发与应用》《芪黄烧伤肤活油研制与临床疗效观察》《蛋鸡无抗养殖集成技术示范》《中药材绿色仿野生种植集成技术研究与示范》等科技成果7项，其中《蛋鸡无抗养殖集成技术示范》获定西市2021年优秀科技成果二等奖，《中药材仿野生栽培试验研究》获2022年优秀科技成果二等奖。二是重视研发平台建设，依托研究院中医外治研究中心，积极对接广州中医药大学、甘肃省中医院、世界中医药学会联合会、甘肃中医药大学等高校、研究机构，在定西华医中西医结合医院设立了4个知名专家工作站。

2.强力推动成果转化

联合相关科研机构和技术推广部门，先后主持或参与实施《中药材仿野生种植技术引进示范》《中药材气调养护绿色保质技术应用》《金银花新品种引进示范》《新资源环保昆虫黑水虻引进示范》《中药农药"世创植丰宁"新成果示范转化》等科技成果转化项目20多项，其中《定西城区餐厨垃圾生物化处理资源化利用技术研发与应用》《定西畜禽粪污生物化处理资源化利用技术研发与应用》两个项目已完成，已申报科技部门组织鉴定验收。《中医药传承秘方诊治烧烫创伤技术集成与应用》列入2021年省科技厅民生科技专项，《中药材绿色仿野生种植集成技术研究与示范》《肉蛋鸡绿色养殖资源化利用技术研究与示范》《半干旱生态区高效植物芦笋、欧李集成技术研究与示范》《定西金银花质量评价研究》《中医药传承秘方"芪黄止痛肤活膏"技术集成与应用》等5项列入2021年市级科技计划支持项目。研究院参与实施的定西市《中药农药"世创植丰宁"新成果示范转化》项目，示范面积累计达到1.93万hm^2，在中药材上增产率高达20%以上，在马铃薯和蔬菜上增产10%以上，增产防病效果明显，为定西市发展绿色高效农业提供了有力支撑。

3.全力开展创新服务

依托专家"智库"，主动对接企业和科研技术推广部门，及时解决关键技术需求。组织专家小分队，深入企业上门开展技术咨询指导等创新服务。围绕解决优势特色产业发展中的技术难点，共举办各类技术培训班33期、受训3000多人次。咨询指导定西华医中西医结合医院参加第九届中国创新创业大赛，参评项目获甘肃赛区企业成长组一等奖、全国优秀奖，在研究院指导下，该院2021年又获甘肃省首届中医药产业创业创新大赛创业组一等奖。承担编制《定西市"十四五"科技创新规划》，于2021年12月2日，由定西市政府办公室正式印发实施。牵头组建"定西市中药材现代种业科技创新联盟",积极助推陇药产业创新发展。咨询指导陇西县争取《国家区域性中药材良种繁育基地建设》项目,已立项获批,2020年到位资金480万元。参与承办定西市第二届创业创新大赛,得到各主办方参评单位和社会各界的一致好评。积极为政府决策提供服务,共撰写《多措并举 加快发展中药大健康产业》《加快推进中药产业转型升级高质量发展》等研究报告9篇,其中研究院主要负责人撰写的《建议因地制宜大力发展中药材仿野生种植》一文,被甘肃省委办公厅《甘肃信息》(决策参考)第2期采用。积极对接甘肃华标教育集团,通过招商引资,在定西成立定西科技创新研究院华标科技职业培训学校。从西安引进设施农业科技型企业,在定西落地成立甘肃至诚铧业农业有限公司。依托研究院科技创新服务中心,培育孵化认定高新技术企业6家,定西华医中西医结合医院培育认定为2021年甘肃省第五批科技型中小企业。

(三)建设亮点与特色

在三年多运行实践当中,研究院始终坚持改革创新,认真履行"服务企业、服务产业、服务经济"的宗旨,主动作为、开拓进取,力求取得成效。

1. 主动对接,开展合作

针对定西高校、院所少、科技研发力量薄弱、创新型高层次人才匮乏、有效科技成果供给不足等突出问题,围绕解决定西市特色优势产业和地方特色工业发展中关键技术需求,主动对接相关科研机构,广泛开展科技合作。在科技合作中,一是拓展合作范围,由省内合作向省外、国外发展;二是改革合作模式,由松散型、大框架式的合作向紧密型的专项合作转变,合作内容力求具体可行、可操作;三是创新合作机制,对辖区内企业进行调查摸底,针对急需技术需求,对接相关科研院所,采取委托研发、联合开发、成果转化、共同实施科技攻关项目等多种途径,进行广泛科技合作,积极助推科技成果引进集成与研发转化。

2. 围绕需求,推动转化

一是全面掌握成果需求。深入企业和农业生产一线,系统了解农业、工业领域关键技术需求,为有针对性地对接科研机构提供精准信息。二是深入了解成果供给。系统了解市内外相关科研机构最新研发成果,建立科技成果信息交流平台,向企业等需求方及时发布最新成果信息,推动供需对接。三是建立科技成果评价机制。组织同行专家,对科技成果的价值、市场前景、风险和预期收益等进行客观、公正的评价,为科技成果落地转化提供科学可行依据。四是创新转化模式。农业类科技成果,通过"科研单位+合作社+基地"的模式进行转化,工业领域的科技成果采用"科研单位+企业"的模式转化落地。五是创建科技成果示范转化基地。积极对接农业园区、工业集中区、开发区、高开区和重点科技型企业,分产业分领域建立新成果示范转化基地。

3. 整合资源，助推研发

目前定西市现有的科技研发机构和创新平台，受人才、资金、手段等条件制约，自主研发能力十分有限。虽然农业领域在新品种创制、旱作农业、适用技术集成、农机装备制造等方面具有一定研发优势，但在新材料、农产品深加工、新能源等方面却滞后于生产需求。针对现状问题，一是有效整合市内现有科研单位、研发平台、民营科研机构等科技创新资源，分类制订研发计划，有目的地开展科技研发。二是推动市内研发机构积极对接省内外科研单位，根据当地关键技术需求，实行产学研紧密结合，联合开展科技研发。三是依托市内各类创新平台，以项目合作为纽带，根据企业技术需求，联合省内外实力较强的人才团队和研发机构，共同开展研发。

4. 提升能力，强化服务

遵循"服务创新型企业、特色产业、创新人才团队、研发平台和经济发展"的原则，突出自身特色优势，全力开展创新服务。一是依托新型研发机构建立专家"智库"，针对定西市内各领域的科技需求，及时向专家团队反馈信息，并了解掌握他们的最新科技成果，与相关企业进行对接。二是深入企业开展调研。系统了解掌握企业科技合作、联合研发、成果转化情况和技术需求，为开展针对性地服务提供可靠依据。三是组织专家小分队，深入企业和生产一线开展技术咨询、指导和培训服务。四是开展对接考察。组织专家团队，赴省内外相关科研机构和大型科技型企业，带着技术需求进行考察学习，引进新成果、推动及时转化。五是积极为企业提供相关服务。包括科技项目策划、成果评价、引进人才和技术咨询、人才培训等。

二、存在的主要问题

作为省级重点新型研发机构，从成立以来的运行实践来看，虽然取得了一定成绩，但与省、市期望和高标准要求相比，还存在较大差距。

（一）工作创新性仍需提高

民营非企市场化运作的科研机构在定西市尚属首创，既无经验可鉴，又无先例可循。从现状看，目前研究院工作创新性仍然不够，开拓精神仍然不足，存在创新不够、视野不宽、能力不足、效率不高等突出问题。

（二）自主创新能力还需提升

研究院的发展仅靠财政支持远远不够，自身创新能力仍需提升。需主动对接各相关部门、县区和市内科研机构，努力探索承接政府购买服务、联合实施项目、开展第三方服务等有偿服务的途径，争取支持和帮助，共同推动科技创新工作。

(三)内部管理和工作效率仍需优化

目前院内固定人员少、人才少,服务能力有限,急需整合院内科技资源,进一步梳理工作思路,明确工作重点,强化工作举措,建立灵活有效的内部激励机制。

三、对策建议

(一)坚持多样化模式组建

与政府包办的传统科研机构相比,新型研发机构的建设主体呈现多元化特征。目前市内出现的新型研发机构,主要有三种类型:一是政府主导型,如岷县当归研究院、陇西中医药创新研究院、定西畜牧兽医科技研究院等;二是企业主导型,如定西马铃薯研究所等;三是政府市场结合型,如定西科技创新研究院等。以上三种类型,各具特色,优势独特。借鉴外地先进经验,定西要发展独具地域特色的新型研发机构,在模式上要突出建设主体多元化,更加注重培育机制灵活的市场化主体,多发展一些市场、企业主导型的模式,对政府主导型的新型研发机构要进行改制,引入市场竞争机制,真正打造机制灵活、运行高效、功能完备、运作有为的新型研发机构。

(二)坚持多元化投入保障

新型研发机构要获得持续发展,资金是硬件保障。结合定西实际,新型研发机构在投入保障上应建立以政府投入为引导、企业为主体、社会投入为补充的多元化格局。新型研发机构的经费来源,要通过政府补贴、争取实施科技项目(课题)、推行院(所)企合作、开展有偿服务等多途径多渠道获得。

(三)坚持以市场需求为导向

市县两个层次的新型研发机构,主要任务是紧盯当地特色优势产业、战略性新兴产业、生态产业的转型升级和培育壮大,以技术需求为导向,以推动产业发展为目标,全力抓好"二个对接",积极对接国内外科研机构和市内科技型企业;"三个密切联系",密切联系市内新型研发机构、科研、技术推广单位和相关部门;开展好"四项重点业务",即科技合作、新技术引进集成、新成果转移转化、科技创新服务;推动好"五项创新工作",即科技型企业孵化、联合实施科技项目、集聚与培养各类创新创业人才、助推现代农业和创新平台建设。

(四)坚持企业化管理模式

新型研发机构具有功能定位综合化、研发模式集成化、运行模式柔性化等特征,独立核算、自主经营、自负盈亏、可持续发展、政产学研用实质性紧密结合,是区别于传统国有独立事业性质科研单位的显著特点。在内部管理上,严格按《章程》办事,实行理事会领导下的院所长负责制,大胆聘用高层次人才,引入竞争机制,完善内部管理制度,实行绩效挂钩,充分激发科技创新人才的积极性和创造性。除企业组建的新型研发机构外，政府市场结合型和市场化联合组建的综合性新型研发机构，要结合当地产业发展技术需求，内部设立若干个技术创新中心，同时还要成立智库，明确任务、明晰职责，层级管理、各司其职，突出重点、积极突破。

（五）坚持动态化监管原则

依据国家和省上出台的《关于促进新型研发机构发展的指导意见》和《甘肃省促进新型研发机构发展的指导办法（试行）》，制订出台独具定西特色的"发展规划"和"实施方案"，加大力度进行培育扶持。构建新型研发机构绩效评价指标体系，定期开展运行绩效评价。依据绩效评价结果，实行优胜劣汰，并作为扶持依据。相关部门要对辖区内的新型研发机构进行跟踪监管，建立新型研发机构数据库，发布新型研发机构年度报告，开展动态监测监管。尤其要对新型研发机构承担的各类科技计划项目进行监督，对违反科技计划、资金管理规定、科研诚信等行为，依法依规予以问责处理，通过科学的考核评价和监督管理，确保新型研发机构规范运行、高质量发展。

甘肃重离子医院股份有限公司

一、建设进展及成效

（一）基本情况

2012年5月，武威重离子治疗肿瘤中心项目开工建设；2019年9月29日，经国家药品监督管理局批准获得注册许可证；2019年11月29日，经国家卫健委批准获得重离子放射治疗系统配置许可证，同年，甘肃重离子医院股份有限公司（以下简称"重离子医院"）被认定为甘肃省第一批新型研发机构；2020年1月20日，获得重离子放射诊疗许可证。2020年3月26日开始临床治疗，目前累计收治病人546例。治疗病种有脑胶质瘤、脑膜瘤、腮腺腺样囊性癌、恶性黑色素瘤、上颌窦肉瘤、肺癌、恶性胸腺瘤、胰腺癌、肝癌、前列腺癌、膀胱癌、四肢及椎旁肉瘤等。临床治疗中未发生3级及以上副作用，未发生治疗期间病人死亡或其他不良事件，经治病人局部控制率达99.70%。

甘肃省武威肿瘤医院重离子中心将发展成以重离子为主要技术的全国肿瘤治疗基地，全面带动与重离子相关的工业、农业和第三产业的发展。形成治疗、保健、康复为一体的疗养机构，同时形成重离子项目为生产加工、生物化工、肿瘤治疗、中医养生、中草药栽培和辐照育种为一体的现代产业集群。充分发挥首台国产重离子装置的优势和品牌效应，将该中心建设成为国产重离子技术培训基地，加强与高等院校合作，为中国重离子放射治疗领域培养高层次人才。继续重离子治疗技术适应证和疗效的临床研究，逐步扩大重离子治疗病种范围。开展前瞻性研究，如重离子与光子计量学对比、重离子RBE影响因素研究等。加强与中科院近物所合作，不断在应用中优化重离子设备，进一步改善国产重离子装置性能，促使重离子设备更加集成化，操作更加便捷，持续完善质控质保方案，升级研发配套辅助设备。做好重离子临床试验后期随访工作，深入研究临床试验数据，进一步分析与整理，为今后重离子临床技术研究与应用提供宝贵的经验和资料。加强与国内外重离子医院的科技合作与交流、科学研究及技术开发、科技成果转化等。促进重离子治癌技术的快速发展，不断为增进人民健康做出更大贡献。

重离子医院开诊以来，创造了国内首例重离子治癌"旁观效应"和"远隔效应"，率先在国内开展了重离子乳腺癌治疗，开展了全球首例重离子膀胱癌治疗，抢救了数名多脏器转移的重症肿瘤患者。自正式临床治疗以来，已开展了多例仅照射1~3次就完成治疗的病例。为患者带去生存希望，对带动武威乃至甘肃经济腾飞具有重要的战略意义。

（二）建设进展

1.基础条件及设施

重离子治疗系统于2020年3月建成投用，重离子医院除装配有重离子肿瘤治疗系统一套（国产）外，还装配了美国瓦里安VitalBeam直线加速器、瑞典医科达Infinity直线加速器、高端医用直线加速器、医用核磁共振成像设备、放射治疗模拟机、西门子3T核磁共振模拟定位机、西门子64排大孔径4D-CT模拟定位机、剂量检测设备——剂量仪、德国PTW二维电离室矩阵、剂量验证设备——三维水箱、3.0T超导核磁共振仪、PET-CT、SPECT-CT、GE动态500排宝石能谱CT、3.0T超导型核磁共振仪、Varian Eclipse治疗计划系统、GE心血管造影系统、ECT等大型设备200余台。平台自建成以来，获得国家各类专利11项，承担省级科研课题4项，市级科技项目14项，发表SCI文章12篇，核心期刊文章13篇。

2.研发资金投入及高质量技术成果转化

医疗业务收入11 056.29万元，支出12 014.06万元，科技研发收入1548.27万元，科技研发收入占营业收入的14%。

（1）前瞻性技术研发。先后委托北京博奥晶典生物技术有限公司、甘肃康嘉生物科技有限责任公司进行生物芯片研发、多模态三维医学影像技术研发、对羟基苯丙氨酸尿液自动检测项目研发，委托承业（广州）医疗科技有限公司建设了陇台两岸精准放射治疗示范基地，累计预算支出468.8万元，实际支出99.4万元。

（2）临床技术研究。开展重离子治疗肌层浸润性膀胱癌前瞻性I/II期临床研究、碳离子预防性照射肺癌淋巴引流区不同剂量分割方式的随机对照研究、碳离子放疗联合尼妥珠单抗及吉西他滨治疗胰腺癌患者的单臂临床研究、早期食管癌碳离子放射治疗三期临床试验、局部晚期食管癌碳离子放射治疗三期临床试验、局部晚期食管癌光子放疗联合碳离子放疗局部加量的III期临床试验等临床试验研发项目6项，每项平均开支约80万元。

（3）二次研发情况。与兰州佛慈制药股份有限公司和甘肃省中医院合作，委托其生产抗肿瘤药物。目前已注册生产了扶正固本颗粒、乳康胶囊、阿胶养血口服液、消瘤胶囊、参芪益气胶囊等22个制剂品种，应用于重离子患者的治疗调养，累计支出84.8万元。通过自主研发设计，委托兰州伍田机电科技有限公司进行重离子治疗专用补偿器生产,已累计生产补偿器2250块,累计支出226.66万元。

3.人才梯队建设

目前,重离子医院已储备重离子专业技术人员400余名,择优选派50余名重离子治疗骨干专业技术人员到德国、美国、日本及上海培训。同时,重离子医院为每个人制订规范化培训计划并认真落实,邀请中国台湾长庚医院著名放疗物理师吴嘉明、台湾肿瘤放射治疗委员会前主任委员任益民教授加盟,在现场持续开展放射物理学、放射生物学等培训工作。2019—2022年,专职人员薪酬支出3968.22万元,高层次人才引进费用支出233.49万元。

4.孵化服务能力

重离子医院孵化企业2家,与甘肃康嘉生物科技有限责任公司、甘肃伍田医疗科技有限公司联合进行技术协作攻关。引进企业1家,与台湾承业生医企业集团合作,进行重离子项目的联合攻关。

5.科研平台建设

建设形成甘肃重离子医院股份有限公司新型研发机构、武威重离子治癌甘肃省引才引智基地、甘肃省重离子治疗行业技术中心——武威重离子医院、国家药物临床试验机构、生物芯片甘肃省分中心、中国幽门螺杆菌上海分子医学中心武威分中心等科研平台,在消化内科、胃肠外科、放射治疗等重点学科建设方面取得了优异的成绩。

(三)建设亮点及特色

1.以医院文化引领医院质量发展

坚持以医院文化引领医院质量发展的理念,以建成甘肃一流、西北知名的肿瘤专科医院,实现"院有品牌、科有特色、人有专长、患者满意、员工称心、政府放心"为愿景,将"博爱、和谐、健康"作为院训,并创作"爱的阳光"三部曲作为院歌,在员工中广为传唱。

2.营造良好的医院环境

重离子医院院区布局合理,澄净清澈的生命之湖与雄壮磅礴的重离子装置大楼相映成辉,在满足广大肿瘤患者诊疗的同时,现代与自然融合的特色生态景观能够给患者带来轻松自然的诊疗感受。重离子装置大楼装修风格注重人文关怀,多样式绿植、茶几、沙发围座、LED大屏,配合宽敞明亮的大厅,共同营造出轻松惬意的氛围,有助于缓解病患焦虑,提高患者的治疗效果。

3.创新质量管理举措

以重离子技术为核心,形成了"两循三多"精准诊疗的质量管理模式。推行质量管理工具,编撰了《碳离子治疗标准流程》《碳离子辐射安全管理及设备运行技术细则》等专著。新增碳离子治疗系统各类标准化操作规程（SOP文件）48项，其中，临床治疗12项，物理计划23项，放射技术13项。每周二定期邀请国内及院内专家进行重离子患者上机前的多学科会诊，制订重离子治疗系统质量控制和质量保证大纲并严格落实执行，严格落实碳离子治疗系统上市后的监管方案和质量管理体系。

4. 深化开展人事制度改革

科学设岗，按需设岗。2019年9月，重离子医院制订《关于下发〈医院人力资源配置与岗位数量设置方案（试行）〉的通知》。按照专业技术岗位不低于85%的总要求，合理设置工作岗位总量，全院设置岗位1260个。其中，临床科室设置岗位289个，护理站设置岗位429个，医技科室岗位300个，行政后勤科室岗位200个，专业技术储备岗位42个。

通过对全院各岗位的调研考察，拟定岗位说明书，明确各岗位的工作内容、岗位职责、工作目的、工作权限、任职要求，下发岗位明细表，明确临床、医技、护理、综合管理岗位的名称、数量，为岗位竞聘提供理论依据。

5. "136专业领军人才"计划

2020年，为进一步加强高层次专业技术人才队伍建设，提升创新人才工作的管理机制和选拔培养机制，重离子医院实施了《甘肃省武威肿瘤医院对高层次人才住房和科研项目奖励办法（试行）》和"136专业领军人才"选拔管理实施方案。针对聘任在医院临床医疗、医技、护理岗位工作的在职专业技术人员和在甘肃省专业领域享有较高声誉的在职专业技术人才，或为医院做出突出贡献的其他在职人员。设立"136专业领军人才"专项资金，列入年度预算，用于落实"136专业领军人才"工作津贴、奖励资金等。鼓励医院各类人员努力工作、大胆创新，在平凡的岗位上做出不平凡的成绩。

二、存在的主要问题

（一）科研平台建设扶持力度不足

当前，中国新型研发机构已经初步形成一定的规模效应，市场导向、创新导向、跨学科研究、跨地域合作、组织形式和管理机制逐步完善。但新型研发机构属于新兴事物，多数新型研发机构是在政府部门主导和参与下发展起来的，在运行体制上仍以高校、院所管理模式为主，通过市场力量提升新型研发机构的能力较弱，在短时间内形成灵活多样的投入模式存在较大难度。

（二）研究型和创新型人才缺乏，学科发展不均衡

医院传统上习惯于把临床医疗工作作为重心，现有人才主要以临床型人才为主，缺乏创新型和研究型人才，普遍存在重临床轻科研的现象。临床人员科研创新意识不强，对基础研究重视不够，

高水平领军人才严重不足。医院学科发展不平衡，特色优势学科不多，人才梯队不合理，标志性成果缺乏，发展后劲不足。部分学科定位较低，优势特色学科尚未形成，对弱势学科的扶持力度不够，实验室等软硬件设施建设水平低。

（三）科研经费不足，创新能力不强

医院的核心竞争力是创新能力和人才梯队建设，随着医疗改革的深入，多元化办医格局形成，民营医院、合资医院逐渐做大做强，同时公立医院发展步伐逐步加快，医学科技竞争日趋激烈。研究型医院的发展处于起步阶段，对学术研究的重视不够，理论体系不完善，同时缺乏实践经验，在激烈的竞争环境中面临诸多新问题、新困难、新考验，科研经费不足是较为突出的问题，影响医院创新能力的提升。医务人员申报国家自然科学基金项目等各类课题的积极性不高，申报大型课题的团队协作性不够。

三、对策建议

（一）政策方面

以提升科技自主创新为主线，全面推动思想观念创新、发展模式创新、体制机制创新、管理水平创新，使创新意识、创新精神、创新力量贯穿于医院科研发展的各个方面。加大财政科技投入力度，优化调整投入结构，建立财政性科技投入稳定增长机制，调动社会科技资源配置能力，建立激励与约束机制。各级政府重点在财政收入、税收、技术引进、人才教育、创新平台、国际科技合作等方面制订相应优惠政策、引导企业和社会增加科技投入，在院内形成多元化、多渠道、高效率的科技投入体系，提高科技资源共享利用效益。

在政策环境方面，深化落实《关于促进新型研发机构发展的指导意见》，进一步强化国家政策的可操作性，特别是在财政经费资助、仪器设备购置、人才引进等方面，探索细化适配新型研发机构发展需求的政策，优化政策落实和服务供给水平。

（二）操作层面

打好人才引进、评价、激励等方面的"组合拳"，加大高层次人才引进力度，让新型研发机构成为集聚高层次人才的"高地"和培育年轻科学家的"摇篮"。在人才引进、评价、激励等方面，完善有关外籍人才和高层次人才引进和管理"新办法"。探索建立鼓励创新、宽容失败的容错机制，提前设计科技创新与科技成果转化过程的风险防范机制。

甘肃长城电工电器工程研究院有限公司

一、建设进展及成效

（一）基本情况

甘肃长城电工电器工程研究院有限公司（以下简称"电工研究院"）是以国家和甘肃省战略性新兴产业发展战略的实施与全面提升企业创新能力的政策机遇为契机，有效整合长城电工电器技术资源，于2013年11月成立的具有法人资格的公司制技术服务企业，目前已建成了法人治理结构完善、独立运行、机制灵活、专业领域覆盖面广、突出基础研究与工程化应用研究的开放式研发及服务平台，2019年被认定为甘肃省第一批新型研发机构。

电工研究院立足电工电器产业，面向全国特别是电工电器制造行业，围绕节能、减排、新能源及产业结构调整、承接产业转移等可持续、跨越式发展对技术进步的迫切需求，以基础理论研究为支撑，以工程化应用为重点，以提升现代服务业为目标，通过资源整合、机制创新、团队建设和能力提升，开展电工电器领域关键性、前瞻性、共性技术、产品与制造技术等领域的技术服务。电工研究院汇聚并打造了一支在电工电器领域创新能力强、技术领先、结构合理的人才队伍，成为集基础研发、工程化研究、产品开发、工艺技术创新、科技成果转化、中试试验验证及产业服务为一体，能够承担关键重大项目，具有较强竞争力的国内一流的创新平台和产学研合作平台。

电工研究院整合了长城电工多年来发展和积淀的科技资源，拥有国内一流的研发团队，现有研发人员30人，其中，高级职称人员20人，中高级职称人员占总人数比例达到67%。

电工研究院旨在发挥企业和行业的技术创新主体职能，以现有高中低压开关设备、低压电器、电气传动自动化、特种电器等产业技术优势为基础，通过人才引进和战略合作，补充完善变电设备、二次控制设备产业技术支撑能力、系统集成和工程总承包设计资质和服务能力，在发、输、配、变、控全产业链领域为用户提供完整的电气系统技术解决方案。

（二）建设进展

1.建立科学的人才引进与管理机制

电工研究院实行院长（总经理）负责制，院长是电工研究院的法人代表，下设技术委员会和学术委员会。采用"院"与"专业技术机构"相结合的运行模式。根据实验室内部不同创新岗位对创新人才的需要，科学地配备了岗位所需的最佳人才，使创新人才能够发挥最大的作用、创造最大的价值。采取灵活多样的用人机制措施，与西安交通大学、北京电力科学研究院、兰州理工大学、西安高压电器研究院有限责任公司、天水电工电器企业建立稳定的合作关系。人员包括固定人员和客座人员，广泛吸纳行业顶尖人才，加强学科带头人的培养，造就了一批高水平学术研究团队。

2.依据战略需求明确产业研发方向

集中高校、科研院所和企业技术力量，瞄准开关设备的传感检测和抗干扰技术、开关柜电动操作技术和智能化控制技术方向，以产学研合作作为主要方式，通过技术研究和攻关，开发高端的智能化开关设备和元件产品，适应中国智能化电网建设的要求，促进甘肃省电工电器制造业的集群化发展。

产业研发定位为高中端市场。主导产品实现技术升级，向智能化、网络化、集约化及绿色环保方向发展。发展战略性新兴产业和现代制造服务业，延伸产业链，提升系统集成能力。各产业产品定位如下：开发环保性气体绝缘开关设备；研究开发中高压开关设备二次控制系统；开发舰船及海洋平台用中低压开关设备；传统12~40.5kV开关设备的优化升级；研究开发具有高性能、小体积、绿色环保、控制回路交直流通用、直流永磁操作系统、宽电压及低电压穿越等特点的新一代交流接触器，额定工作电压AC1000V，额定工作电流达到2000A；研究开发具有体积小、高性能、永磁和灭弧线圈串联灭弧系统、双线圈磁系统等结构特点，用于铁路机车、光伏发电、直流电力拖动等行业的双极直流接触器，额定工作电压DC1000V，额定工作电流达到400A；适应不同环境的风电专用母线槽，重点开发满足高海拔、沙漠地区，海上和近海环境风电场使用的风电专用母线槽；铜铝复合材料母线槽；浇注母线槽；智能化低压成套开关设备；母线槽智能监测系统；船用大参数真空断路器；开发风电、光伏、铁路及石油石化系统用12~40.5kV预装式变电站；退役航空发动机改陆用等。

3.建设研发设计公共服务平台

电工研究院建成的甘肃研发设计公共服务平台，为甘肃省电工电器行业提供小微企业孵化和科技成果孵化服务，促进甘肃省电工电器技术进步和跨越发展。

（三）建设亮点与特色

1.构筑科学特色的组织管理机构

按照输配电装配技术创新特点、市场运作规律、机构构筑了既科学又有特色的组织机构。根据研究院内部不同创新岗位对创新人才的需要，科学地配备了岗位所需的最佳人才，使创新人才能够发挥最大的作用、创造最大的价值。研究院协同创新体系决策层、管理层、实施层三个层次构成。决策层设置技术委员会，机构主任任技术委员会主任委员，机构副主任任技术委员会副主任委员，技术委员会下设科技战略专委会与科技评审与验收专委会。另外，机构还设学术委员会，聘请全国电工电器行业知名专家任委员，可为决策层提供技术支持。机构采用主任领导下的项目总工程师负责制。管理层包括机构各部门负责人，负责科技项目的管理。实施层是机构科技攻关项目组，其职能是开展科研攻关和技术创新，完成决策层、管理层制订的研发与创新项目。

2.建立健全科技创新管理制度

不断健全科学的科技创新管理制度，包括工业设计项目立项、资金管理、项目责任考核、创新评价、科技创新奖励、创新成果管理、知识产权奖励制度等。实现对科技创新从计划立项到评估、奖励等全流程科学有效的管理,为科技人才的激励、管理和培训提供了制度保障,以制度的科学性、人性化为科技创新提供优良和谐的环境。

3.建立了灵活的人才流动机制

每年从高等院校以及其他企业引进高端技术人才,为研究院不断补充新鲜血液,同时机构内部技术人员也定期进行交流。聘任高校的知名教授、科研院所的带头人为机构的高级顾问,作为工业设计机构学术委员会成员,对企业重大技术创新项目提供技术培训、咨询和协助,并向企业介绍高等院校及科研院所的最新成果。建立了良好的激励制度,人才队伍数量持续增长,技术能力与水平均得到提升。制订了《研发人员岗位评定办法》《研发人员薪酬管理办法》,规范了研发人员的激励和考核,不断激发研发人员创新的积极性。

4.优质研发成果成功落地转化

2019年9月至2021年10月电工研究院共完成了12项新产品鉴定,鉴定的新产品中5项达到国际先进水平,7项达到国内领先水平。完成了年度甘肃省科技进步奖、甘肃省机械工程学会科学技术奖等多个奖项的申报,并获得甘肃省机械工程学会科学技术一等奖2项、二等奖4项、三等奖3项。完成了技术创新成果的专利申报,申请发明专利5件,实用新型专利39件,外观专利1件;获得授权专利39件。参与起草国家标准1项。见表2-1~3。

表2-1 授权专利情况

序号	专利名称	类别	专利号	授权单位	授权时间
1	环保型充气柜用一体式绝缘开关隔离支架	实用新型	201922412261.5	国家知识产权局	2020
2	方便拆除储能弹簧的断路器	实用新型	201922412256.4	国家知识产权局	2020
3	一种新型的断路器储能指示装置	实用新型	201922412235.2	国家知识产权局	2020
4	一种断路器用进出车闭锁装置	实用新型	201922412243.7	国家知识产权局	2020
5	导电回路触头连接装置	实用新型	201922412250.7	国家知识产权局	2020
6	PT手车用绝缘盒装置	实用新型	201922412257.9	国家知识产权局	2020
7	一种拉簧的拉伸装置	实用新型	201922412238.6	国家知识产权局	2020
8	中压移开式开关柜用可变容积式压力释放装置	实用新型	201922412277.6	国家知识产权局	2020
9	中压开关柜柜顶统一式定向泄压排放装置	实用新型	201922412245.6	国家知识产权局	2020
10	环保型充气柜用大电流连接装置	实用新型	201922412262.X	国家知识产权局	2020
11	一种开关柜泄压装置	实用新型	201922412247.5	国家知识产权局	2020
12	一种气体绝缘开关柜中PT用三工位隔离装置	实用新型	201922412241.8	国家知识产权局	2020

续表2-1

序号	专利名称	类别	专利号	授权单位	授权时间
13	电动接地开关位置信号采集装置	实用新型	201922412251.1	国家知识产权局	2020
14	一种气体绝缘金属封闭开关设备用导电体静连接结构	实用新型	201922412237.1	国家知识产权局	2020
15	电动接地开关用联锁挡板	实用新型	201922412240.3	国家知识产权局	2020
16	防止发电机断路器受撞击后灭弧室触头闭合结构	实用新型	201922412234.8	国家知识产权局	2020
17	一种断路器分体式轻量化上支座	实用新型	201922412239.0	国家知识产权局	2020
18	一种固定式断路器电气联锁	实用新型	201922412248.X	国家知识产权局	2020
19	环保型充气柜用大电流隔离触头支架	实用新型	201922412252.6	国家知识产权局	2020
20	一种断路器分体式轻量化下支座	实用新型	201922412244.1	国家知识产权局	2020
21	一种高压开关设备三工位开关辅助开关传动装置	实用新型	201922412249.4	国家知识产权局	2020

表2-2 获得科学技术奖励情况

序号	项目名称	授奖单位	授奖名称等级	时间
1	VCFH1-12J（D）/D200-50接触器-熔断器组合电器	甘肃省机械工程学会	甘肃省机械工程学会科学技术奖一等奖	2019
2	EVH3-12/T3150-31.5户内高压交流真空断路器	甘肃省机械工程学会	甘肃省机械工程学会科学技术奖二等奖	2019
3	1E级i-AY6-12(JCoR)/D200-50移开式交流金属封闭开关设备	甘肃省机械工程学会	甘肃省机械工程学会科学技术奖二等奖	2019
4	GDS1-12D/J3150-31.5户内高压交流隔离开关	甘肃省机械工程学会	甘肃省机械工程学会科学技术奖三等奖	2019
5	KYN28A-12(G)/T1250-31.5高原型移开式交流金属封闭开关设备	甘肃省机械工程学会	甘肃省机械工程学会科学技术奖三等奖	2019
6	i-AZ1H-12（Z）/T1250-31.5箱型固定式户内交流金属封闭开关设备（环保型C-GIS）	甘肃省机械工程学会	甘肃省机械工程学会科学技术奖三等奖	2019
7	XGNF-12(Z)T630-20箱型固定式户内交流金属封闭开关设备	甘肃省机械工程学会	甘肃省机械工程学会科学技术奖二等奖	2020
8	i-AZ1A(AEII)-12T3150-31.5箱型固定式户内交流金属封闭开关设备	甘肃省机械工程学会	甘肃省机械工程学会科学技术奖一等奖	2020
9	EVH1-12(G)T3150-40高原型户内高压交流真空断路器（4000m）	甘肃省机械工程学会	甘肃省机械工程学会科学技术奖二等奖	2020

表2-3 主持和参与制定标准情况

序号	标准名称	标准类型	标准号	主持或参与	颁布年月	是否现行有效
1	高压/低压预装式变电站	国家	GB/T17467-2020	参与	2020年3月	是

5.营造良好的运行管理机制

电工研究院以提高创新能力和核心竞争力为主要目标，以完善创新投入、运行和激励机制为重点，不断完善管理和技术创新体系，制订标准化管理标准6项、基本管理标准31项、综合管理标准17项、技术管理类管理标准11项、人力资源管理标准10项、财务管理标准17项、信息化管理标准6项、党群管理标准24项，形成了完善的管理和技术创新体系，营造了鼓励科技人员创新、有利于优秀人才脱颖而出的体制和机制。

二、存在的主要问题

（一）机构定位不准

新型研发机构依托原有单位建立、运行管理仅在原单位加挂牌子，尚未真正成为推动资源融合的独立法人机构。其定位还在于服务科技创新活动的单个环节，没有形成源头创新到下游产业化的服务链，研发活动与科技成果服务、创新创业结合较少，与传统科研院所区别不明显、定位还不准确、作用发挥不够显著。

（二）发展规模不大

电工研究院大部分依托省级科技创新平台建立，拥有较好的科研条件支撑，但和先进省份的新型研发机构相比，仍存在体量偏小、综合实力不强、市场服务能力弱、孵化培育企业能力不强、行业辐射带动作用较小等问题，新型研发机构与成为区域产业技术创新、产业组织创新重要依托力量有较大差距。

（三）人才支撑不足

由于新型研发机构本身对高层次人才团队吸引力不足，人才作用发挥不充分、人才流动性大、流失风险较高。同时，电工研究院专职研发人员少，科研启动资金和薪酬总额偏低，自身研发团队力量较为单薄，年龄结构、专业技术层次结构不尽合理。

三、对策建议

（一）加强组织领导和高层设计

建议政府统筹各地区、各部门形成合力，做好新型研发机构建设和发展的科学谋划和高层设计，重点结合本地产业发展特点，明晰引进和培育新型研发机构的组建模式、功能定位，完善新型研发机构的区域布局、领域布局和主攻方向，突出特色和差异化发展思路。可采取引进共建一批、优化提升一批、整合组建一批、重点打造一批的方式，推进新型研发机构的建设。建议全面启动"高校院所对接计划"，打通高质量创新供给通道，大力推进校地、院地共建新型研发机构。

（二）加大财政资金支持力度

新型研发机构发展初期，离不开政府政策支持和引导资金的注入，应建立面向新型研发机构的专项资金，形成稳定支持机制。对新型研发机构进行画像和分类，厘清不同类型研发机构的发展阶段、特征、需求和问题，在此基础上采取前资助、后补助、科技金融等多元化方式给予支持。借鉴上海市做法，对于"三无"事业单位性质的新型研发机构，实行综合预算管理，给予长期稳定支持，赋予研发机构充分自主权。借鉴福建、云南等地经验做法，支持新型研发机构开展研发创新活动，对其非财政资金支持的研发支出、购置科研仪器设备或软件支出、技术交易额等进行补助。

（三）打造创新创业生态体系

引导新型研发机构设立风险投资公司，利用股权收益实现自我造血，市县创业投资基金给予参股支持；引导天使投资、风险投资等社会资本参与新型研发机构建设，对于创投机构投资新型研发机构的，给予风险补助。支持新型研发机构采取岗位配用、项目聘用、任务聘用等多种方式引进人才，探索建立协议工资、项目工资、股权激励等有竞争力的薪酬制度。鼓励新型研发机构联合高校院所开展协同创新和研究生联合招生、培养。

兰州和盛堂药物研究院有限公司

一、建设进展及成效

（一）基本情况

兰州和盛堂药物研究院有限公司（以下简称"研究院"）自2019年被认定为甘肃省第一批新型研发机构以来，始终坚持"立足资源优势，服务陇药产业"的方针指引，围绕甘肃创建国家中医药产业发展综合试验区和兰州国家级生物产业基地建设，主要以保障母公司兰州和盛堂制药股份有限公司与沈阳药科大学王金辉（现已调转至哈尔滨医科大学）教授团队合作开发国家一类新药"注射用丹参酚酸A"为核心，辅以中药创新药物、中药经典名方、医疗机构临床验方以及中药大品种的二次开发等研究，逐步搭建一个开放、包容、创新的创新科研平台。以"科学家合伙人制"的模式，广泛吸纳国内医药行业高端人才，既满足母公司科研的需求，还可自主研发具有临床价值的药品、保健品、食品、化妆品等新产品，为母公司提供可持续发展的新生动力。

（二）建设进展

研究院拥有各类专业技术人员27人，其中研发人员19人，院士一人（首席顾问），高级职称9人。技术人员专业涵盖药学、方剂学、天然药物化学、药物分析等领域，专业领域分布合理齐全。公司现有办公和科研场所占地面积1000m^2，拥有岛津-高效液相色谱仪、气相色谱仪、原子吸收光谱仪、GC-MS（气质联用仪）等精密检测仪器，具有大孔树脂梯度洗脱分离设备、正反向色谱产业化设备、大制备液相色谱仪（移动色谱柱）等高端精致分离设备。

在"立足国家一类新药研发，结合陇药资源优势，服务陇药产业"的方针指引下，围绕甘肃创建国家中医药产业发展综合试验区和兰州国家级生物产业基地建设，采取"科学家合伙人制"创新模式，主攻方向为创新药物开发和特色陇药大品种的二次开发，为甘肃省陇药产业的发展提供技术支撑。积极参与国家技术标准的制订，为兰州和盛堂制药股份有限公司培养药物研发与工程技术转化的高层次人才，延伸至为行业发展提供技术咨询和工程技术验证服务，实现特色中药开发的产业化、规模化、标准化和国际化发展。同时，与国内外中药研发机构积极开展交流与合作，通过引进技术的消化吸收再创新以及对关键共性技术的联合开发，实现特色中药产业结构优化升级，促进企业自主创新能力的提高，提升特色中药产业的技术水平。

研究院成立以来，作为参与单位先后完成2016年国家中药材提升领域项目"甘肃道地药材当归基地建设"、2016年甘肃省科技重大专项"国家一类新药丹参酚酸A注射液临床前研究"；2018年作为牵头单位发布甘肃省地方标准"当归油质量标准"；2020年作为参与单位完成的独家品种"复方咳喘胶囊"用于抗支气管哮喘作用机理研究项目，被黑龙江省人民政府评定为"科技进步二等奖"；2021年，作为参与单位实施甘肃省科技重大专项"基于陇药的立体化绿色戒毒技术体系构建与应用示范"。

（三）建设亮点与特色

在近两年的合作中，和盛堂药物研究院摸索出了一条新的产学研合作路子，其特点可概括为"科学家合伙人制"模式下全程参与，风险共担，利益共享。即母公司以生产、营销、资金等入股，科学家以技术、专利等无形资产入股，成立独立法人公司制模式运作。成果投放市场后，母公司利用回购科学家股份或科学家长期持有股份享受分红等措施确保科学家利益，此种模式在充分调动科学家团队才智积极性的同时，也降低了母公司前期研发投入的风险。目前研究院股权结构为：兰州和盛堂制药股份有限公司以现金出资占股51%，哈尔滨医科大学王金辉教授团队以项目专利、阶段性研究成果等无形资产经第三方评估后，入股和盛堂药物研究院，占股49%。

研究院有限公司运用"科学家合伙人制"模式，在心脑血管、神经系统、新型生物医疗器械方面开发了一批拥有国际、国内领先水平的新产品。在整个产学研用过程中，双方人员不断加强沟通与反馈，及时发现问题，解决问题。此种合作模式具有如下优点。

第一，提高了科学家团队工作效率，缩短了开发周期，降低了开发成本。在以往的合作中，企业与科研单位都是一种单一的成果购买方式，基本为一次性买卖。企业高端科研人员相对匮乏，对在实际研发、试制过程中存在的诸多问题预估不足，部分医药研发项目因此搁置或者失败。此种模式将企业与科学家团队牢牢捆绑在一起，弥补了制药企业研发力量不足的缺陷，合理有效地配置了研发资源。

第二，完善了公司科研体系，充实了科研队伍。对比之前的合作模式，科研单位只将药学研究资料或样品交付企业，企业技术人员无法在短时间内了解状况，许多疑问无法得到解决，关键技术消化与吸收的创新体系尚未形成。采取"科学家合伙人制"创新模式，机构科研产出强，持续进行创新药物开发和特色陇药大品种的二次开发，合作模式效果明显，先后与沈阳药科大学、哈尔滨医科大学、中国医学科学院药物研究所等科研机构建立合作关系，并开展新药研发、二次产品开发、新型生物医用材料研发等科研工作。

二、存在的主要问题

（一）制度、政策等

目前，研究院处于发展的初级阶段，在管理体制和运行机制上还在不断探索和完善之中。作为新兴机构，存在配套支持政策不健全、融资难度大等瓶颈的限制。

（二）技术、人才、资金等

研究院主要资金投入均来自兰州和盛堂制药股份有限公司的拨款，对母公司资金依赖程度较高，开放性、协同创新性和市场化机制不强。

三、对策建议

（一）政策层面

建议省上进一步完善现有政策体系，通过提升新型研发机构自我造血功能，实现长期可持续发展。从新型研发机构全生命周期角度出发，研究并出台针对性、一揽子扶持措施，在税收、财政投入、土地、投融资、社会保险等方面给予一定扶持，实现财政支持新型研发机构发展的合法性、规范化以及竞争的公平性。

积极引导金融机构为新型研发机构科技成果转化和产业化提供知识产权质押贷款、股权质押贷款、科技企业信用贷款等科技金融服务。

（二）操作层面

对认定的新型研发机构集中评估，确实优秀的给予财政资金奖励，并积极兑现。同时通过股权投资、风险补偿、贷款贴息等方式对新型研发机构创新成果转化项目给予优先支持。

甘肃亚盛农业研究院有限公司

一、建设进展及成效

(一) 基本情况

甘肃亚盛实业（集团）股份有限公司（以下简称"亚盛集团"）是一家以丰富的土地资源为基础，集农资服务、农作物种植、农产品加工、农业技术研发、商贸流通为一体的大型现代农业企业集团。公司于1995年成立，1997年在上海证券交易所上市，是西北地区最早上市的农业企业。公司总资产85亿元，所属企业25家，土地面积29.33万hm²，从业人员1.2万人，是"国家农业产业化重点龙头企业""国家农业产业化龙头企业500强企业"。先后培育了啤酒花、马铃薯、牧草、果品、食葵、辣椒、枸杞、香辛料、甜菜、甜叶菊、中药材等农产品及节水灌溉材料等主导产业，建成了一批种植规模过万亩、产值过亿元的主导产业，实现了标准化和绿色化生产全覆盖。

为更好地解决亚盛集团农业生产及经济发展中的重大科技问题，着力构建以企业为主体、市场为导向、产学研相结合的技术创新体系，在推动农业科技创新、培养高层次科研人才、提高公司科技发展水平、服务公司经济和提升公司公众影响力等方面发挥了重要作用，2018年亚盛集团组建成立了甘肃亚盛农业研究院有限公司（以下简称"研究院"）。2019年获批甘肃省首批新型研发机构，甘肃省科技型企业，是甘肃省农业科学院农业科技成果转化基地。

研究院现有研发人员50人，其中硕士研究生占比90%以上，拥有高级职称10人、中级职称16人；读博深造1人；聘请博士生导师、教授7名，专职指导。成立水肥、草业、植保、作物、中药材、啤酒花研究室等6个研究室和综合办公室、财务室等2个职能部门，建成5个实验室和4个试验示范基地。

研究院重点围绕人才培养、示范推广和解决生产技术难题三个方面，开展招聘引才，建成科技创新团队，培养人才队伍，满足研发及生产需求；整合科技资源，推进科技创新、合作交流，促进成果转化推广；争建省级及以上科技平台，建成技术体系，攻克生产中的技术难题，服务股份公司拳头产业；争取科技项目，开展重点产业、重点环节的科技研发，服务股份公司提质增效；承担分(子)公司科技培训任务，提高生产者和管理者的科技素质等。

(二) 建设进展

研究院现有办公场所的建筑面积2350m²，研发场所的建筑面积950m²，建成作物及土壤养分分析实验室、植物病虫害实验室、微生物实验室、百合组培室、分子育种实验室和4个试验示范基地，配套仪器设备200多（台）套。研究院自成立以来，积极争取各类省、市级科研项目以及农垦系统内自列项目，累计80余项，亚盛股份公司为自列项目提供全额科研经费支持。截至2021年底，研发资金投入总计达2000万元，充分保证了公司各项科技工作的顺利开展，在发展过程中成效显著。

1.建成了省内第一家水肥一体化智能配肥站

近年来,甘肃省大部分耕地存在施肥比例失调、水肥流失严重、增产效益较低、化肥施用不合理、农作物抗逆能力和农产品品质下降等问题。经与华南农业大学植物营养团队多次联合考察研讨,明确解决此类问题就必须全面推广应用以配肥站为主的精准施肥技术。此后,在分子公司建成了4座液体配肥站,并根据不同作物生育期需求规律制订施肥配方30余个,生产各种成品液体配方肥超过1万t,在马铃薯、制种玉米、青贮玉米、苜蓿及甜菜等作物上推广使用面积达5200hm^2,各作物亩产量均有不同幅度提升,其中青贮玉米增幅最大,达到16.32%。配肥站的建成有效减少了液体肥料运输成本,且可根据当地主栽作物、土壤及植株状况灵活调整肥料配方,实现肥料利用效率最大化。

2.建成省内第一个智慧农业科技创新平台

中共中央办公厅 国务院办公厅《数字乡村发展战略纲要》中提出,要进一步解放和发展数字化生产力,夯实数字农业基础、推进农业数字化转型。研究院利用2年时间,建成省内第一个智慧农业科技创新平台,该平台以点带面,对探索构建农产品全产业链整体数字化转型模式具有示范作用,对甘肃省农业产业转型升级具有引领作用。

3.育种方面取得进展

为深入贯彻落实《种业振兴行动方案》精神,团队以种质资源保护为基础,聚焦甘肃省粮食作物、特色农作物、中药材以及牧草等,依托以基因转移为核心的植物基因工程技术,深入开展绿色优质多抗高效性状改良及新品种选育攻关。已选育出高产、丰产茴香新品系2个;筛选出甲酸含量高于9.0%的啤酒花单株2个,对青岛大花品质改良具有重要价值;鉴定出兰州百合四倍体材料30多份;挖掘兰州百合优良株系133个;建成面积1.3hm^2的牧草种质资源圃1个,收集各类草种质资源190余份,主要用于开展和规范草种质资源保护、扩繁以及试验研究,确保草种质资源的安全。

4.初步解决阿鲁科尔沁旗草业基地苜蓿越冬问题

内蒙古阿鲁科尔沁旗草业基地苜蓿种植面积约43.33km^2,但有机质含量低,历年遭受冬春季节低温、倒春寒、风沙侵蚀等极端天气,导致苜蓿越冬返青率低、缺苗严重,严重制约了牧草产业的发展。因此,团队通过详细调查,总结出了一套"一增一降两改进"的高效栽培模式,经过3年验证,试验表明:该模式可使苜蓿越冬率提高到60%以上,节约补播成本1500元/hm^2,且增加苜蓿利用年限1~2年。目前该模式已在生产中开始应用并逐步推广。

5.申报并实施各类科技项目

聚焦甘肃省现代农业生产需求和关键技术问题,成功申报并实施各类科技项目82项,其中省部级项目3项,市级项目2项,合作项目2项,垦区项目75项,进一步提升了团队成员的能力和科技创新水平。

(三) 建设亮点及特色

研究院坚持以企业建设为主体、市场为导向、产学研相结合的技术创新体系为宗旨。需求明确——分（子）公司对农业技术人才和农业实用技术具有迫切的需求；任务清晰——人才培养、农业实用技术的示范推广、生产关键技术的试验研发；特色鲜明——与生产需求的结合紧密高效，成果转化明显。

作为农业企业的新型研发机构，与事业单位的研发机构在运行模式、管理措施等方面有本质的区别，在整个运行模式上尚无成熟经验可以借鉴。经过不断地探索，研究院引入了现代企业管理体制，制订了明确的人事、薪酬、经费、管理等许多内部管理制度，具有开放的引人用人机制，灵活的人才激励机制，建立了市场化决策机制和高效的科技成果转化机制等。

1.建立人才引进培养机制

通过建立人才引进培养机制，聚集、培养、用好、爱惜科技人才，推动垦区农业科技创新，为农垦集团下属各涉农企业培养高层次技术人才，为集团发展提供强有力的科技支撑和人才保障。先后从985、211院校及省内外其他农业院校累计招聘硕士研究生58人次，博士研究生1人，壮大了科研团队，提高了科研能力。划分管理、科研、技术推广和服务三个方向培养并逐步为垦区企业输出人才12人，提拔5名优秀的年轻科研人员任副主任，评聘35名专业技术职务职称。

2.建设专业学科团队

聘请1名在国内外有较大影响力的知名教授担任名誉院长，为研究院发展方向、管理水平的提高和创新能力的提升进行指导；根据垦区生产实际和引进人才的专业方向成立了水肥、草业、植保、中药材、作物和啤酒花研究室；从高校、农业科研院所聘请了在行业内有较大影响力、较高学术造诣、经验丰富的专家、教授及在职科研人员7名，担任所在领域首席专家和研究室主任，带领年轻的专业技术人员开展科研试验、示范、推广及新品种、新技术的引进示范。

3.创新管理体制机制

实行院长统一领导，专家教授日常管理，各专业部室分工协作的运营模式。内设各专业研究室，配有职能部门、实验室及试验示范基地。各研究室采用专家教授日常管理，副主任协助的层级管理模式，充分激发科研团队的积极性和创造力。建立以项目组为单位的工作机制，项目管理实行清单管理制，月考核季通报，年底第三方评价机构考核。

明确工作任务，紧盯需求，准确立项，开展农业技术研究、推广与服务，加强科技项目申报及专项资金争取，深化科技合作，建设产、学、研、用联合攻关平台，提高科研成果转化能力，创新人才培养模式，拓宽科研人员的培养渠道。日常开展各类主题文化活动，包括内部科研、文化沙龙、技能竞赛等，充分调动员工的主动性和积极性，丰富职工的精神生活，营造朝气蓬勃、奋发向上的工作氛围。

4.建立考核激励机制

积极推进在亚盛集团层面出台《关于加快推进研究院快速发展实施方案》《关于加强人才队伍建设的暂行办法》《亚盛股份中高端人才交流培养管理办法》，积极筹划制订亚盛集团农业技术示范推广促进办法，形成推动成果转化落地的长效机制，进一步激发包括研究院在内的全集团科技工作者投身科技成果转化的积极性和主动性。研究院根据自身实际情况，制订了制度汇编（一、二、三）、关于加快人才培养的若干意见、人员管理办法，根据工作性质分类制订了员工考核管理办法，按学历、岗位、工作能力制订了薪酬分配方案，为规范专业技术职务的聘用及考核制订了专业技术职务聘用办法，各类规章制度总计八十余项。

二、存在的主要问题

企业新型研发机构的发展尚处于起步阶段，研究院虽然内部体制机制富于活力，但从外部条件来看，尚未形成有利于促进新型研发机构健康快速成长的发展环境，主要表现为：

（一）缺乏科学引导，内部运营与发展机制不成熟

作为农业企业的新型研发机构，运营管理和发展机制有自身的规律，也有特殊的要求。作为成立不满五年的单位，虽然陆续制订并完善了各类人才管理激励机制，但是，由于企业及人才发展需求和实际情况不断变化，缺乏科学引导，还需进一步完善人才管理机制。

（二）建设经费支持力度不足，支持渠道不畅

研究院是依托亚盛集团出资成立的全资子公司，致力于解决其下属农业企业生产实际问题，无法产生直接经济效益。近年来研发经费投入及人力成本除通过争取政府项目资金支持外，大部分依赖于亚盛集团的持续投入，政府支持主要集中在科技项目研发及产业化，对企业研发机构建设扶持较少，扶持资金较小。

（三）高水平创新人才支撑不够

受制于发展阶段、研发经费、创新体制、文化环境、社会保障等因素的制约，高层次人才匮乏，尤其是能研发、懂技术、会管理和擅经营的专业复合型人才稀缺，高水平领军型创新人员和团队引进难、留住更难，创新人才的归属感、成就感亟待提升。

三、对策建议

（一）政府层面

1.发挥政府在企业研发机构建设中的引导作用。明确新型研发机构分类，完善机构设置、经费来源等管理办法，针对不同类型的机构实施分类指导，实行差异化的认定标准和管理原则。

2.研究出台促进新型研发机构发展的指导性意见，鼓励组织、企业、高校及个人以多种形式创办新型研发机构，完善相关人才引进、税收等方面相关优惠政策。

3.加大资金扶持力度。设立新型研发机构发展专项资金，作为扶持新型研发机构建设的初创经费，健全财政性科技投入稳定增长机制，加快形成多元化、多层次、多渠道的科技投入体系，强化各级财政资金引导，吸引民间资本和社会资本支持研发投入，形成多元投入新格局。

（二）企业层面

1.高质量做好新型研发机构发展规划

随着《中华人民共和国国民经济和社会发展第十四个五年规划纲要》《"十四五"国家科技创新规划》《甘肃省"十四五"科技创新规划》等规划纲要的发布，新型研发机构的发展定位得到国家和省委省政府的高度认可和重视，公司将根据国家发展规划，进一步研究做好相关高层设计，明确本机构的发展定位和规划布局。

2.积极学习优秀机构的发展经验

分析总结国内新型研发机构尤其是企业类新型研发机构的成功案例，组织学习其体制机制创新、运行模式和先进经验，助力本机构建设提质量、上层次，充分发挥新型研发机构的示范引领作用。

3.加强校（院）企合作，形成产学研共建型模式

引进省内外高等院校、科研院所等创新资源，联合承担科技计划、开展关键技术攻关、制订技术标准、转化科技成果，共享知识产权、共担市场风险，促进创新要素与生产要素在产业层面的有机衔接。签订合作协议，明确管理规定、科研团队，固定工作时长及转化科研项目的数量等，促使双方将机构发展壮大。

甘肃省商业科技研究所有限公司

一、建设进展及成效

（一）基本情况

甘肃省商业科技研究所有限公司（以下简称"研究所"）始建于1978年，前身为原商业部组建的全国五个检测中心站之一的"西北肉蛋食品卫生检测研究中心站"，是甘肃省原商务厅所属的科研事业单位，2006年改制为企业，目前已成长为集检验检测、工程咨询、科研开发、中间试验多元化为一体的科技服务单位，2019年被省科技厅认定为甘肃省新型研发机构。主要从事食品质量检验检测以及水质、大气、土壤和噪声等方面的环境检测，开展可研报告、商业计划书、资金申请报告、初步设计、节能评估、绿色工厂评价报告等编制工作，专注于食品及农畜产品加工技术、天然产物提取分离技术、生物技术、食品安全及检测技术的研究与应用。

研究所发挥自身在检验检测、研究开发、工程咨询上的技术优势和资源优势，吸引集聚了一批科技创新领军人才及高水平创新团队，整合人才、技术、研发等环节，帮助中小企业开展科技研发与成果转化、人才培养、市场开拓，最终实现科研、产业和资本的三方对接，加速技术成果转移转化，推进产业创新发展。

（二）建设进展

研究所现有办公场所10 500m²，其中，科研检测面积8500m²，经营办公面积4000m²。公司每年研发投入超过300余万元，已拥有研发设备及分析仪器近500台（套），其中20万元以上科研仪器设备70台（套）。已建立1个省级重点实验室，1座10万级GMP实验室。

研究所通过大力实施人才引进和培养计划，出台人才奖励措施等，对一批青年学科带头人进行重点培养，并多渠道选送进入国家和省优秀人才培养计划，为科技人员的成长搭建平台，已经形成高学历、高技术职务、高研发水平人才以及专业配置合理的研究开发人才体系，管理及服务人员与专业人员比例达到1:6。截至目前，公司硕士研究生有44名，高级技术职称29人（正高工6人、副研究员2人），中级职称人员51人，注册咨询工程师15人。本科以上学历129人，占到了职工总数的88%以上，成为科研、检验、咨询服务的主力。

研究所先后创建了"食品酶制剂共性关键技术研究创新团队""药食同源陇药创新团队"2个省级科研创新团队，"甘肃省动物源性制品安全分析与检测技术重点实验室"1个省级重点实验室、"甘肃省药食同源类陇药种植资源深加工技术工程研究中心"1个省级工程研究中心、"甘肃省食品企业质量检测行业技术中心"1个省级行业技术中心，"中-塔食品研发与检测联合实验室"1个跨国联合实验室，"甘肃-青海食品研发与检测联合实验室"1个跨省际联合实验室，"甘肃省特色生物资源产业化校企联合创新中心"1个校企联合创新中心，取得国家、省、市三级"中小企业公共服务示范平台"，1个省级食品检测专业化众创空间，以技术平台建设服务更多中小企业。

（三）建设亮点与特色

1.以新机制催生新的内生动力

研究所着力建立并完善现代企业运行机制，创新走出一条适合自身发展的道路。一是创新管理机制。建立现代企业管理制度，引入现代管理理念，以管理创新推动技术创新。二是创新分配制度。实行以岗位结构工资、绩效工资为主的分配形式，建立起符合市场规律的灵活多样的激励机制。三是创新项目研发体系。为技术人才创造自由发挥的空间。四是建立健全职工保障机制。让科技人员轻装上阵，激情工作。在系列激励机制的作用下，管理模式和运行机制不断焕发生机，技术创新能力进一步激活，技术创新手段更加灵活，发展方向更为清晰。同时，我们注重把中华优秀传统文化的传承融入企业文化建设之中，大力培育和弘扬社会主义核心价值观，积极倡导具有鲜明时代特征的发展观、管理观、合作观、服务观和竞争观，做到既要"硬实力"、更要"软实力"，既要"富口袋"、又要"富脑袋"，营造了风清气正的创业环境，培育了奋发向上的团队精神。

在产权制度改革的驱动下，立足当前、着眼长远，着力在盘活资产、盘活人才、盘活各种要素等方面做足文章，确定了"以不断完善和创新管理机制为基础，加快建立更加适应市场经济发展需要的法人治理体系；以食品安全检验检测为主线，研发咨询同步跟进，优化技术服务结构；以增强自主创新能力为根本，加快区域技术服务网络建设；以创新服务方式为重点，加快建立产学研协同创新模式"的发展思路，并进行了组织形式的优化设计，为以后的可持续健康发展打下了坚实基础。

2.以创新技术服务方式形成新的融合发展模式

一是细分市场、"菜单式"服务。近几年，在深入分析了解甘肃省食品生产加工行业状况和企业现实需求的基础上，按区域划分市场，深入几十家大中型食品行业的龙头知名企业实地调研，在为企业提供产品质量检测服务的同时，针对企业生产中存在的问题和转型发展的需要，采取"一对一"的"菜单式"服务模式，按需对接，实现了服务方式由过去的服务一个"点"向服务一条"线"、一个"面"的转变，形成了以检测服务为主，技术服务、咨询服务同步跟进，既立足于"检验检测"，又不局限于"此"。技术服务全方位向食品行业设计开发、生产加工、标准制订与应用、经营销售等全过程辐射的全新局面。延伸了技术服务链条，做到了准确定位，精准服务。与此同时，研究所重心下移、眼睛向下，把"接地气、惠民生"作为重要目标，把"促转型、促发展"作为首要任务，积极帮助地方政府落实科技惠民项目，主动为企业申报国家创新基金、重大科技专项资金等提供技术咨询服务，帮助企业争取更多的国家创新基金、成果转化基金和重大科技专项，发挥了"助推器"的作用，使地方和企业都得到了技术支撑带来的实惠。

二是双向对接、"融合式"服务。目前，甘肃省取得QS认证的食品加工企业有2000多家，在这当中，85%的企业检验技术与装备不能满足要求，不能达到产品出厂检测要求，研究所主动做到一切从实际出发，急企业之所急，想企业之所想，为企业提供技术服务。发现生产企业产品质量出现问题时，不仅仅只是为了单纯的检验而检验，而是及时组织技术人员，以最短的时间赶赴现场，着重从原料采集、人员操作、生产加工的每一环节、每一工序中入手，分段检验查找和分析产生问题的根源，通过改进工艺流程，促使企业生产的产品各项指标均达到国家标准，既为企业挽回了经济损失，也产生了良好的社会效益。通过这些举措，创新和发展了科研院所与企业融合的新思路，形成了科研院所帮扶企业发展、企业反向支持推进科研工作的新局面。

同时，机构承担了甘肃省多项重大引进项目和重点投资项目的研究分析论证，累计完成项目1500多个，获得优秀咨询成果奖10余项，助力省内各类企业和行业争取国家扶持性资金5亿多，涉及固定资产投资70亿多，并帮助企业开发新产品30多种。

3.以自主核心技术撑起一片新的蓝天

自主核心技术是企业的生命线，是企业发展的源泉动力。没有核心技术就没有企业的未来，只有靠自主创新，才能掌握自己的命运。改制15年来，机构持之以恒、坚持不懈地寻求技术突破和核心技术创新，在经历了引进、学习、跟随的阶段后，开发出具有先进核心功能的"检测实验室的质量控制信息管理系统"软件精品，完成了"互联网+"对检验检测分析测试系统、信息录入系统、质量内控系统、二维码通信系统的数字化整合，实现了包括对企业、客户、食品安全、监管服务、风险预警、商业活动在内的各种需求做出智能响应。保持了智能化程度、数字化程度、质量控制程度、专业化程度"四个领先"地位，荣获全国商业科技进步一等奖和甘肃省科技进步二等奖，实验室信息化管理系统已在甘肃省多地推广应用。与此同时，研究所依托搭建的不同专业技术创新平台，侧重基础应用技术领域的研究，通过技术创新、项目集成、新材料融合等方式，在已研制开发出的80多种快速检测试剂及方法中，检验检测技术应用研究取得了新突破，形成了自有核心技术成果项目储备库。2019-2021年，公司内部组织开展的创新应用类储备项目8个，其中《多壁碳纳米管功能化石墨烯复合材料及应用》已取得专利，产品已在多家检验检测机构检验检测过程中通过实验室验证，性能稳定，达到设计要求；《功能化固载离子液体材料在检测领域中的应用》项目成果获得中国"第八届创新创业大赛（甘肃赛区）"二等奖，首次代表甘肃省参加了在大连举办的"中国创新创业大赛全国行业赛总决赛"，并获得"第八届中国创新创业大赛新材料行业总决赛优秀企业"称号。《胶体金免疫层析技术快速检测食品中常见真菌毒素的应用》《化学灼烧法合成分子印迹材料并用于分析检测分离技术领域项目》分别获得2020年、2021年第三、四届"活力金城"兰州市人才创新创业大赛三等奖和一等奖。

4.以国合基地构建国际技术交流与合作新空间

2016年以来，在科技部、甘肃省科技厅等上级部门的关怀和悉心指导下，充分发挥食品安全检测领域已形成的人才、技术优势和行业引领示范效应，借助甘肃省处于"丝绸之路黄金通道"的特殊区位优势，积极建设食品研发与检测示范型甘肃省国际科技合作基地，着力构建国际技术交流与合作新空间。先后派出专业技术及相关人员43人次，出访马来西亚、日本、南非、德国、美国、西班牙、波黑、塔吉克斯坦、俄罗斯等国家，参加工作会谈和技术交流，推动了合作发展新模式，取得了一系列开创性、有效性成果；与日本株式会社岛津制作所、西班牙马德里大区公共卫生、健康部及食品药品监督管理局、荷兰饲料和食品检验局、巴基斯坦农业研究理事会等多国机构达成和签署多项科技合作协议并稳步推进实施。

以国家、省级国际科技合作项目为抓手，采用"联合实验室建设+联合研发、技术转移、成果应用、人才培养、人文交流等多方式合作"的"1+N"国际合作模式，与塔吉克斯坦国家科学院科学与新技术创新发展中心、塔吉克斯坦科学院植物学、植物生理与遗传研究所等相关科研机构开展了富有成效的务实合作，2019年11月28日，"中国（甘肃）-塔吉克斯坦食品检测与研发联合实验室"在塔吉克斯坦科学院植物学、植物生理与遗传研究所正式落成。围绕联合实验室的建设，机构向塔方输出适用的食品检测技术20余项，培训塔方技术人员70余人次，两国食品检测标准互通研究取得重要进展，一些涉及技术转移、成果转化、人文交流等具体项目进入深耕细作、持久发展的阶段。

二、存在的主要问题

（一）社会对新型研发机构的认识不足

社会对新型研发机构的内涵、独特作用等问题还缺乏认识，新型研发机构与政府部门的关系还不能准确界定。新型研发机构既要接受组建单位考核评价，也要受政府的多重管理，这对如何加强新型研发机构的分类考核、有效管理等工作提出了重要挑战。从政策层面看，对新型研发机构发展的宣传扶持力度不够、精准性不强。同时，新型研发机构与现有孵化器、众创空间、技术转移中心、生产力促进中心等研发平台，在国家科技体系和产业发展中的不同定位，亟待从认识上加以厘清。

（二）新型研发机构核心技术供给能力、风险投资能力弱

新型研发机构市场导向的成果转化不够明晰，核心技术供给能力弱，利益共享与协同创新机制不完善，技术转化为产品和市场推广存在一定困难，成果转化过程中支撑条件不足。部分成果虽具有较大创新性，但缺少中试生产环节的检验，以及未能有效吸纳风险投资基金进行产品后续开发，且缺乏工程化开发、应用型设计、市场化推广等能力，吸纳社会风险投资力度不够，可持续生存压力较大，制约着机构运行效益的提升。

三、对策建议

（一）机构自身急需完善高层设计

新型研发机构建设需要有一套完善的高层设计方案，从明确机构功能与定位、建设资金来源与后续支持安排，到高效、灵活、宽松的管理机制。

（二）建立符合机构特色的组织架构

建立既符合政府基本管理制度，又独立自主的企业化组织架构，是新型研发机构持续发展的关键，应由理事会全权负责机构系列重大决策包括任命管理团队、制订和审议年度工作计划、资金预算、机构设置、人事薪酬等日常管理工作。

（三）保障新型研发机构建设发展用地需求

对新型研发机构项目用地开辟"绿色"通道，采取提前介入、积极协调、主动服务、特事特办等方式给予优先保障，保障新型研发机构建设发展用地需求。

甘肃省中药现代制药工程研究院有限公司

一、建设进展及成效

（一）基本情况

甘肃省中药现代制药工程研究院有限公司（以下简称"工程研究院"）是甘肃省发展改革委批准（甘发改高技〔2013〕2094号），由甘肃奇正藏药有限公司联合中药固体制剂制造技术国家工程研究中心、甘肃中医药大学、甘肃农业大学4家单位联合成立。工程研究院旨在构建一个专门从事中药材种质资源研究，中药新制剂、新技术、新工艺研究，中药质量标准研究、生产关键共性技术开发，中药保健产品开发研究，科技成果转化中试验证平台，同时开展中药产业的工程技术咨询服务和人才培养的立体现代中药研究平台。曾承担并完成国家科技部、发改委等部委的重大项目，工程研究院注重产品研发和创新能力的提升。

工程研究院按照"政府推动、市场引导、企业组建、社会参与"的原则，以"产业先行、行业领先、竞争优势明显"作为发展要求，坚持自主创新为理念，不断提升行业竞争优势。

（二）建设进展

工程研究院实验室占地面积4152.54m^2，现有约200台套设备仪器，固定资产总值1519.5万元。聘请国内知名专家杨世林教授作为研究院院长，现有30名研发科技人员，其中博士1人，硕士12人，本科16人，具备高级职称10人，其他技术人员2人。在原藏药外用制剂国家地方联合工程实验室的基础上搭建了9个剂型平台，其中内服有：片剂、丸剂、颗粒剂、散剂、胶囊剂；外用有：软膏剂、喷雾剂、气雾剂、贴膏剂（贴片、巴布膏剂、橡胶膏剂）。

工程研究院在新型研发机构建设期内研发经费投入共计1700万元。主要开展新药开发研究、基础研究、二次开发等内容。建立开放的技术创新平台，对行业中技术难题进行攻关和创新，提高现有产品的生产转化能力。较为突出的转化成果有：

（1）催汤颗粒项目：藏药催汤颗粒属于甘肃省卫生健康委发布的《关于在全省推广使用新冠肺炎防治中医药系列方的通知》中藏药系列方剂之一。具有清热解表、止咳止痛功效，对症于感冒初期或流感防治。疫情中，通过催汤早期干预流感病状，增强抵抗力，同时也可减少感染人群轻症发展到重症的可能，该产品已取得医院制剂备案许可。

（2）正乳贴：进行正乳贴工艺研究和稳定性研究。

（3）小儿热立清：采用新药开发流程对全国名老中医临床经验方进行开发，以获取新药临床批件为项目目标，现已进入新药转化程序开展研究。完成了工艺研究、质量标准研究和中试研究，正在进行临床资料的收集整理。

（4）海外版消痛软膏：完成工艺研究、质量标准研究、中试研究、抑菌效率检查试验、中试验证，现开始筹备海外注册的前期事宜。

（5）海外版白脉软膏：开展了工艺研究工作，完成了单因素试验。

（6）快速水凝胶：开展工艺研究，进行琼脂糖浸泡试验，无渗水现象发生；进行多种高分子吸水材料和改变PVA处方量的筛选试验；进行低浓度乙醇法和表面水分吸附法的比较试验，现已确定小试制备工艺，完成快速消痛水凝胶在不同温度条件下体外透皮吸收试验和质量成分研究工作。

（7）五味甘露药浴颗粒：完成工艺研究及质量标准研究，总结临床研究资料；梳理现有研究资料，申请1项发明专利。

（8）夏萨德西：完成中试样品36个月长期稳定性试验及产品中的指标成分土木香内酯与异土木香内酯进行跟踪监测。

（9）消痛气雾剂：按照项目要求完成长期稳定性试验研究，正在进行安慰剂研究。

（10）藏沉香：承担的"藏沉香药材标准升地方标准"项目已顺利完成，该项目为企业建立了有效的内控标准，并将"藏沉香"标准提升至地方性行业标准服务于整个甘肃地区；完成总木脂素及其他成分含量指标成分的测定；已进行薄层鉴别、浸出物及含量测定研究；并获得3项发明专利证书。

（11）医疗器械：完成11个医疗器械研究开发。

（12）质量标准研究：完成了"大籽蒿、刺柏、水柏枝、烈香杜鹃"4个药材的质量标准提升。

（13）平台搭建：梳理现有管理制度及标准作业程序（SOP），为中试平台的运行提供制度保障。

（三）建设亮点与特色

1.培育和深挖大品种

中药大品种培育和开发是带动当地医药产业迅速发展的有效途径。针对甘肃企业具有优势和前景的特色产品，通过大品种、大病种、大市场等品种筛选，规划培育和开发甘肃具有潜力的中药大品种，通过物质基础辨识、药效机理阐释、循证医学研究，对品种进行科学定位和研究，使其做大做强，并占据足够市场份额，成为甘肃企业的支柱产品，从而推动甘肃医药产业发展。

2.突破产业共性关键技术

充分整合资源，针对行业产业发展中口服制剂、外用制剂存在的关键共性问题，开展协同创新和重点突破，不断提升协同创新能力和水平，促进创新成果转化应用，逐步建设成为具有鲜明特色的甘肃医药科技与产业创新平台，支撑引领甘肃中药产业创新发展，为地区经济社会发展做出应有贡献。打造院内中试验证平台，承担地方重大关键项目研究，提高工程研究院的研发实力，目前具备承担国家重大关键项目研究的能力。坚持创新引领，强化工程研究院的科技支撑，为同行业开展技术工程咨询服务，满足甘肃省中试需求和项目开发需求。

3.大力开发医院制剂

挖掘医院制剂和当地的名医名方，进行二次开发。从中筛选出安全性强、疗效可靠、质量稳定的中药制剂，通过药理试验，进行药物筛选、配伍及全方位研究，应用现代制剂技术，进行剂型合理性和制备工艺研究，建立有效的质量控制标准，为中药医院制剂的新药转化探索一条特有的路径。

4.重点开展中药新制剂、关键技术研发和创新体系建设

工程研究院通过"项目带人，专家指导"的方式，为企业培养中药新药高级研究人才，促进中医药高技术人才队伍建设，提升专业人员的开发水平和专业能力，已成为中药研究行业的人才培养基地。

5.进行新型研发机构的机制体制创新

工程研究院由企业和院校共同搭建，形成产学研一体化的产业链依托平台。推行"企业化管理、股份制经营、市场化运作"制度，独立法人经营管理，实行院长负责制。为调动研发技术人员进行新技术、新产品开发的积极性，积极创新项目管理方式，建立研发项目激励管理办法，制度规定工程研究院接受委托研究后建立的项目，项目总费用的5%归项目立项人，20%作为研究院管理费，剩余75%作为项目费用，由项目负责人自主计划使用。打造轻资产运营模式，目前仅购买了少数仪器设备，多数仪器设备均为母公司"奇正藏药"购买，工程研究院支付租赁费。

依据国家药品管理法规及药品全面质量管理体系的相关法律法规，工程研究院建立健全新产品研究全过程质量管理体系，提高新产品研发质量，增强客户满意度。开展药品及其他产品研发过程质量保证工作，确保研发项目过程的质量可控性、规范性、可追溯性，保证研发项目的交付质量。

二、存在的主要问题

在现今科技高质量发展的情况下，新型研发机构存在产学研融合深度不够、高层次人才缺乏、自我"造血"功能不强等问题。对此，需要加快成果转化、引进和培养高精尖人才、增强自我"造血"能力，全力助推新型研发机构提质增效。

（一）产学研融合深度不够

新型研发机构在实验室研发、成果转化和企业孵化等功能之间界定不清晰，资源匹配难度较大。新型研发机构与地方企业、行业的产学研融合存在短板，研发成果因市场需求不足，难以实现有效转化，且在成果转化过程中支撑条件不足。

（二）高层次人才缺乏

工程研究院研发人员规模较小，具有领军能力的高层次人才较为匮乏，对市场需求的把控不够精准，存在人才引进和激励机制等方面的制度障碍，严重制约新型研发机构竞争力的提升。

（三）自我"造血"功能不强

新型研发机构在经费使用、人才评聘、成果转化等方面都比较有限，对较长周期的研发创新活动支持力度不够。以需求为导向的研发机构内部活动尚未建立，机构的研发创新活动与应用市场结合不紧密，创新对产业的促进作用有限。

三、对策和建议

（一）建立新型研发机构信息共享平台

明确新型研发机构在创新体系中的定位，严格落实新型研发机构在政府项目承担、人才引进、建设用地等方面的优惠政策。将研发创新与成果转化作为核心功能，提升市场化运营能力，建立地方性新型研发机构协作机制及信息共享平台，围绕产业需求开展研发活动，加快成果转化，提升运行效益，将实验室研究和产业化推广有效结合。

（二）协助建立研发代工平台

政府从政策和制度层面支持新型研发机构的技术升级、中试转化、平台共享，推动成果转化进程。建议明确吸纳人才（新引进技术人员、高层次技术人员及高校毕业生）资助条款的资金额度，以达到引才聚才的目的。强化对新型研发机构的实验室场地租赁费用和研发投入资金的支持，建议由政府部门牵头建立研发代工平台，搭载技术代工信息服务，拓宽代工渠道。支持和指导研发机构或实验室的资质认定认证工作，协助研发代工平台进行资质认定。

兰州兰石能源装备工程研究院有限公司

一、建设进展及成效

兰州兰石能源装备工程研究院有限公司（以下简称"兰石研究院"）自2019年9月获批甘肃省新型研发机构以来，全面贯彻落实新发展理念，深入实施创新驱动发展战略，结合本单位特色优势，联合省内外高校、科研院所、龙头企业，按照投资主体多元化、管理制度现代化、运行机制市场化、用人机制灵活、创新创业与孵化育成相结合、产学研深度融合建设要求，以搭建产、学、研相结合的开放式平台为宗旨，以提升科技产品核心竞争力为目标，积极整合行业科技资源，充分发挥人才、资源等优势，公司整体创新水平大幅提升，已成为功能定位更加清晰、研究方向更为聚焦的新型研发机构，为甘肃省科技创新发展、产业转型和经济增长提供了重要支撑。

(一) 基本情况

兰石研究院是兰石集团战略性科技创新单元，是专门从事能源装备工程领域集基础研究、应用研究、产品技术研发与设计、销售与市场拓展、安装调试及其成套与工程项目总承包（EPC）、工程技术咨询与服务以及成套装备工程和技术的进出口业务于一体，具有法人资格的研发机构。兰石研究院组织体系总体架构为"一院、一所、四部门、四中心及若干事业部、若干分（子）公司"，现有员工270余人。拥有一批全国劳动模范、全国五一劳动奖章获得者、享受国务院政府特殊津贴专家和全国优秀科技工作者等高层次领军人才。主要开展高端装备系统集成研发，新能源技术与装备研发，绿色现代煤化工工艺及装备研发，清洁能源综合利用技术与装备研发，生物化工技术与装备，数字化、信息化、智能化技术共享服务和科技发展战略研究。

兰石研究院具备雄厚的研发能力和水平，现有国家级工业设计中心和能源装备国家专业化众创空间等国家级创新载体，拥有数字化设计、工业设计等先进的研发手段和研发体系，通过战略联盟、项目合作、人才培养、基地建设等途径与30余所高等院校、研究机构开展战略合作，多个项目和课题获国家及省部级奖项。

近年来，通过15 000m浮式海洋平台钻井包项目、兰石金化千吨级循环流化床加压煤气化示范项目、3000hp压裂车组项目、300MN薄板成型液压机组项目、径锻机组项目、地源热泵清洁供暖项目等一批重大项目的研发和技术攻关，解决了一批关键共性问题，提升了工程化能力，开发了新产品、开创了新领域、打造了新品牌，为大国重器增添了新彩。

(二) 建设进展

自成立以来，兰石研究院以搭建产、学、研结合的开放式平台为宗旨，以提升科技产品核心竞争力为目标，积极整合行业科技资源，充分发挥研究院人才、资源等优势，从行业需求出发，整合行业科技资源，促进信息、实验室、设备等资源共享，减少了重复投资和重复建设，建成多元共建、体系开放的新型研发机构，在开展产业关键共性技术研发、大力推进先进制造产业集群发展、科技成果转化等方面取得了显著成效。

新型研发机构建设期内（以下特指：2019年10月至2021年10月），主营业务收入8632.28万元，科技服务收入6261.02万元，营业支出7566.58万元，积极承接板块公司技术服务300余项，技术服务收入1303万元。承担技术创新项目44项，其中，甘肃省重大专项1项、重点研发计划3项、高等学校产业支撑计划项目1项、兰石集团科技计划项目40项，研发经费支出7379万元。投入120万元建成兰石集团产业情报大数据平台，累计编制快报72期、年报18期、产业与科技情报查询113份；引进专职研发人员13名，其中硕士8名、本科5名，授权"精确控制N含量的高纯度双相不锈钢冶炼工艺"等发明专利10件，申请发明专利5件，授权实用新型专利18件、软件著作权1件。

1.加强基础设施建设

兰石研究院持续加大对技术研发和试验基础条件的建设投资,构建了覆盖多个业务方向需求的研发和试验支撑平台。现有办公大楼1栋,面积16 524m²;先后建成国家级众创空间1个、国家级工业设计中心1个、省级工程中心3个、省级重点实验室2个、企业实验室2个,涉及石油钻采、能源化工、通用设备、换热设备、新能源、铸锻及新材料、生物工程、智能控制、工业设计、仿真分析、工程咨询与情报分析等专业领域。投入4343万元,采购了一批先进的实验仪器和设备;投入1892万元,购置了三维设计、工业设计、有限元计算、工艺仿真、机电液联合仿真、科技管理等系列软件。平台建设和软硬件投入为技术中心科技创新提供了便利条件。

2.打造创新型人才队伍

兰石研究院从事研究与试验发展的人员有176人,其中高级职称24人、中级职称108人,博士学历2人、硕士学历52人。专业领域覆盖煤化工、机械工程、自动化、液压控制、工业设计、仿真分析、电子信息、软件工程、生物工程等专业。创新团队年龄结构和专业结构较为合理,能够实现优势互补、放大协作效应。

依托重大创新项目,获批省级重点人才项目、陇原青年创新创业团队项目5项,获得政府扶持资金175万元;高层次人才队伍建设成效显著,获得全国劳动模范1人、全国"五一劳动奖章"1人、享受国务院政府特殊津贴1人、入选"甘肃省领军人才"2人、"甘肃省优秀专家"3人、"甘肃省高层次专业技术人才津贴"1人、陇原高层次人才5人、"西部之光访问学者"6人、"陇原青年人才"2人;获评"甘肃省评标专家"3人、甘肃省项目后评价专家2人、甘肃省智慧阳光采购平台评标专家1人;"甘肃省十佳工业设计师"1人、"兰州市优秀科技工作者"1人。

3.建设多层次科研主体创新平台

兰石研究院建院以来,深化与兰州理工大学合作,联合开发项目8项,每年投入近100万元。在学校与企业之间建立密切的战略合作关系,建成高端装备与智能制造产、学、研、用结合的示范基地。目前,获批国家级平台2个,省市级、行业级平台15个,其中,研究中心8个,实验室3个,转化基地1个。依托新型研发机构,成功获批博士后科研工作站,目前已面向社会招聘博士研究生,吸引博士后工作人员寻求和开展项目合作。2021年7月牵头玉门油田、有研工程技术研究院、天传所等20多家省内外企事业单位、科研院所组建"甘肃省先进能源装备制造技术创新战略联盟",助力甘肃省先进装备制造业高质量发展。

4.持续加大研发经费投入

建设期内,研发经费投入7379.96万元,承担省级科研项目5项,获得省级科研项目经费收入930万元,横向项目5项,项目投入6646万元,承接企业委托研发项目32项,委托项目总金额5145万元,科技成果转化收入952.4万元。孵化高新技术企业1家,服务行业企业20家,孵化新项目7项,投入112.5万元。

其中，2020年，通过开展压裂装备智能化技术开发与应用项目，提高原有整套3000hp压裂车组的自动化、智能化、安全性程度及使用效率，对压裂车组进行技术升级和二次开发，研发投入76万元。2021年，通过开展粉煤加压气化技术工业化整体解决方案的研究、循环流化床煤气化过程数值模拟及优化研究、高温固体颗粒物冷却系统开发项目，对原有的兰石金化千吨级循环流化床加压煤气化示范项目设备和工艺进行二次开发，持续提高设备效率，降低能耗，研发投入643万元。

（三）建设亮点与特色

近年来，兰石研究院以科技创新为核心任务，不断加强研发投入和成果产出，其中，国内自主研制的首台套1.6MN径锻机组EPC总包项目出口缅甸，标志着兰石径锻机成功进入国际市场；与中科院工程热物理所共同研发的国内首套加压循环流化床煤气化装置已成功应用于甘肃金昌20万t/a合成氨装置，在此基础上与辽宁盘锦浩业化工有限公司签订了16万标方每小时煤制氢装置项目，此外，3000hp压裂车组、智能换热机组自控系统、PCHE微通道换热器、中深层地源热泵项目和设施农业智能温室自控系统等项目成果转化成效显著，对兰石装备制造引领和支撑作用逐渐显现。

1.新型研发机构体制机制创新点燃"新引擎"

兰石研究院建立了灵活开放的管理体制和运行机制，通过汇集外部科技资源，打造产学研平台，加大协同创新，建立跨部门、跨领域、跨专业、跨板块的研发团队，突出关键共性技术、前沿引领技术以及现代工程技术在能源装备领域中的应用研究。建立项目职位管理体系和研发成果奖励机制，最大限度地调动研发人员的积极性和创造性。打造充满活力的众创平台运行机制，引进人才、资金、技术，实现资源共享、开放，孵化了一批新型科研项目，针对已完成并进入成果转化和市场推广阶段的技术创新项目，设立赋予一定自主权的成果转化和市场推广事业部，依托现代科技成果，专注市场推广，并进行单独核算、自负盈亏，让事业部成为模拟公司制法人单位的孵化主体，进一步激活科技人员的创新、创造动力，点燃新引擎。

2.科技成果落地转化取得"新突破"

深化产学研用融合，构建协同创新发展新模式，与国内知名高校、科研院所及同行业上下游企业探索可行的产学研用合作模式，鼓励产学研用各方加入创新平台建设，推动创新资源开放共享，加快科技成果转移转化。为加快推动科技成果落地转化，兰石研究院制订并实施《兰石集团研究院（工程研究院）营销奖励管理办法（修订）》《兰州兰石能源装备工程研究院有限公司成果转化事业部激励方案》等一系列管理办法，通过激励机制，建院至今，产业类成果转化共计99项，累计成果转化额12.96亿元。

3.孵化和引进科技企业培育"新动能"

兰石研究院成立以来,先后孵化了金昌兰石气化技术有限公司、兰州兰石中科纳米科技有限公司,依托核心技术开发,形成了高效紧凑型换热设备、径锻机的产业化,培育了兰州兰石恩力微电网有限公司、兰州兰石恩力电池有限公司、甘肃航天云网科技有限公司和金昌兰石气化技术有限公司。强化技术引领和共享技术服务,履行市场化发展职责,做到突出重点与协同发展,建设扁平化组织,实现组织精干高效。坚持开放和共享,提升创新效率和服务效能,设立开放课题,通过开放和共享自己的优势研发资源,吸引优秀人才开展合作研究,提高科研资源的利用效率及服务社会的能力。

二、存在的主要问题

(一)人才聚集效应和平台建设急需强化

新型研发机构的实验室研发、成果转化和企业孵化、市场培训等功能错综复杂,造成财政资源错配和浪费,双聘、柔性引进、项目合作等形式的人才培育模式仍需强化,人才向新型研发机构的集聚效应不强,与本地高校和科研院所开展产学研高效协作模式仍需加强,产学研协作创新平台和新型研发机构科技创新平台联盟急需打造,创新示范效应还需进一步提高。

(二)资金和高层次人才缺口较大

新型研发机构的运营管理有自身的规律,也有特殊的要求。科研人才走向市场,可能存在较多的不适应,目前研究院发展中存在较大资金缺口,致使高技能人才引进和育才难度大。引进或孵化的企业大多数处于初创期和成长期,属中小微企业,尚未形成规模化生产经营,大多存在融资难、融资渠道不畅等问题。

(三)产品市场化程度急需提高

兰石研究院的一些科技创新产品在技术上有较大的创新性,但此类新产品及技术成果要获得市场及消费者认可,过程漫长,很多企业和用户对科技成果、人才团队、研发实力等缺乏了解和信任,产品起步期的市场开拓还需借助一定的社会力量,需要政府更好地发挥宣传和指导作用。

三、对策建议

新型研发机构是落实创新驱动发展战略和推动科技体制改革的新型创新主体,已成为国家和甘肃省科研力量的重要组成部分,在为企业提供高质量技术供给和研发服务方面发挥了重要作用,对提升企业技术创新能力做出了积极贡献。

（一）政策层面

注重发挥政府引导性作用，着力强化市场驱动型的创新，利用市场手段配置和整合科技、人才、金融及其他资源，促进形成科技成果向现实生产力转化的自发机制，强化政府的政策激励作用，不断提升政策导向、政策激励的有效性，营造有利于新型研发机构成长发展的良好环境。

（二）企业层面

鼓励现有龙头企业利用自身平台资源，依托国家级平台，聚焦产业，用好领军人才资源，持续引进高端新型研发机构落户，形成集聚效应。加大力度提升新型研发机构的研发创新能力、企业孵化能力，强化研发创新能力，紧紧围绕主导产业和新兴产业的创新需求，鼓励引进国内外比较成熟的科研成果进行二次开发，通过消化吸收再创新，推动成果有序落地，转化运营管理能力，鼓励引入社会资本助力机构快速成长。

兰州牧药所生物科技研发有限责任公司

一、建设进展及成效

（一）基本情况

兰州牧药所生物科技研发有限责任公司（以下简称"公司"）是在原中国农业科学院中兽医研究所药厂的基础上，进一步整合投资方中国农业科学院兰州畜牧与兽药研究所的（以下简称"研究所"）科技、平台和人才资源，建立的一家集科研成果转化、开发、生产和销售为一体的科技型企业。于2019年被甘肃省科技厅认定为第二批甘肃省新型研发机构。

公司依托中国农业科学院兰州畜牧与兽药研究所兽医兽药的科技研发优势，秉承"依靠科技创新、打造高端产品"的理念和"发扬中药精髓、铸造国药精品"的信念，以研制新兽药为目标，以传统中医理论为指导、结合现代西医的分析技术，长期从事中兽药、兽用化药、兽用抗生素等兽用药品的研发、生产和销售。现拥有完备的中兽药GMP车间，通过研制、临床、中试和推广的全产业链，研发高效低毒、绿色环保的新型兽药，为养殖业提供安全、高效、方便、经济的优质产品。现有研发人员52名，其中博士18名，硕士32名；拥有高级职称28名，中级职称32名。

公司依托兰州畜牧与兽药研究所拥有农业农村部兽用药物创制的重点实验室、农业农村部兽药临床试验中心和非临床研究中心、甘肃省中兽药工程技术研究中心、甘肃省新兽药工程研究中心、甘肃省新兽药工程重点实验室等创新平台，在场地、人员、科技创新和产品研发等方面，对新型研发机构给予了极大支持。通过灵活的科研人员投入和创新经费投入，有力支撑公司在项目储备研究、成果推广应用、大型仪器设备运行与维护等方面工作。

（二）建设进展

目前，公司拥有完备的管理制度，制订了多项程序文件，涉及产品安全、效益生产、人员管理和财务保障等方面，各项规章制度能够高效地指导生产运营及规范人员管理。强化领导，周密部署，为成果转化、技术服务和安全生产提供有效保障。突出重点，注重实效，通过对中兽药GMP车间的有效管理，与投资方中国农科院兰州畜牧与兽药研究所建立灵活有效地研发和人才兼职机制，有效提升机构的研发能力。

2019年9月至2021年10月，公司依托兰州畜牧与兽药研究所在兽医兽药相关领域获各级各类科研项目67项，合同经费3733.91万元。在建期内研发经费投入1335万元，主要用于生产线升级和大型科研仪器设备采购。依托研究所获省部级科技奖励4项、国家二类新兽药证书2个。发表论文134篇，其中SCI收录62篇，影响因子190.342，授权发明专利50件，实现专利权转让24件。出版著作5部，获批国家二类新兽药2个，制订了第1个国家标准《动物腧穴名称与定位 马属动物》，为公司的发展提供了有力的科技创新支撑。

近两年，公司不断加大科技研发的各项投入，机构主营业务累计收入720万。积极开展产学研合作，服务地方畜牧业发展，先后将二类新兽药"羟氯扎胺混悬液"转让给武威牛满加药业有限责任公司、成都中牧药业有限公司、重庆方通生物科技有限公司、河北远征药业有限公司。将新兽药"乌锦颗粒"技术同时转让给山东德州神牛药业有限公司、中农华威生物制药（湖北）有限公司和成都中牧生物药业有限公司。与青岛动保国家工程技术研究中心有限公司、青岛蔚蓝生物股份有限公司、瑞普（天津）生物药业有限公司、济南深蓝动物保健品有限公司等企业开展技术服务和交流合作，开展兽药临床和非临床试验，签订成果转让、技术服务、技术委托等合同66项，到位经费1856多万元。

在做好企业成果转化、技术服务的同时，以临床用药、疾病防控、牛场管理等为主要内容，对肉牛、奶牛养殖企业人员、农技人员、农民等，进行了30余次共计4000多人次的培训，发放培训教材1000余册，取得了良好的社会效益。

积极向甘肃贫困地区赠送牛羊用矿物质营养舔砖、驱虫药、消毒药、蜂药等急需物资，同时，选派专业技术人员现场指导养殖户和合作社运用先进养殖技术和疫病防治技术，为脱贫攻坚贡献力量。

二、存在的主要问题

（一）制度与政策层面

作为一种新生事物，全社会对新型研发机构的内涵、认定标准、独特作用等问题缺乏深刻认识，新型研发机构与政府有关部门的关系还不能准确界定。新型研发机构受到传统事业单位管理规定的重重约束，事业单位类型新型研发机构注册类别难以套用现有分类，财政经费支持和使用方式不明确，机构的国有资产管理仍受到传统事业单位规则的制约，不定编制的人员聘用存在管理模糊地带。企业类新型研发机构的定位和支持举措尚未明确，体现公共科研属性的非营利性企业类新型研发机构无法享受进口科研仪器设备税收减免政策类问题突出。

（二）资金、人才、技术层面

部分新型研发机构经过一定时间的发展和经验积累，能够独立健康运行，但仍然有数量众多的新型研发机构需依赖政府或其他主体的持续投入。存在财政资金扶持总量小、经费拨付滞后、吸纳社会风险投资力度不够等问题，与发达省市新型研发机构相比，西部地区新型研发机构高水平有影响的研发成果少，自主创新和产业化能力弱，核心竞争力不强，同时对周边区域的影响力、辐射力非常有限，对地方产业结构优化升级和经济发展的拉动作用急需加强。

高水平创新人才支撑不够。创新是第一动力，人才是第一资源。与传统研发机构相比，新型研发机构人才总量少、聚集度低、结构不合理问题比较突出。受制于发展阶段、研发经费、创新体制、文化环境、社会保障等因素制约，新型研发机构高层次人才匮乏，尤其是能研发、懂技术、会管理和善经营的专业复合型人才稀缺，高水平领军型创新人员和团队引进难、留住更难，现有创新人才的奖励、扶持及社会服务优惠政策措施，存在宣传渠道有限、传播方式方法陈旧等问题，全社会尊重知识、尊重创造、崇尚创新的浓厚氛围尚未形成。

三、对策建议

（一）创新事业单位类型新型研发机构的运行管理机制

一方面，对于从事战略性、前瞻性、颠覆性、交叉性领域研究的，支持其建设实行新型运行机制的科研事业单位，采取灵活的用人方式，采用市场化用人机制，员工直接与机构签订劳动合同，按照企业人员身份参加社会保险。另一方面，建立任务为导向的机构式资助机制，实施财政经费的综合预算和负面清单管理制度。在科研仪器设备购置、项目研发、人员薪酬及运行经费等方面，研发机构可以自主安排经费使用。此外，考虑到新型研发机构的一项核心功能是开展科技成果转化，而高校、科研院所通过全资技术转移公司、知识产权管理公司等开展成果转化是一种常用且有效的途径，因而有必要放开事业单位类型新型研发机构设立以成果转化为核心功能的运营公司的审批通道。同时，由于事业单位类型新型研发机构不定行政级别、不定编制，难以根据行政级别和编制数量核定其国有资产配置标准，本着以信任为前提的原则，赋予机构国有资产配置的自主权，在合理范围内允许其自主进行资产配置及使用。

（二）明确社会组织类新型研发机构可适用的支持政策

一方面，允许经认定的社会组织类新型研发机构可以按照国家有关规定享受科研和教学用品进口相关税收减免，对其进口国内不能生产或者性能不能满足需要的科学研究、科技开发和教学用品，免征进口关税和进口环节增值税、消费税。另一方面，需要由主管部门牵头与相关部门会商，明确社会组织性质新型研发机构员工的平均薪资统计标准，主动为机构确定符合免税资格认定要求薪酬标准提供依据。

（三）建立企业类新型研发机构认定和动态管理机制

一方面，明确企业类新型研发机构的功能定位，将其定位为国家技术创新中心等科技创新基地的"预备队"，参考科技创新基地管理，确定认定条件、资助方式、享受政策，支持其在项目申报、职称评审、人才培养、建设用地保障、重大科研设施和大型科研仪器开放共享、投融资等方面享受科技事业单位同等待遇。另一方面，建立与创新成效、能力建设、机构发展、社会贡献相结合的新型研发机构绩效评价体系，由第三方机构按要求开展评价，并根据评价结果予以择优补助。此外，积极探索将从事非营利科研活动的企业类新型研发机构纳入科研和教学用品进口税收减免范围，支持其更好地开展具有公共属性的科研活动。

甘肃省建材科研设计院有限责任公司

一、建设进展及成效

（一）基本情况

甘肃省建材科研设计院有限责任公司（以下简称"设计院"）始建于1978年，现有员工430人，80%以上为专业技术人员。2019年，在省政府国资委、甘肃科技集团、甘肃国投集团的大力支持下，完成了员工持股的混合所有制改革，现为国有控股的高新技术企业、甘肃省混合所有制改革示范企业，并于2019年入选甘肃省第二批新型研发机构。

设计院业务范围涵盖建筑、建材、市政、环境、资源、勘察、测绘、清洁能源、节能环保等领域，主要从事研究开发、检验检测、鉴定加固、评估认证、全过程咨询、工程设计、城乡规划、绿色建筑、地热能、太阳能开发利用、特种工程施工、功能材料制造、工程总承包等业务。现拥有建筑工程设计、专业工程咨询、检测认证鉴定等12项甲级资质和国家技术转移示范机构、工信部工业节能与绿色发展评价中心、甘肃省绿色建筑技术重点实验室等国家级、省级技术创新服务平台与机构。业务区域覆盖中国西北、西南地区和东南亚周边国家，设有西安、云南、宁夏、青海四个分公司和两个全资子公司。

设计院坚持以技术创新为引领，在建筑节能、绿色建筑、地热能、太阳能开发利用等领域承担了一批国家级、省级科研项目，逐步形成了绿色建材、绿色建筑、绿色能源三合一技术优势，科研成果工程化成效显著，为西部地区生态建设、环境保护和绿色低碳发展做出了重要贡献。

（二）建设进展

设计院拥有专用研究实验室11个，可优先使用其他所有相关检测设备。在永登建成占地

3.07hm²的甘肃省节能环保建材、新能源科技开发基地，形成绿色建材和新能源利用科技成果孵化和转化基地，实现了集"产、学、研"于一体的经济发展模式。现有各类试验检测仪器设备七百多台（套），科技创新工作可优先使用所有相关设备。

近三年设计院投入稳步增长，平均研发投入比例7.4%，其中2021年研发投入达到1244万元。目前设立了先进无机非金属材料、检验检测认证技术、可再生能源开发利用等7个科技创新团队，主要围绕功能材料研发、检验检测认证和鉴定加固技术研发、固废资源综合利用、可再生能源开发利用，藏式绿色建筑技术研发及推广应用等方向开展科技创新工作。以上7个创新团队共拥有科研人员91人，硕士以上学历人数占29%，拥有高级以上职称人数占24%，90后研究人员占31%。

近年在建材检验检测、节能检测、绿色建筑设计、绿色建材领域承担各类国家和省部级项目，主持和参与完成国家重点研发计划项目3项，省级科技重大专项3项，其他省级科技计划项目15项，累计获得科研专项经费5000万元。拥有有效专利30项，其中国内发明专利8项，正在申请专利13项，其中国际专利2项，发明专利9项；主持和参与编制国家标准8项，行业标准4项，地方标准24项；获得软件著作权2项。此外，公司入选国家工业和信息化部《2020年绿色制造系统解决方案供应商》，按500万元享受中央财政奖补。

"中深层地岩热供暖技术"作为一种清洁、低碳的环保技术，将为国家"双碳"战略目标的实现、甘肃省能源产业结构转型升级贡献力量。2020年中标天水市职教园区供暖项目，该项目建筑面积为50万m²，规划32孔地岩热井项目总投资1.39亿元，实现了中深层地岩热供暖技术规模化应用。

生态砂系列制品为"荒漠砂功能化改性关键技术研究与产业化示范"项目科技成果，该项目为甘肃省科技重大专项计划，获批经费500万元，该技术为甘肃省乃至全国防沙治沙，发展绿色可循环"沙产业"起到示范和带头作用，开辟科学用砂新途径。

设计院自主研发的高效节能产品主要有高性能聚羧酸减水剂、高效助磨剂和砌块等。2021年减水剂销售收入较2016年翻了18.9倍，助磨剂产品省内市场占有率接近90%。

围绕绿色建筑领域中的先进无机非金属材料研发制造和新能源开发利用，结合设计院"十四五"发展方向，理顺现有平台之间的关系。按照平台机构的性质和方向进行布局，对标"有稳定的研发投入、有配套的实验条件、有优良的创新团队、有科学的管理制度、有较强的研发能力"的"五有"标准，优化研发资源布局，提升甘肃省绿色建筑技术重点实验室，建设甘肃省中深层地岩热应用技术工程研究中心，优化提升核心研发平台。

（三）建设亮点与特色

1.持续加大科技研发投入

作为高新技术企业和新型研发机构，设计院将加大研发投入作为提升企业自主创新能力的重要抓手。一方面积极争取各渠道纵向科研专项经费，另一方面依托部门共同出资，持续加大自身科技研发投入。其中部门投入研发经费和设计院科技创新引导经费的比例不低于2:1，以保障公司研发投入占营业收入不低于6%，实现逐年稳步增长的目标。

2.依托业务部门组建科技创新团队

围绕设计院主业发展方向，结合部门自身发展需求，组建科技创新团队。创新团队科技创新和研究方向、团队带头人由依托部门自主确定，将提升依托部门自身的市场竞争能力和核心竞争力，形成可商品化的新产品、新技术，形成能够对外进行技术转移和交易的科研成果作为创新团队建设的重点目标。通过科技创新团队新模式建设，实现科研与生产经营相互促进、深度融合。

3.加强科技成果奖励、促进科技成果产出

根据《科技成果奖励管理办法》，对科技类奖项，主编完成的国家、行业、地方和团体技术标准，以设计院为第一申请人取得的专利，以员工为第一作者发表的专著和论文，给予数额不等的现金奖励。科技成果产业化和工程化成效显著。在科研成果产业化方面，研发的聚羧酸减水剂、水泥助磨剂等多项新产品，均在永登新型建材中试基地成功实现了产业化。先后建成年产2万t高性能水泥助磨剂、1万t高性能聚羧酸减水剂母液、3万t干粉砂浆、5000t防渗透气砂、10万件生态砂制品、18万m²生态透水砖和3万t加固混凝土生产线，产品累计实现销售收入1.52亿元。在科研成果工程化方面，以设计院为首的联合体中标天水市职教园区中深层地岩热供暖/制冷工程，工程总建筑面积56.80万m²，总投资1.396亿元。

二、存在的主要问题

（一）制度、政策等

目前省上已出台多项相关制度、政策支持新型研发机构的发展，同时严格新型研发机构的评选流程，保证机构质量。出台的相关制度、政策提出了较多优惠政策，但各项政策实施及新型研发机构在运行过程中，与其他政府部门联动不足，优惠政策倾向不明显。

（二）技术、人才、资金等

1.高端人才缺乏

甘肃省地域、环境等因素导致新能源、新材料行业带头人少，成果转化人才缺乏。实验室虽具备一定的科研人员，但科研项目涉及专业面多且广。目前研究人员专业结构比较单一，人才培养速度不足，项目实施进度较慢。虽出台了一系列政策激励其科研积极性，但青年科研人才的引进仍然比较困难，需进一步完善人才引进机制。

2.产业发展相对缓慢

推进产业升级、调整发展方式的步伐有待加强，科研成果虽坚持市场导向，紧跟市场需求和企

业需求，但真正能够解决问题、符合市场导向和市场需求的专利技术数量相对较少，技术成果的研发和转化应以市场为导向，设计院为研发主体，应鼓励公司科研部门与高等院校、科研院所走协同创新之路。

3.缺乏有力的资金支持

科技创新是一个不断试错、反复探索的过程，往往耗费大量时间和资金。在漫长的研发过程中，除反复试验研发发生的费用外，企业还需保证研发人员的收入。以上费用对中小企业而言压力较大。

三、对策建议

（一）政策层面

联合相关政府部门，出台相关制度政策，切实加强对新型研发机构的支持力度，在科研项目立项、成果转化补贴等方面进行政策倾斜。结合甘肃省经济社会发展的实际需求，从省级层面出台人才引进政策，优化人才政策供给，强化人才政策引领，补齐工作短板，寻求政策突破，着力争创人才引领发展的新局面。

（二）操作层面

省级层面联合有需求的企业，向全国进行联合招聘或发出人才邀请，加大人才引进力度，特别是高技能、高素质的管理人才和技术人才的引进，同时前往"双一流"高校引进优秀高校毕业生，形成结构合理的科研创新队伍。

鼓励、组织科研人员、技术人员参加国内外技术交流和学术会议，提高人员素质水平、开阔视野，培养一批科研水平高、市场把握准确的技术骨干，提高科研成果的转化率及产品的市场营利能力。加强评估和考核体系，定期进行机构考核，保证机构良好稳定运行。

甘肃省科学院磁性器件研究所

一、建设进展及成效

（一）基本情况

甘肃省科学院磁性器件研究所（以下简称"磁研所"）创立于1988年，注册资本300万元，2022年更名为"甘肃省科学院磁性器件研究所有限责任公司"，注册资本增至1176.85万元。磁研所自创立起致力于稀土永磁材料及其应用技术研究与开发，形成永磁传动技术、轴承技术、永磁悬浮技术3项具有完全自主知识产权的专有核心技术和以永磁传动泵、阀、搅拌器为代表的无轴封永磁传动设备、高端轴承，以高温气冷堆为代表的先进核反应堆型专用设备，以TBP煤油热解炉、水泥搅拌器、混合澄清槽长轴搅拌器为代表的核化工后处理专用设备4大类产品。上述产品所属领域为制造业，并且绝大部分产品属于高端装备制造业，其中，核反应堆型专用设备、核化工后处理专用设备大多应用于国家重大项目或任务，实现了多个首台（套）、国内外首创。磁研所在开展上述工作的过程中获得国家级奖项2项、省市级奖项15项，取得国家授权专利20余项，通过国家三体系、知识产权管理体系、中核集团合格供应商、高新技术企业和科技型中小企业等多项认证，牵头制订国家标准1项、国家团体标准1项、机械行业团体标准2项，承担并完成政府各级各类课题30余项，学科带头人出版专著3部。

磁研所依托上述3项专有核心技术，围绕国内核反应堆用设备、核化工后处理专用设备研制、试验、生产和石化、航天、军工等领域急需特种永磁传动系列设备开发两条主线，通过与国内知名科研院所、高校和前沿产业进行合作与交流，积极投入人力和财力，拟在10年内建设形成以永磁传动技术应用研究为主体，具有国际知名、国内一流水平的新型研发机构，为甘肃省创新驱动发展做出积极贡献。

（二）建设进展

磁研所具备满足新型研发机构运行的基础条件和设施，主要包括办公和科研场所2100m²、价值10万元以上各类研发应用设备10台（套），以及依托甘肃省科学院磁研所宝鸡分所建设形成的无轴封永磁传动设备综合性能试验平台、永磁传动技术及轴承试验室、高温气冷堆大型综合试验台架、核化工后处理设备试验平台及各类研发辅助设备40余台（套）。

2019年、2020年是新型研发机构建设关键时期，磁研所累计投入研发资金150余万元，其中，科研仪器设备和研发人员薪酬支出占比约为55%；2021年，磁研所投入研发资金约100万元，在企业营业总收入中占比达到15%，研发资金主要用于核电系统和超临界无水染色等前沿技术领域应用设备开发；2022年，磁研所维持2021年度研发投入水平，研发资金预算总金额为100万元，主要用于前沿技术攻关和应用设备开发。

磁研所坚决不让技术成果"躺平"，积极高效地开展技术成果转化。在核工业领域，2019年，"乏燃料后处理混合澄清槽长轴搅拌器研制"项目被列为甘肃省科学院应用研究与开发项目，研制成果成功服务于中核集团乏燃料后处理项目，120余台（套）长轴搅拌器进入工业化应用。2020年、2021年，先后为中核四〇四有限公司放射性淤泥移除项目研制磁力传动离心泵和双轴多级磁力液下搅拌喷射泵各1台，"双轴多级磁力液下搅拌喷射泵"被列为甘肃省科学院应用研究与开发项目，目前正在与中核四川环保科技有限公司等中核集团下属单位联合在放射性废物治理领域进行产业化应用。2020年，完成高温气冷堆研制燃料装卸系统维修用抽吸解卡装置和主氦风机中间法兰转轴密封优化试验主体系统，上述2项成果和产品已交付清华大学核能与新能源技术研究院使用；为东方电气集团科学技术研究院有限公司某核电工程项目研制生产循环泵及相关附件产品，试验应用效果非常理想，该技术成果将在该核电工程全面开工建设后得到批量化应用。2021年，与清华大学核能与新能源技术研究院达成3项合作共识并签订合同，负责提供装卸料缓冲管道间维修试验装置技术服务、装料暂存模拟体技术服务、过球测速装置传感器加工和测试3项高温气冷堆相关技术服务，以上高温气冷堆全部技术成果将最终应用于国家山东石岛湾高温气冷堆示范工程，并随着高温气冷堆核电技术的应用实现全面产业化。在非核工业领域，甘肃省科学院磁研所研制的无轴封永磁传动设备（泵、阀、搅拌器等）、高端轴承在航天、舰船、石化、电力等领域实现了一定程度的产业化应用，创造了较好的经济和社会效益，为新型研发机构正常运营和企业可持续发展提供了可靠的保障，特别是为青岛即发集团股份有限公司超临界二氧化碳泵无水染色系统研制的高温高压永磁传动泵、阀，磁力纱管和磁力快开开关等产品，为发展该前沿染色技术提供了关键技术支撑。

（三）建设亮点与特色

磁研所依托永磁传动技术、轴承技术、永磁悬浮技术3项专有核心技术，主要从事国内核反应堆用设备、核化工后处理专用设备研制、试验、生产和石化、航天、军工等领域急需特种永磁传动系列设备开发两方面工作。建设亮点与特色归纳如下：

1.高温气冷堆关键技术攻关和核心设备研制、试验和生产

磁研所自2004起开始参与高温气冷堆相关技术及设备研发，依托永磁传动技术等核心自主知识产权，先后攻克密封传动技术、无油润滑轴承技术、落球缓冲技术和单一化卸料技术等多项关键技术，并将此类技术融入燃料装卸系统输送转换类设备中，解决了系统自动设备在高温、高压、干摩擦、强放射性以及石墨粉尘工况条件下长寿命稳定运行的世界性技术难题。截至2021年，磁研所及宝鸡分所累计向清华大学核能与新能源技术研究院10MW实验堆和全尺寸模拟试验台架以及国家山东石岛湾高温气冷堆核电站示范工程研制并提供设备近1000台（套、件），创造经济效益逾1亿元。同时与清华大学、中核集团、华能集团等单位建立了产学研合作关系，在高端装备制造领域占据了一席之地。

2.核化工后处理关键技术和核心设备国产化研制及生产

磁研所根据中核集团委托，在2019年开始进行磁力联轴器设计及磁场仿真计算，并在2020年将该设计及计算成果成功应用于混合澄清槽长轴搅拌器，向中核集团乏燃料后处理工业提供120余台（套）长轴搅拌器，在短时间内实现了科技成果产业化推广，不仅解决了放射性物质泄漏和设备故障率高等技术难题，而且为提取战略物资和元素提供了技术支撑。

中核四〇四有限公司放射性淤泥移除项目，采用磁研所研制的无轴封永磁传动泵，在试验台架上配合扬液器完成了全流程模拟料液搅拌，试验效果非常理想。目前该技术进入工业化应用前期准备阶段，这是国内首次将永磁传动泵应用于放射性废液移除，有望解决其他核电厂放射性废液移除存在的共性技术难题。上述两项技术创新共计创造经济效益近3000万元。

3.金塔放射性废物处置场建设工作

磁研所在长期从事核设备研发、制造的过程中意识到,利用甘肃省地域优势选址建设商用放射性废物处置场具有重大战略意义。据此协调各方面力量,将放射性废物处置场建设工作从国家科工局、生态环境部、核工业学会等部门争取落地到甘肃省,目前在甘肃省政府主管部门的领导下正在金塔县开展前期建设工作。该放射性废物处置场建成投产后5年内可实现年产值突破30亿元、利税突破9亿元的规划目标,对推动甘肃省社会经济发展将发挥重大作用。

4.超临界二氧化碳无水染色关键技术研发

作为国家积极推广的新型印染技术,超临界二氧化碳无水染色未来市场容量在千亿元以上,但面临系统高温、高压以及超临界二氧化碳易汽化等工况,泵、阀等"卡脖子"技术长期未能得到解决,严重制约了该技术发展。磁研所采用永磁传动等技术以及自主开发的耐高温耐磨合金材料解决了上述技术难题,形成永磁传动泵、阀,磁力纱管和磁力快开开关等高技术产品,与青岛即发集团股份有限公司合作建成国内首条超临界二氧化碳无水染色中试示范线,在产业化上走在了世界前列。上述永磁传动泵、阀,磁力纱管和磁力快开开关等产品工业化应用创造经济效益600余万元。

二、存在的主要问题

(一)运行机制及体制机制不健全

磁研所关于新型研发机构的各项管理制度分散在企业的综合性文件中,现有制度还不健全,作用发挥非常有限,制度的集中度和着力点不够,特别是研发活动方案评估和研发活动绩效考核存在制度缺失,科技人员选、用、育、留举措少,研发激励方式单一、缺乏灵活性,不足以推动新型研发机构稳定运行。

(二)机构的功能和定位急需精准

磁研所对新型研发机构的扶持力度、精准性还不够,对新型研发机构的研发成效、转化能力、创新文化等缺乏长远性和持续性的规划。新型研发机构与传统科研院所的区别不明显、定位还不准确、作用发挥不够显著。

(三)高水平的科研成果产出较少

磁研所的核心技术及产品集中在核电、航天等高端领域,其初步应用取得了一定成效,但与发达省市高水准新型研发机构相比,存在具有高水平影响力的研发成果少、自主创新和产业化能力弱、核心竞争力不强、影响和辐射能力非常有限等问题,对促进甘肃省产业结构优化升级和社会经济发展的拉动作用还需加强。

(四) 科技创新人力资源较为匮乏

受制于发展阶段、研发经费、创新体制和文化环境等影响因素,磁研所人才总量少、高层次人才缺乏、人才结构合理性有待调整,尤其是能研发、懂技术、会管理和擅长经营的专业复合型人才稀缺,引进高水平领军型创新人才的能力不足,综合性人才支撑体系急需建立和完善。

(五) 缺乏社会资金和产业基金支持

磁研所的成果应用集中于国家重大项目或战略任务,研发过程存在诸多难点问题,研发活动具有高投入和高风险特点,且投资回收期较长,社会资本参与研发活动的意愿不强,研发资金主要靠企业自筹和申请政府资助解决,并且由于核工业领域付款周期较长,企业资金压力极大。例如,高温气冷堆相关技术研究从2004年一直持续至今,此类研发活动投入较大且形成产品获取利润周期也较长。

三、对策建议

(一) 政府层面

第一,在全社会大力弘扬科学家精神和工匠精神,积极引导社会各界学习和研究新型研发机构发展规律,提升新型研发机构建设水平,构建良好的区域创新生态环境。

第二,以"放管服"改革为契机,进一步深化科技体制改革,吸引国内乃至国外创新资源、创新要素在甘肃省集聚迭代,为新型研发机构健康发展营造良好的营商环境。

第三,深入研究并出台新型研发机构专项政策或立法,从知识产权处置等方面为新型研发机构搭建有效的政策支撑,探索新型研发机构与产业协会、产权交易等机构的创新联动,促进各类资本和各类法人、自然人与新型研发机构合作进行科技创新和成果产业化。

(二) 企业层面

第一,健全机构运行机制。制订切实可行的发展规划,集中企业优势资源大力扶持和精准帮扶,并建立灵活高效的内部考评机制。进一步完善现有制度,尤其要加强缺失制度的建设,在科技人员管理方面下大气力提升成效,通过健全的制度确保新型研发机构充分发挥科技引领和服务功能,依靠科技人才提升企业核心竞争力。

第二,加强产学研用合作。磁研所要继续把技术创新作为首要任务,积极与国内知名院校和科研院所进行深层次合作,充分利用其智力优势高质量开展科技创新。在提升企业现有领域技术优势和地位的同时,冷静分析国民经济前沿技术发展趋势,积极寻求合作,通过参与而争取开展新的研发工作的机会,以期形成高水平研发成果,提升企业核心竞争力和辐射影响能力,为甘肃省社会经济发展贡献力量。

第三,强化人才引培力度。学习和借鉴国内外先进的人才引培经验,形成适合企业的招贤纳才模式，努力吸纳更多的优秀人才共同发展。建立和完善人才培养评价机制，强化人才培育力度，构建良好的识才、爱才、敬才、用才环境。积极与高校、科研院所或具有新技术开发实力的企业开展科研合作，为企业培养优秀的科技人才。

第四，建立多元投入机制。及时将科研成果进行产业化，努力创造更多的经济效益，研究国家政策，积极争取政府资金支持，利用自身技术优势与社会资源开展合作，吸纳社会资本共同参与研发。

甘肃汇瑞发酵技术研究院有限公司

一、建设进展及成效

（一）基本情况

甘肃汇瑞发酵技术研究院有限公司（以下简称"研究院"）成立于2019年12月6日，是由甘肃汇能生物工程有限公司投资建设的一家以技术成果转化交易等为主的综合服务型公司。2019年被认定为甘肃省第二批新型研发机构。现有研发人员18人，正高级职称2人，博士1人，硕士研究生6人，拥有雄厚的研发实力。先后自主研究开发饲用抗生素替代品：古尼虫草发酵生产关键技术研究与产业化、农业级聚谷氨酸发酵生产技术、盐霉素发酵工艺研究及其应用效果评价等多个项目。向甘肃汇能成功转化了马杜霉素发酵生产技术开发研究、莫能菌素发酵生产技术开发研究等科研项目。

研究院现拥有7台高效液相色谱仪、1台气相色谱仪、3台十万分之一天平、3台万分之一天平、3台分光光度计（其中2台紫外分光光度计、1台紫外光删分光光度计）、4台恒温干燥箱、3台微生物培养箱、4台恒温摇床和10L到6000L大小不等的全自动控制的发酵小试和中试设备20只，对原料、辅料、中间体和成品进行各类检测，并可满足各类新兽药的研究开发、小试和中试及其产业化。各类研发平台为项目的实施提供强大的条件支撑，保证项目顺利完成。

研究院从事生物饲料添加研发、生物肥料研发、技术咨询、技术成果转让等业务，近年来研究开发的产品主要有，兽用药物（那西肽、马杜霉素、金霉素、莫能霉素等）、饲料添加剂（地顶孢酶培养物、γ-氨基丁酸、枯草芽孢杆菌、乳酸肠球菌、抗菌肽等）、保湿剂和肥料增效剂聚谷氨酸等产品。承接高校科研院所科研成果转移转化，带动高质量项目落地实施，产生了良好的社会经济效益。

（二）建设进展

母公司甘肃汇能生物工程有限公司是一家专业从事兽药及生物饲料添加剂生产销售的高新技术企业，总公司位于杭州，2007年1月经招商引资落户武威。企业固定资产投入2亿余元，注册资金10 000万元，占地面积8hm^2，自投产以来累计纳税6800余万元，近三年研发投入1700万元，研发强度5.7%。先后获得"国家知识产权优势企业""甘肃省战略性新兴产业第五批骨干企业""甘肃省技术创新示范企业""甘肃省专精特新中小企业"。研究院2021年3月被认定为"武威市兽药和生物饲料添加剂引才引智基地"。现有实验室面积2000m²，集研发、小试和中试为一体的研发大楼1500m²，对原料、辅料、中间体和成品进行各类检测，并拥有满足各类产品研究开发的试验仪器。

研究院不断深化与江南大学、湖北大学、甘肃省化工研究院、浙江科技学院、甘肃省微生物研究所深度合作，聘请12名教授级专家作为公司顾问，为项目提供专业技术咨询、专家项目论证等技术咨询服务，构建了强大的研发团队。先后出台了各种激励机制，不断营造"赶比学"的技术创新氛围。研究院骨干成员现拥有发明专利8项，实用新型专利9项，参与省级科研项目10项以上。不断完善人才激励机制、引才用人机制，依托单位每年抽取当年新产品销售收入的1%~2%用于表彰研究院科技研发人员和管理人员，并在研究院建立研究生科研培养基地，鼓励研究生毕业后在研究院入职服务。

研究院和江南大学共建兽药和生物饲料添加剂研发中心，承接江南大学5项技术成果并进行成果转化，承接浙江科技学院3项技术成果并进行成果转化，承接浙江省长三角生物医药产业技术研究园2项技术成果并进行成果转化，与湖北大学合作开展"农业级γ-聚谷氨酸发酵生产技术"产业化开发，承接浙江科技学院"盐霉素发酵工艺研究及其应用效果评价"项目，与甘肃省科学院生物研究所开展"地顶孢霉发酵滤液菌肥新产品开发"等项目合作，项目已完成研究开发，部分产品已实现销售，且产生了良好的社会、经济效益。

研究院在开展科技研发的同时，注重于服务行业高校院所与企业，2019年江南大学溶菌酶产品到研究院进行小试、中试；2021年浙江大学硒多糖产品到研究院进行小试、中试；2021年5月为武威新天马制药股份有限公司提供枯草芽孢杆菌产品及技术服务；2021年6月为甘肃绿能农业科技股份有限公司提供聚谷氨酸产品及发酵生产新技术服务。

各类科研平台实现人才成果共享，助推企业实现高质量发展，甘肃省企业技术中心、生物饲料添加剂研发甘肃省国际科技合作基地、甘肃省生物饲料添加剂工程研究中心、甘肃省第二批技术转移示范机构、甘肃省新型研发机构、甘肃省生物饲料添加剂行业技术中心、甘肃省工业设计中心等省市研发平台科研人才和成果共享应用，为公司发展奠定了坚实的基础。

（三）建设亮点与特色

近年来，研究院在科技创新、成果转化、制度完善等方面取得了一些成绩，为研究院的发展积累了丰富的经验。

1.以技术创新为抓手，助推企业快速发展

研究院主要参与完成的"那西肽工业生产中发酵废水循环利用"项目成功应用，每年节约用水量5万方，年节约污水运行成本100万元以上，获评"甘肃省政府专利奖三等奖"；参与完成的"那西肽过柱纯化工艺技术项目"弥补了国际空白，首次实现那西肽原料药工业化生产，获评"武威市技术发明二等奖"；参与完成"一种发酵罐的补料装置"技术改造项目，荣获"甘肃省政府专利奖二等奖"；参与完成的新产品高纯度那西肽被评为"甘肃省优秀工业新产品二等奖"。

2.以成果转化作为检验创新能力的"试金石"

以成果转化取得的效益作为衡量研究院成员的"成绩单",研究院自主科研创新能力不断提升,多个项目转化落地。先后自主完成开发金霉素关键技术研究应用开发、马杜霉素发酵生产技术开发、莫能霉素发酵生产技术开发等多个项目(合同金额180万元),且成功转移至甘肃汇能公司扩大生产,成果转化项目实施产生良好的社会效益。承接转化的高校院所项目延伸连接粮食种植、动物养殖等上下游产业,研究院成果转移至甘肃汇能生物工程有限公司,直接带动200多人就业,产业辐射间接解决6000余人就业;研究院在注重自主研究开发之外,先后承接省内外高校院所的科研成果进行转移转化。承接江南大学、湖北大学等高校院所8项技术成果,重点有"那西肽高产菌的高通筛选技术""农业级γ-聚谷氨酸发酵生产新技术"均完成研发生产,产品销售收入良好;承接的γ-氨基丁酸、地顶孢霉和β-1,3-D-葡聚糖等产品已经完成研发生产。产品销往国内20多个省市,实现销售收入1800万元,上缴税收190万元,取得了良好的社会、经济效益。

3.以健全完善各类制度为突破点

研究院采用理事会领导制度,实行主任负责制,下设专家委员会、产品研发部、技术(服务)部、微生物发酵实验室等。建立健全并严格落实项目、经费、保密等相关管理制度,确保规范高效运行。根据"优势互补,互利共赢,共建共享,共同发展"的原则,实行现代化企业管理。为规范管理,建立了一套较为完善的管理制度,如《研究院研发人员考核办法》等。技术开发、技术转让、技术服务、技术咨询收入,以及承接科研项目获得的经费等奖励将根据内部人员贡献大小参照考核办法执行。

二、存在的主要问题

甘肃汇瑞发酵技术研究院有限公司在建成运营过程中,在各级科技主管部门大力支持下和指导下,取得了一些实实在在的成绩,但也存在着一些突出问题亟待解决。

(一)新型研发机构市场化机制不成熟

通过市场力量实现新型研发机构自身造血机制的能力比较弱,在短时间内形成灵活多样的投入模式存在较大的难度,严重制约了新型研发机构可持续健康运营。对外合作体制机制缺乏灵活性,在跨地区、跨系统、跨学科合作方面存在短板。

(二)重数量轻质量、重创新点轻地区产业特色

在科技、项目等方面,因对新型研发机构的评估指标主要集中在投入和产出上,如引进项目、人才数量、吸收风投资金数量等指标,作为机构通过绩效考核的评价依据,对机构实际产出成果的实用性、市场性评估不足。

(三) 创新性人才缺乏，人才结构也不合理

新型科研机构吸引了部分产业发展所需的高层次人才，但是一线管理的复合技术型人才较为缺乏。科研机构对创新型人才的吸引性有限，人才管理机制有待完善。有关吸引高层次创新性人才措施的宣传力度不足，尚未形成引才、留才和育才的政策体系。同时，仍面临留人、用人经费不足等问题。

三、对策建议

新型研发机构聚焦科技创新需求，主要从事科学研究、技术创新和研发服务，是投资主体多元化、管理制度现代化、运行机制市场化、用人机制灵活的独立法人机构。研发机构在逐步发展完善的过程中，将会发挥越来越重要的作用。

(一) 出台完善新型科研机构相关的法律政策

结合区域经济发展重点，出台完善有关新型科研机构的政策和法规，对新型科研机构的发展进行有序的管控引导，注重对新型科研机构发展的保障工作，制订促进高层次人才引进政策，鼓励专业技术型人才知识入股。

(二) 促进机制创新和优化，加大研发经费支持力度

政府统筹管理，引导区域新型研发机构发展和建设形成良好的互动格局，制订中长期行业发展计划，引导新型研发机构可持续发展。建立完善的科研机构管理评价体系，定期对新型科研机构的建设效果进行评价，结合最终评价结果给予一定的鼓励。

(三) 始终坚持品牌化和规模化发展道路

新型科研机构的发展要始终坚持品牌化和规模化发展道路，集中行业优势做大做强，培育发展自主品牌，发挥示范引领作用。对有潜力的新型科研机构进行重点培养，支持社会组织建立以信用为中心的评价体系，并逐渐形成科技服务新品牌。引导新型科研机构集群化发展，采用科研发展基地模式对加入机构进行政策倾斜，激发科研机构自身活力，加快产业规模化发展。

(四) 加大高层次人才培养奖励力度

高层次人才作为新型研发机构发展的核心动力，新型研发机构要加大高层次人才培养力度，运用全程激励方式，积极实施长期稳定的引才育才新举措，进行全球层面的人才挖掘和保护，同时提升核心团队成员的业务能力，培养具有战略眼光的高层次人才。

临夏燎原乳业产业研究院有限公司

一、建设进展及成效

（一）基本情况

临夏燎原乳业产业研究院有限公司（以下简称"研究院"）于2019年8月由燎原乳业集团公司出资成立，研究院是燎原乳业的产品研发和技术支持基地。目前拥有"甘肃省乳制品工程研究院""甘肃省乳制品工程技术研究院""甘肃省工业设计研究院""甘肃省企业技术研究院"四大科研平台。研究院以先进技术装备和牦牛乳研究领域取得丰硕成果的研发研究院为依托，集中开展专业化、系统化的牦牛乳品研发工作，同时努力延伸和挖掘牦牛产业链。研究院将作为集团的技术服务平台，不断加速牦牛产业技术创新成果转化，大力推进牦牛产业专业化布局、产业化经营、标准化生产，真正把牦牛产业发展成为藏区富民主导产业。

研究院下属检测研究院占地2000m^2，引进丹麦福斯、美国安捷伦等国内外先进设备仪器公司生产的气相色谱仪、气相质谱联用仪、液相质谱联用仪、电感耦合等离子体质谱仪原子吸收仪、液相色谱仪、傅立叶红外线光谱分析仪、原子荧光光度计等设备仪器110多台（套）。目前企业研究与试验开发仪器设备原值达到2000万元。

（二）建设进展

研究院不断加大技改力度，实施规模化经营策略，对原工艺装备进行改造，淘汰高耗能设备，促使企业生产能力和测试手段达到国内先进水平。扩大研发投入额，制订科技研发奖励制度，对技术优良或贡献突出的科技创新人员进行奖励。不断健全科技创新激励机制，激发科技攻关人员的积极性和创造性。目前所有专业技术人员以个人业绩为参数予以定位，确定其待遇，每年进行一次综合考评，对成绩突出、工作优异的员工予以重奖，激励其在工作中不断创新。

2021年，研究院与甘肃燎原乳业集团合作进行项目开发，参加科技活动人员78人，其中研究与试验发展人员45人，全年科技项目6项，已申请专利4项，其中发明专利3项，实用新型专利1项。"燎原"牌系列产品是甘肃省名牌产品，"燎原"商标被评为甘肃省著名商标。研究院着眼国内外，从行业规划及市场角度制订企业的长远发展规划，根据中东国家执行标准，积极研发出口新产品，开拓国外市场，年初新产品雅克兰、雅克派出口巴基斯坦。

研究院以市场为导向，将重大科研成果的工程化、产业化研究开发作为工作重点，以服务生产、提高劳动生产率为企业的组织原则。由研究院主任对研究院人员进行定期考核，内部实行主任领导下的分层管理制度，完善技术开发体系，建设与运行费用列入企业年度预算，对人才采用竞争激励机制，鼓励科技人员合理流动、动态组合，分配与实绩挂钩，各类专业人员实行岗位责任制。

研究院内部实现了网络互联，全方位实施信息自动化管理。聘请了甘肃农业大学等高校、科研机构研究人员10名，均在检测检验及乳制品加工技术方面经验丰富。试验基础条件较好，引进丹麦福斯、美国安捷伦、千美科学分析仪器等国际国内先进设备仪器。积极引进培养科技人员，与甘肃农业大学等高校、科研机构组成科研生产联合体，与北京、杭州多家科研机构合作，举办了多期技能培训班，为公司培养了一大批技术骨干力量。

紧密围绕燎原乳业集团与所在乳制品行业的技术创新，以提升目前产品科技含量为基础，保障研究、开发与创新等运行过程能够顺利实现，通过过程保障、资源整合机制、激励机制和职能互动机制，不断发现技术爆发点或市场机会，在充分考虑投入和风险的前提下，进行宏观决策，选择目标方向和行动规划。

1. 制度建立

研究院依据企业技术进步需要，采用提出课题项目→专家会议论证→研究方案确定→任务合同签订→项目实施→验收→工业化生产应用路线图，建立每个环节的规章制度和规范要求。重点完善内部基础管理中的岗位职责、绩效考核、项目立项与决策管理、项目开发过程管理、研发经费管理、对外技术交流管理等管理制度和流程，以提高创新团队的凝聚力和工作效率，不断开发有市场前景、适宜企业实际的新产品、新技术和新工艺。目前建立的规章制度有研究院各岗位职务说明书、绩效考核办法、研究院办公室管理制度、技术人员岗位职责、技术文件管理制度、试验用品及设施管理办法、产品标准制订流程、项目开发流程等。

2. 组织建设

研究院实行董事长领导下的主任负责制，决策机构是专家委员会，采用职能型的组织结构。为确保提高研发团队的战略实施能力，研究院注重环境文化建设，正确定位行业和企业中的地位，通过评估课题组在各项工作中表现出来的绩效，不断完善内部管理制度、业务开展方式和各种流程，明确研究院的正确发展方向。

3. 经费保障

为保障研发经费及时、足额拨付到研发项目中，企业制订了一系列保障措施。一是确保研发经费在企业全年预算中的适当比例，建立研发经费的长效投入机制。每年将不低于销售收入的3.0%作为研发资金列入年度计划，投入到科技研发活动中。二是积极寻求国家和省级资金支持渠道，通过申报研发项目，争取国家和省上的各种支持资金，并将获得的资金作为专项资金，全部用于研发项目，为研究院的运营提供补充资金。三是加强项目预算管理，建立项目概算和课题预算的专家评审评估机制，提高项目概预算编制的规范性和预算安排的科学性。同时加强项目前、中、后全过程预算管理等，保证项目资金高效合理地运用。四是在研发资金使用上实行排序制，将本年度各课题组研发工作中的绩效考评结果作为下一年度优先安排研发资金预算的依据，不断提高研发费用的使用效益。

4. 激励机制

研究院在与院校合作项目的过程中采用项目运行机制，以合作项目为主线，采用招标或委托方式签订目标责任书，实行项目管理和目标考核制度。以项目课题难度、研究期限、成果及对企业贡献率支付报酬。公司在开发新产品的试制、中试、测试、检测等设备配备方面，依据项目需要配备相应设施。在研制过程中，研发人员也可根据产品特点，通过与其他单位联合攻关完成项目任务。针对研发人员制订了岗位绩效工资业绩考核收入分配方案，有效激发了研发人员的工作热情和创造力。此外，还采取竞聘上岗、立项扶持、享有成果权等具体激励措施。

5. 创新环境

坚持"以人为本，广纳群贤，人尽其才，充满活力"的选人用人机制，不断引进各类技术、研发人才，并努力建设一流的创新环境。在硬环境建设方面，加强研究方向、人员结构、设施、经费和管理体制等建设。建立由研究方向和课题确定负责人、专家和研究人员的人选和规模，以及开展项目的形式和需要投入经费的机制。经过多年的积累和创造性的发展，实验环境和运行机制可满足科研发展各阶段的需要，为创造性的研发活动提供有利的环境。在软环境建设方面，研究院努力构建宽松、活跃和激奋的环境，使研发人员在研究过程中能自由思考，充分交流，激发新颖的创新思想。为提高专业技术人员的业务素质，研究院联系国内大专院校和科研机构专家，聘请专家教授来院讲课，开展专业技术培训。根据企业发展战略定位，明确各岗位任职规范，实行能上能下的用人制度，鼓励技术人员发挥自己的最大潜能，实现人力资源的最大化效能。不定期报送技术人员参加各类专业培训，组织技术人员到同行业企业学习考察等，定期开展企业内部培训，传授产品技术。

6. 合作机制

坚持"互动、合作、共赢"的方针，以企业为主体，以市场为导向，以技术和资本为纽带，充分运用高等学校、科研院所在人才、技术、设施方面的优势，在较大范围内实现科技资源的分享，把产学研合作与企业技术创新紧密结合，提高企业技术创新和市场竞争力，培育新的经济增长点。一是依靠产学研合作，运用高新技术改造传统生产工艺过程，提高原有产品的档次和科技含量，实现产品创新，不断满足市场新需求。二是建立企业创新人才合作培养机制。现已成为多个合作院所的教学实训基地、科研基地、技术创新基地、科技成果转化基地。每年不定期接收院校本科生、研究生到企业开展生产实习。同时，院校为企业人力资源管理提供咨询，为企业员工培训提供支持。选送各类创新人才到高等院校进行专业定向培养，培养急需的经营管理、专业技术人才等，实现知识与技能的紧密结合，同时积极吸纳科技人员到企业兼职，加强高校、科研部门对共性技术、前沿技术的研究，为企业可持续发展服务。

(三) 建设亮点与特色

不断加大技改力度，实施规模化经营策略，对原工艺装备进行改造，淘汰高耗能设备，使企业生产能力和测试手段达到国内先进水平，扩大研发投入额，技术创新占销售收入比例的3%。制订科技研发奖励制度，对技术高超或有突出贡献的科技创新人员进行奖励。健全科技创新激励机制，激发了科技攻关人员的积极性和创造性。目前所有专业技术人员以个人业绩为参数予以定位，确定其待遇，每年进行一次综合考评，对成绩突出、工作优异的员工予以重奖，激励其在工作中不断创新。

1. 强化产学研合作

研究院与西北民族大学合作建立"西北民族大学临夏州燎原乳业有限公司实习基地"，积极探索校企联合培养应用型人才模式，校方不定期选派学生到企业进行实习，企业负责教学及培训，每年累计培训人次达300人以上。与甘肃省轻工研究院有限责任公司签订"液奶产品开发项目"技术开发（委托）合同，双方合作研究开发具有功能的液态奶，实现了企业产品的多元化，提高了企业整体竞争力，带动了当地乳制品行业的蓬勃发展。与甘肃中商食品质量检验检测有限公司签订了食品检验委托协议书，受托方负责对企业出厂的每个批次产品进行三聚氰胺项目检测，并出具检验报告，确保产品质量。与美国新泽西州罗格斯大学食品学院达成初步合作研究意向，主要方向为牦牛乳功能性成分研究。

2. 开展信息化建设

目前，研究院的信息化建设主要依托公司已部署的网络平台，主要从硬件建设、网络建设、安全及制度保障等基础设施方面进行完善。办公系统运用了ERP软件系统，在基础设施建设方面，完成公司内部的Intranet网络建设以及相应设备的配置工作；在产品设计方面，采用了计算机辅助设计（CAD）、产品数据管理（PDM）；在企业生产经营管理方面，采用切合企业实际情况的实时监控系统，功能上覆盖企业管理和生产经营的各个环节和部门，完成了企业管理的全面信息化和集成化。实现内部信息的交流，达成资源共享，节约管理成本，提高管理水平。同时建立了完善的产品全过程电子追溯系统，实现了产品从奶源进厂、生产加工、成品出厂到销售的全过程追踪，为消费者提供安全放心产品又多了一份保障。产品研发采用互联网思维模式，研发产品具有智能化技术，研发设计工具普及率90%以上；研发工艺数据和设计流程通过统一的产品数据管理平台（PDM）进行管理；实现产品工艺数据和设计流程的可控、可追溯。

3. 部署重点研发项目

依据研究院重点技术需求，针对不同受众群体，部署"传统发酵牦牛乳中乳酸菌的筛选及其在乳粉中的应用研究"项目，利用优筛后并进行16srDNA鉴定的菌株，进行生长特性研究。采用Plackett-Burman和Box-Behnken试验，对优筛乳酸菌进行优化扩培条件的研究，明确培养条件及参数。开发针对消化问题的水苏糖+益生菌产品，针对乳蛋白过敏的乳酸菌+益生菌产品，针对乳糖不耐受的乳糖酶产品，针对免疫力低下的乳铁蛋白产品、酵母β-葡聚糖产品等新型营养品。开发针对中老年人心脑血管疾病及强化骨骼健康的添加鱼油等高EPA含量、K2的牦牛奶粉产品。开发针对6~18岁少年儿童有护眼、益智、提高免疫力的学生人群奶粉产品等。

二、存在的主要问题

（一）缺乏乳制品行业专业技术人才

在人才方面，新型研发机构人才竞争面临巨大压力和考验，研究院的竞争说到底是人才的竞争，而人才的竞争又是环境的竞争。新型研发机构没有研究生招生权限，现阶段主要采取与高校联合培养模式，受新型研发机构生活配套环境不完善等因素影响，研究院乳制品行业专业技术人才缺乏，研究生数量不足。

（二）青年研究人才流失率高

新型研发机构属于新生事物，社会认知度低，缺乏相应的政策覆盖或者政策滞后，对青年人才的吸引力不足，导致青年研究者流失问题日益严峻。作为西北五地州级城市，在政策环境等因素影响下，人才流失率高。

（三）管理制度急需完善

研究院成立时间不长，管理制度等不够健全，需进一步完善各项管理制度，推进创新发展与院内经济协调发展。

三、对策建议

（一）政策层面

大力优化政府服务，通过金融支持和人才服务为新型研发机构发展提供强有力的保障。提供多元化金融支持，鼓励发展种子基金、天使基金、创投基金等各类金融工具，突出发挥市场创新投资集团的平台功能，抓好科技金融支持研究院建设，提升资本助力新型研发机构发展的能力。完善人才服务保障，支持新型研发机构引进一批急需的高层次科研团队和领军人才，树立"不求所有，但求所用"的观念，积极采用柔性灵活的人才引进使用机制，在医疗住房、子女上学、职称评定、项目申报等方面给予关心和支持。

（二）操作层面

加大力度提升新型研发机构的研发创新能力、企业孵化能力、运营管理能力。强化研发创新能力，紧紧围绕主导产业创新需求，高起点、高标准开展前瞻性关键共性技术研发，提升自主创新能力，抢占科技制高点。同时鼓励引进国内外比较成熟的科研成果进行二次开发，通过消化吸收再创新，推动成果有序落地转化。延长主导产业链，着力推动新型研发机构与校友经济圈结合，打造创新企业集群。强化运营管理能力，在管理架构上，实行投管分离、充分赋权，聘用职业经理人，实现专业化管理；在融资能力上，鼓励社会资本和国资平台分阶段介入，大力引入社会资本，解决"第一桶金"问题，助力机构快速成长。

研究篇

科技支撑甘肃"四强"行动主要路径研究

王华存

甘肃省政府文史研究馆 馆长、党组书记

甘肃省委十三届十五次全会暨省委经济工作会议提出,大力实施强工业、强科技、强省会、强县域行动,甘肃省第十四次党代会对实施"四强"行动又做了进一步细化安排,明确以强科技行动为首的"四强"行动(即:强科技、强工业、强省会、强县域),为未来五年推动甘肃发展的主要抓手,做出了"坚定不移加强科技创新,加快建设创新型省份"的重要部署,科技强省的冲锋号全面吹响,高水平科技创新必将引领甘肃经济社会实现高质量发展。

一、科技支撑"四强"行动发展的战略内涵

强科技是"四强"行动第一"强",意在统筹甘肃省科技创新资源要素,通过提升基础研究能力、科学发现能力、技术创新能力,将强科技行动深度嵌入强工业、强省会、强县域行动之中,使强科技行动成为"四强"行动的主要支撑,充分发挥科技创新作为产业升级、经济发展的动力。

(一)加强科技创新是推动高质量发展的战略支撑

创新是经济发展的主要驱动力,是推动高质量发展的战略支撑。充分发挥科技创新作为推动经济社会高质量发展的首要作用,把科技创新摆在现代化建设全局的核心位置。习近平总书记指出:"越是欠发达地区,越需要实施创新驱动发展战略。"甘肃省第十四次党代会指出,科技创新是推动高质量发展、加快现代化建设的战略支撑,要牢固树立抓科技就是抓发展、谋创新就是谋未来的观念,以高水平科技创新引领经济社会高质量发展,提出要将甘肃省打造成西北地区重要的科创中心,这为甘肃省科技创新的发展前景做出了新研判、明确了新定位、指明了新方向。

(二)将强科技深度嵌入强工业、强省会、强县域行动之中是科技支撑"四强"行动的必然选择

甘肃省第十四次党代会提出,未来五年,甘肃省经济社会发展的主要抓手是"四强"行动,以重点地区和关键领域为突破口,推动综合实力和发展质量整体提升。这一部署明确了今后甘肃省经济社会高质量发展的实现路径、方式和工作重点。强工业的产业技术升级改造和模式创新,离不开

高新技术的应用和模式创新;强省会中要发挥龙头带动作用,离不开先进技术促进高质量发展和创新示范;强县域作为经济发展的基本单元,科技创新是激活县域经济发展的新动能。从领域看,强工业是重点,科技创新是关键;从地域看,省会创新、县域创新必须成为创新体系和创新力量的重要组成部分。因此,要实现科技创新引领高质量发展,就必须按照"四个面向"要求,实现强科技在"四强"行动中的"深度嵌入",以"强科技"为牵引实现"四强"联动,助力甘肃省经济社会高质量发展。

(三) 强科技激活甘肃发展动力源是科技支撑"四强"行动的核心要义

坚持把科技创新作为推动高质量发展的第一动力,着力打通科技创新和成果转化的堵点难点,加快提升科技创新能力。以"兰白两区"建设为牵引,全面提升各类科技创新平台的能级和作用,吸引国内重大科技基础设施在甘肃省布局,积极争取建设国家区域科技创新中心、同位素重点实验室,在优势领域培育一批国家级创新平台。大力推进关键核心技术攻关,聚焦重点产业梳理"卡脖子"技术清单,以"揭榜挂帅""赛马制"等方式,实施一批战略性、储备性技术研发项目。强化企业创新主体地位,实施科技创新企业和高新技术企业倍增计划,支持组建企业创新联合体,引导激励企业成为技术创新、研发投入、成果转化的主体。加快落实科技创新"16条",大力推进"双创"工程。实施高校院所创新能力提升工程,建立稳定增长的财政科技投入机制、以信任为基础的人才使用机制,完善科技成果评价制度,打通基础研究、技术发明与产业发展之间的通道,促进创新成果和市场精准对接。

(四) 推动创新链与产业链、资金链、人才链、政策链五链深度融合是科技支撑"四强"行动的必由之路

甘肃省第十四次党代会明确提出,要牢固树立创新驱动发展的鲜明导向,促进创新链与产业链、资金链、人才链、政策链深度融合,推动经济发展由要素驱动为主向创新驱动为主转变。这就要求:一方面,开展一批重大专项行动,组织实施国家创新平台培育、基础研究十年行动、企业技术创新能力提升等专项行动,实施一批重大基础研究、应用技术研究和关键共性技术研究,打造高能级创新链,形成具有甘肃省特色的技术创新链,为甘肃省高质量发展服务。另一方面,重点关注国家部署在甘肃省的"东数西算"枢纽节点、国家西部生态安全屏障等重大工程和使命,推动产业链上中下游协调创新,做到创新链与产业链、资金链、人才链、政策链深度融合。发挥企业创新主体作用,鼓励骨干企业牵头组建创新联合体,加大对企业创新融资的支持力度,推动产业政策与金融政策衔接,围绕产业链部署创新链,围绕创新链完善资金链。深入实施创新人才培育工程,稳定高层次、培育后备军、拓宽引渠道、完善用人机制,形成西部地区人才创新高地和人才流入洼地,形成为产业链创新发展服务的人才链。激发创新主体的积极性和能动性,实现科技创新和制度创新"双轮"驱动,实施科研经费管理改革,建立稳定增长的财政科技投入机制,完善科技金融融合新

模式等，营造保障创新链可持续发展的政策链。

二、科技支撑甘肃"四强"行动发展的现实基础和短板弱项

近年来，甘肃省科技工作以习近平新时代中国特色社会主义思想为指导，全面贯彻党的十九大和十九届历次全会精神，深入贯彻落实习近平总书记对甘肃重要讲话和指示精神，深入实施创新驱动发展战略，深化科技体制机制改革，优化科技资源配置，增强科技创新有效供给，科技创新治理体系持续完善，科技创新在高质量发展中的支撑引领作用进一步凸显，2020年甘肃省科技进步贡献率达到55.1%，科技综合实力保持在全国第二梯队，成为西部地区重要的科研创新基地。

（一）当前甘肃省科技支撑的现实基础

一是科技创新政策体系基本形成，科技投入持续增加。科技资源配置方式改革和科技计划管理改革深入推进，科技项目和经费管理不断优化，科技体制改革主体框架基本建立。推动科技领域"放管服"改革，进一步优化科研管理提升科研绩效，建立了以信任为前提的科研管理机制。聚焦破除体制机制障碍，推进"三评"改革，监督评估和科研诚信建设取得积极进展。科技投入持续增加。2020年全社会研发经费支出109.64亿元，占GDP的比重达到1.22%；2020年甘肃省财政科技支出31.9亿元。

二是科技战略力量高速发展，区域创新高地建设成果显著。兰州白银国家自主创新示范区、兰白科技创新改革试验区创新"引擎"作用逐步凸显，2020年，兰白自创区生产总值较2018年设立之初增长20.27%，兰白试验区生产总值较2014年设立之初增长78.75%。"高精度地基授时系统"、大科学装置科技创新创业园等科研基础设施在甘肃落地建设。国家野外科学观测研究站总数达到9家，国家农业科技园区总数达到10家，国家科技企业孵化器总数达到12家。"十三五"期间建设中马、中巴联合实验室（技术研发中心），建设国家级国际科技合作基地5家、国家引才引智示范基地4家、国家高校学科创新引智基地9家、国家临床医学研究中心分中心6家。推进省级科技创新基地优化整合，加强省重点实验室、省技术创新中心、省临床医学研究中心、省科技创新服务平台等科研平台布局建设，形成了覆盖多学科方向和产业技术领域的创新基地体系。

三是科技计划管理优化完善，科技支撑能力加速提高。省级科技计划管理改革持续推进，重新构建五大类科技计划，出台了"1+5"的全流程省级科技计划管理办法，为科技计划实施管理提供了规范有效的制度保障。"十三五"期间争取国家各类科技项目（课题）3719项，争取资金38亿元，组织省级科技计划项目5508项，累计投入财政资金13亿元，科技对经济增长的贡献率达到55.1%。组织实施科技重大专项93项，集中力量在重大关键共性技术、重大工程化产业化技术方面取得突破，项目实施的直接经济效益达47.6亿元。以科技创新为支撑，新兴产业集聚发展态势明显，兰白综合性高技术、金昌新材料、酒泉新能源、天水装备制造、定西中医药等产业集群初成规模，有力提振甘肃省科技创新综合实力。企业技术创新能力持续增强，"十三五"末高新技术企业

数达到1229家，构建"一带五区"现代农业发展格局，培育形成六大特色产业，提高十大生态产业科技含量，推动甘肃省发展质量变革、效率变革、动力变革。

四是科技攻坚能力持续增强，科研成果产出丰硕。在冰川冻土、草地农业等领域形成一批国际影响较大的优势学科群，生态修复、文物保护、固体润滑等领域技术处在全国领跑地位；核应用、新能源、空间技术、新材料、石化装备等领域处于全国领跑地位，碳离子治癌、凹凸棒石、氢能冶金等重大科技成果处于行业领先水平，构建了具有区域特色的地质勘探、核物理、石油化工、有色冶金、装备制造、生物医药、航天航空、种子加工等优势产业科技攻坚体系。首套国产碳离子治癌设备打破了高端医疗器械国际垄断，进入临床应用。为暗物质粒子探测卫星"悟空"号研制关键部件。离子电推进系统、高端剃须刀用钢、国家级新品种"阿什旦"牦牛、高山美利奴羊、"陇字号"优势特色农作物新品种等科研成果具备较强竞争力，有望形成新的经济增长点。民生科技项目实施良好，在社区养老、城镇化建设、人口健康等领域推广应用先进适用技术。"十三五"期间26项科技成果获国家科学技术奖，747项科技成果获省级科技奖励。

五是科技服务体系加快建设，成果转化机制不断完善。优化创新创业载体布局，持续提升大学科技园、科技企业孵化器、众创空间运行水平，成立省科技投资集团公司、丝绸之路国际知识产权港，建成兰州科技大市场，形成紧密协作、互动融通的科技成果转移转化服务体系。建立科技成果转化直通机制，对促成科技成果转移转化成效显著的综合服务平台、服务机构、企业进行奖励。投入资金设立科技创新券，对技术转移服务等进行支持，惠及甘肃省科技型小微企业、创新创业团队近3000家（个）。搭建科技金融服务平台，与各类金融机构达成科技金融合作协议，在甘肃银行、兰州银行设立了科技支行。引导保险公司开发科技型金融产品，设立首台（套）重大技术装备保险等支持科技创新的保险产品。2020年，甘肃省每万人口发明专利拥有量3.14件，技术市场成交合同金额233亿元。

六是人才引育方式多元发展，科技人才队伍规模提升。设立省自然科学基金重大项目，重点布局杰出青年基金、基础研究创新群体，在甘肃省优势领域定向组织重大基础研究项目，以源头创新项目培育高层次科技人才，实现自然科学领域各学科、特色优势产业和甘肃省各地区的"全覆盖"，成为甘肃省科技人才培养的重要基础。"十三五"期间，获得国家自然科学基金项目3227项，获资助经费16.7亿元，以国家自然科学基金项目为载体，培养了万余名优秀科技人才。目前，甘肃省现有专业技术人员59.09万人，研发人员4.6万人，两院院士24人，"长江学者"34人，国家杰出青年基金获得者55人，享受国务院特殊津贴专家1471人，省领军人才917人。积极融入"一带一路"建设，深化国际科技交流合作，推进省部会商、院地合作、东西部科技协作，形成开放创新格局。"十三五"期间吸引海外高端人才4600余人（次）来甘工作，执行因公出国境团组136个，累计组织2507名青年专业技术人才赴境外培训。

（二）存在的主要短板弱项

一是创新环境优化不够。科技领域政策执行还不能适应新时代科技创新要求，甘肃省R&D经费投入强度从全国来看还不高,创新性金融产品和风险投资比较缺乏,受发展平台、发展机遇、工资待遇等因素制约,科技人才流失现象比较突出。

二是科技创新协同不够。科技创新体制机制改革还不能主动顺应创新主体多元、活动多样、路径多变的新趋势,跨部门、跨区域的科技创新统筹协调机制和决策高效、响应快速的扁平化管理机制还不够健全。高校、科研院所、企业技术协作与联合攻关不够,研究方向与生产实际和市场需求之间联系不够紧密。

三是技术创新能力薄弱。工程化技术储备不足,产业发展核心技术鲜有重大突破,缺少形成经济增长点的核心技术和引领创新未来的突破创新,科技成果的工程技术配套程度不高,市场推广应用价值有限。以产业链为基础、以产品为导向的区域科技创新体系不完善。

四是企业创新能力不强。甘肃省传统产业企业居多,产业关联度不高,技术创新基础薄弱,企业在延长产业链、推动高技术产业集聚发展中的作用发挥不够,产学研合作水平和层次还比较低,以企业为主体的技术创新体系还不健全。

五是平台支撑能力有限。科技创新平台高层设计和统筹规划不够,各类平台之间的功能定位和融通互补不够,引领、示范与辐射作用不强,支撑引领产业链、创新链深度融合的科技创新平台体系没有完全建立起来。

三、科技支撑"四强"行动发展的重点方向和主要路径

科技支撑"四强"行动发展总的思路是:坚持党对科技工作的全面领导,贯彻落实中央和省委经济工作会议精神,以"强科技"引领支撑"强工业""强省会""强县域"为主线,以提升科技成果就地转化率为突破,集聚有限资源,凝练关键任务,采取"非对称"策略,加强科技创新统筹谋划,增强重大科技活动的组织力;强化战略科技力量,增强关键核心技术的攻坚力;深化体制机制改革,增强科技创新发展的支撑力。通过组织力、攻坚力、支撑力"三位一体"的系统发力,打通基础研究、技术发明与产业发展之间的通道,推动创新链、产业链、资金链、人才链、政策链深度融合,驱动引领新旧动能转换,加快走出一条特色化、差异化的"强科技"之路。

(一)深化体制机制改革,强化机制保障

加快转变科技管理职能。全面落实科研项目和经费管理改革,按照"创新需求、目标导向、任务牵引"的原则,建立与创新活动任务目标高度耦合的科技资源配置体系。建立部门科技创新沟通协调机制、科技创新决策咨询机制和创新治理的社会参与机制,增强企业家在创新决策体系中的话语权。全覆盖开展科技工作会商制度,优化改革重大科技项目立项和组织管理方式。

深化科技领域"放管服"改革。优化科研管理机制,全面推行综合预算、综合管理、综合评价,简化预算编制方式,下放预算调剂权、经费使用自主权,探索和完善新的项目形成机制和管理流程。赋予科学家更大技术路线决定权、更大经费支配权、更大资源调度权,最大限度为科研人员

松绑减负。完善考核督查和奖惩机制，探索开展政策评估，打通科技改革举措落地"中梗阻"，最大限度激活创新要素、释放创新潜能、提升创新效能。

构建科技治理体系。完善科技计划形成机制，完善目标导向的攻关任务形成机制，综合运用定向委托、竞争择优、公开招标等多种方式，在重点优势领域实现关键核心技术突破。

（二）完善区域创新体系，优化科技发展环境

加强基础科学研究。布局重大科技基础设施，建设高水平技术创新基地，促进创新平台向产业化方向发展。瞄准省重点领域、重点产业发展中的关键科学问题和未来产业发展变革性技术，强化基础研究和应用研究融合，大力推进智能制造、新材料、航空航天、资源环境、文物保护等重点领域应用技术创新，通过应用研究衔接原始创新与产业化。

构建特色的科技创新体系。通过大力培育高新技术企业、实施企业梯度培育计划、共建创新战略联盟或新型研发机构等研发平台，构建以企业为主体的技术创新体系；通过建立"基础研究-应用研究-开发研究"科技研发链、"人才团队-创新群体-重点实验室-产学研基地-中试基地-工程中心"创新链，构建以科研院所和高校为重点的知识创新体系。

突破协同开发创新要素配置机制。打破创新单元独立发展状态，完善覆盖创新型企业初创、成长、发展等不同阶段的政策支持体系，努力打造以高新技术企业为骨干的企业创新集群。整合科研机构、科学数据、科技金融、科研条件等重点资源，建立完善共建共享机制，努力打造"一站式、全链条"的科技资源统筹体系。

营造健康发展的创新生态。引导树立强烈的创新意识和创新思维，在全社会范围建立健全容错试错机制，完善自由探索和颠覆性技术创新活动免责机制。建立科技管理负面清单，弘扬科学家精神，加强科研诚信与科技监督体系建设。

（三）推进多元化科技投入，夯实科技进步保障体系

发挥各级政府财政资金杠杆作用。充分发挥兰白基金引导和放大作用，撬动金融资本、民间资本和社会资本支持实体经济发展，形成多元投入新格局。加大省、市、县各级财政科技投入预算，建立财政科技支出的稳定增长机制，确保省级、市级财政科技投入持续增长。

激发企业投入潜能。建立健全有利于企业科技创新的制度和激励机制，支持企业建立研发准备金制度。加大对国有企业研发投入的考核评价，强化财政科技资金绩效管理，开展创新奖补资金考核。通过国家和省级各类科技计划，加大对企业科技创新的支持力度。落实好国家加计减免税收政策，让企业尽享政策红利，调动研发投入的积极性。

推进多元化金融服务模式构建。构建银行业与创投机构之间多渠道融资和综合性金融服务模式。支持轻资产企业融资发展，发展众智、众包、众扶、众筹等创新创业模式。持续推进知识产权评估、质押融资工作，扩大科技担保、科技保险、知识产权质押、创业投资、天使基金等科技融资

规模。扩大科技信贷覆盖面，降低科技型中小企业创新创业基金的放贷标准，支持风投资金进入种子期和初创期的科技型小微企业。

（四）优化科技资源配置，推进重点区域快速发展

建设省会区域科技创新高地。按照构建"一核三带"区域发展格局、牵引带动甘肃省协同联动发展要求，强化优势领域技术攻坚，着力推动兰州打造区域科技创新高地。大力推进科技创新平台建设，加快发展兰白试验区、兰白自创区，以试验区突破发展引领兰州、白银产业转型升级，促进甘肃省提升区域创新能力。鼓励在兰高校、科研院所聚焦甘肃优势产业开展原创核心技术攻坚，形成一批填补产业链关键环节技术空白的重大成果。大力推进科技成果转移转化，推动科研平台、科技成果向企业开放，拓展企业与高校、科研院所的技术合作通道。支持兰州市围绕核心主导产业引进一批高水平研发、管理人才和团队。

科技创新赋能县域发展。坚持强科技支撑强工业，强工业带动强县域，优化产业结构，不断为区域经济发展注入新活力，推动县域全面高质量发展。以各类高新技术产业开发区、经济技术开发区、农业示范园区为依托，建设科技园区和特色产业基地，吸引各类科研力量进区设立研发机构和研发平台，不断孵化创新企业，使园区和基地发展成为县域群体性创新创业的载体和县域经济高质化发展的平台。因地制宜发展高新技术产业，培植县域经济发展新的增长点。加大对民营科技企业的资金支持，实现科技资源对民营科技企业的优先配置，使高新技术企业和民营科技企业成为县域经济科技化发展的动力源。把农业科技进步作为县域经济发展的制高点，紧紧围绕农业科技创新、研发、转化、推广等环节，实施农业科技创新工程，建立高效生态农业产业体系，推动农业和农村经济的科技化、现代化和产业化。积极推进科技创业服务中心（科技孵化器）、生产技术服务中心和企业技术中心等各类创新平台的建设，使其成为县域经济转型升级的技术支撑。以满足县域产业发展需求和提升县域综合创新能力为出发点，建立高层次人才引进培育体系和职业技术工人培养建设体系，打造可持续的人才供应链条。以创业辅导服务体系和技术支持服务体系建设为重点，构建面向中小微企业的科技公共服务体系。健全县级科技创新投入体系，设立中小企业创新基金、创新奖励基金；在县级财政中设立自主创新、产学研合作、农业科技成果转化等科技专项；建立银科企合作对接机制等，强化科技投入对科技创新的支撑作用。

（五）构建现代化产业体系，推动成果转化产业孵化

激发企业创新活力。以延链补链强链为导向，大力提升科技领军企业的核心技术攻关能力，支持领军企业牵头组建创新联合体，在企业布局建设科技创新平台，支撑保障重点产业链供应链安全稳定。提升科技型中小企业的整体研发能力，试点开展在国家重点研发专项单列一定比例预算，资助中小企业研发活动，优化高效率低成本的创新创业生态。

鼓励企业研发新模式。健全完善以企业为主体的产学研一体化科技创新机制，鼓励企业与高

校、科研院所合作建立产业技术研究院、产业技术创新战略联盟或新型研发机构，加速科技成果转移和技术转化。探索金融支持科技创新的新机制、新模式，支持企业设立研发机构，引导企业成为技术创新、研发投入、成果转化的主体。鼓励采取"企业出课题、高校院所搞攻关""高校院所研发成果、企业承接转化"等模式，引导科技成果向应用聚焦，聚力破解科技成果就地转化效率不高等问题。

加快培育创新型企业集群。着力构建"1+N+X"产业发展布局体系，系统梳理产业链上下游重点环节技术瓶颈，建立健全全产业链科技支撑服务体系。实施科技创新型企业和高新技术企业倍增计划，支持培育一批"专精特新"企业、瞪羚企业、独角兽企业、隐形冠军企业和科创板上市企业，在新能源、新材料、高端装备、精细化工、生物医药、电子信息、种业等领域，组建一批企业创新联合体。在关键产业领域组建若干功能任务清晰、突破传统科研管理模式、政府研发资金持续保障、创新团队正向激励到位的新型研发机构；支持众创空间、科技企业孵化器、大学科技园、留学生回国创业园等加快发展，全面增强孵化能力。

（六）强化科技创新人才队伍建设，夯实自主创新基础

大力推进引才引智。坚持人才第一资源理念，实施非均衡人才资源开发战略，努力营造有利于人才"稳、育、引"的良好发展环境。采用岗位聘用、项目合作、平台建设等多种方式柔性引进国内外高端人才。依托产业链打造人才链，选拔一批高层次急需紧缺人才、产业领军人才和创新团队。充分发挥中国工程科技发展战略甘肃研究院"高端智库"作用，推进中国科学院"西部之光"人才计划与省级人才计划融合互补，持续深化东西部科技人才合作，拓宽柔性引才渠道。

积极培养本土人才。建设产学研相结合的科技创新团队与研究生联合培养基地，依托平台优势加强本地人才培养。加大激励力度，充分发挥现有高端人才和优秀创新团队的作用，在科技创新平台建设和重大科技项目方面给予倾斜支持，保障良好的工作和生活条件，强化重大平台项目的人才吸附功能。实施产业高技能人才振兴计划，支持优秀青年科技人员主持科研项目，加快后备人才队伍的成长。

建立健全激励评价机制。探索形成以政府奖励为导向、用人单位和社会力量奖励为主体的人才奖励体系，科技奖励重点向创新创业人才倾斜。优化科技领军人才发现机制和项目团队遴选机制，对领军人才实行人才梯队配套、科研条件配套、管理机制配套的特殊政策。加快建立以创新价值、能力、贡献为导向的人才评价体系，以信任为基础的人才使用机制，积极构建充分体现知识、技术等创新要素价值的收益分配机制，赋予科研人员职务科技成果所有权或长期使用权，加大精神激励力度，让有贡献的科研人员"名利双收"。通过产学研结合提升科技人员创新创业能力，将成果以及转化运用的实际成效作为人才评价、职称评定的重要依据。

完善人才创业机制。更好发挥科技特派员作用，试点开展"强工业"科技特派员制度，服务企业科技创新。完善科技特派员激励机制，壮大东西部"双地"科技特派员队伍，引导支持科技人才服务乡村振兴。加快成果转化与推广应用。健全政府人才公共服务体系和自主创新创业优惠政策，

满足科技人才创新创业多样化需求。

（七）推进科技开放合作，积极融入全球创新体系

以承接东部产业转移为契机，面向更大范围、更深层次构建科技对外开放合作新格局，借力增强甘肃科技力量。深度融入"一带一路"大格局，大力推进丝绸之路"科技走廊"建设，推动产业技术创新与"一带一路"沿线的融合互动，集聚国际国内创新要素，建设西部地区具有较强带动力和影响力的科技创新中心。强化与沿海地区产业合作。积极营造良好的投资环境，主动吸引长三角、珠三角、环渤海经济区的企业到甘肃省投资兴业。加大园区基础设施和标准厂房建设力度，努力为企业落地提供承载支撑。创造条件合作共建产业园区，稳妥推进有条件的企业将整机生产、零部件、原材料配套等向甘肃转移，培育和形成产业集群。积极引导土地、规划、金融等部门提前介入项目前期工作，主动为企业提供要素保障服务。围绕产业发展实际，加大新技术、新产品的研发力度，共同推进科技成果转化为产业发展优势和经济增长优势，助推经济提质增效。

国家科技计划管理改革及对甘肃省的启示

丁明磊

中国科学技术发展战略研究院　研究员

科技计划是政府支持科技创新活动的主要方式，对增强国家科技实力、支撑引领经济社会发展具有不可替代的重要作用。科技计划管理改革是深化科技体制改革的核心和龙头。通过深化科技计划管理改革、构建新型科技计划管理体制，带动了科研机构自主权、科研人员激励以及相关制度改革，推动了政府职能转变，为中国实施创新驱动发展战略、建设世界科技强国奠定了坚实的基础。

一、"十四五"时期科技计划管理面临的形势和新要求

"十四五"时期及未来一段时期，是建设科技强国和社会主义现代化强国的关键时期，新科技革命的深入发展是我们百年不遇的重大机遇，国际局势的变革是我们乘势而上的重要时机，创新型国家建设也为中国科技发展积累了丰富的经验，要充分发挥创新作为引领发展第一动力的作用，增强科技自立自强支撑社会主义现代化强国的使命担当，增强应对外部重大风险挑战的抗压能力、应变能力、对冲能力和反制能力，以科技创新的主动赢得国家发展的主动，以自立自强的能力铸牢民族复兴的基石。

（一）新一轮科技革命和产业变革突飞猛进，数字化、智能化、绿色化成为主导趋势

基础科学研究不断向宇观拓展、微观深入和极端条件方向加速纵深演进。物质结构、生命起源、宇宙演化和意识活动机理等重大前沿问题有望取得突破，使人类对物质世界和生命世界的探索和认知从"探测时代"走向"调控时代"和"编辑时代"，乃至"再造时代"。科学研究学科间横向交叉融合日益紧密，越来越多的科学成果来自于学科交叉领域。科学研究活动呈现出数据驱动、研究重心向下游应用端移动，以及愈加依赖巨大投入和大型科学装置平台的趋势。同时，科研组织模式多元化、开放性、体系化的特征也更加明显。

信息、生物、能源、先进材料与制造等前沿技术领域呈现多技术交叉融合和群体性跃升态势。基础研究、应用研究、技术开发和产业化边界日趋模糊，不断产生新兴学科及领域，催生新兴技术及产业。以高速移动通信、物联网、人工智能、大数据、区块链、量子计算等新一代信息技术、智能化技术为引领的新技术体系正成为新一轮科技革命和产业变革的核心驱动力量，正在加速向经济

社会全面扩散，推动以人为中心的人机物三元融合发展，深刻改变人们的生产、生活方式和思维方式。同时，新技术进步对科学发展的依赖愈加深化，应用基础研究得到越来越多的关注和投入。

新技术革命推动的生产方式变革将重塑全球产业格局。随着新一代信息技术与实体经济的深度融合，新模式、新业态持续涌现，以数字经济为代表的新经济将全面加速发展，重塑全球产业竞争和分工模式，将对生产组织、社会分工以及国家治理带来一系列深刻的变革。根据《世界互联网发展报告》，2021年全球电信服务支出将达到1.54万亿美元。电子信息制造业稳步增长，大数据、人工智能、区块链等信息技术服务业保持高速发展态势。随着人工智能、云计算、物联网等新技术加速在产业领域拓展创新应用，用户创新、开放创新、大众创新、协同创新等创新模式不断涌现，生产方式和产业组织将面向开放场景满足个性化、定制化需求，呈现出生产方式智能化、产业组织平台化、技术创新路径多样化等特征，重塑形成智能、高效、绿色的现代产业体系。同时，颠覆性技术创新将大量涌现，快速向各个领域渗透融合，主流技术和产品不断被迭代，新产业、新业态快速涌现，以革命性方式对传统产业产生归零效应，这不仅会改变资本、技术密集型产业在全球的布局，还会加速推动后发经济体转型发展。

（二）世界百年未有之大变局加速演进，科技竞争成为大国战略博弈的新边疆和主战场

当前中国处于近代以来最好的发展时期，世界处于百年未有之大变局，两者同步交织、相互激荡。目前，民族主义、民粹主义、保护主义和逆全球化在世界范围内扩大蔓延，大国博弈日益激烈，全球治理体系遭遇挑战。国际政治经济格局进入深度重构期，大国博弈呈现高度竞合态势，创新成为国际竞争和全球治理的新焦点，产业链创新链全球分工合作面临新挑战，各种风险挑战加剧。

科技创新在世界经济社会发展中的地位更加突出，已成为大国战略博弈的焦点。未来经济增长低迷和生产力水平低下成为世界各国普遍关心的问题，依靠科技创新打造新的增长动力，创造新的经济增长点成为各国的普遍诉求，科技创新成为世界主要国家提升产业竞争力和国家整体实力的关键。世界各国纷纷出台科技创新战略，更加注重基础研究和颠覆性技术创新，积极调整科技创新政策，强化国家科技长远发展基础，有效应对经济社会挑战。一些战略性前沿科技领域更是成为主要国家竞相部署的重点，2017年以来，日本、韩国、英国、德国、美国等全球近二十个国家相继推出人工智能发展战略，在量子技术、脑科学、微电子、区块链、生物医药、新能源等前沿科技领域，各国也加大了研发部署。

中美局部科技脱钩的潜在风险将长期存在，可能制约中国科技发展空间和进步进程。随着中国科技和经济实力的快速提升，中国在世界科技创新和经济版图中的地位发生了重大变化，必然导致以美国为首的西方国家将中国视为战略竞争对手，对中国科技进行围堵、打压和遏制等。中美科技关系已经发生了实质性的转变，美国在科技创新领域的脱钩和极限施压，意在遏制中国的全面崛

起。未来在科技创新全球化进程中，中美完全脱钩，世界形成两种体系、两条路径的可能性不能完全排除。中美斗而不破、部分脱钩，在关键领域、关键技术、高端人才等方面对中国遏制打压和封锁具有长期性和根本性。

（三）打造先发优势和支撑高质量发展对科技体制机制改革提出新要求

中国特色社会主义进入了新时代，这是中国发展的历史新方位。在全面建成小康社会的基础上，进一步基本实现建设社会主义现代化国家伟大目标、跨越中等收入陷阱、适应中国社会主要矛盾发生的根本性变化，以及在若干重要技术领域逐步形成先发优势，建设新型国际科技合作关系等，都对科技体制机制改革提出了新的需求，包括以下几个方面：

1.加快创新驱动，将创新范式从技术扩散型向国家使命导向型转变

中国正向世界科技第一集团迈进，未来中国将可能长期维持中速经济增长，从经济增长速度优先到寻求经济更有效率、更加公平、更可持续发展，向创新驱动，经济、自然、社会和谐发展的方向转型。要求中国能够迅速抓住新科技革命与产业变革先机，加快创新驱动，形成技术制高点。以国家使命为导向，加强创新体系建设，面向产业创新，加强重大、基础、前沿与共性研究。针对重点产业领域急需的科学基础、应用转化与产业创新等重点攻关。加快推动核心技术突破和应用，培育发展战略性新兴产业，升级传统制造技术。

2.向"世界创新工场"转型的科技支撑体系正在加速推进，加快战略性新兴产业的实质性推进

中国作为"世界制造工厂"的科技体系建构已基本完成，向"世界创新工场"转型的科技支撑体系正在加速推进，各种新的制度障碍将日益彰显，对深化改革提出迫切要求。在发达国家能源成本下降，创新优势保持与中国成本压力加大的环境下，中国未来发展的关键还在于超强制造技术与能力的形成。这就要求中国以解决国家重大经济问题和维护国家安全为导向，推进主导工业的技术基础与共性技术研究。以技术的先进性、产业结构高级化、可持续发展、总体经济效率、企业国际竞争力等方面为标准，以新能源、生物产业、节能环保、新兴信息产业等战略性新兴产业为重点，由迅速扩大规模的"平推工业化"向纵深推进的"立体工业化"转变，形成产业、政府、社会协同，打通创新链，向产业高地和价值链高端攀升，推进现代工业的绿色化、精致化、高端化、信息化与服务化，实现新型工业化、信息化、城镇化、农业现代化的同步发展与有机融合。同时从政府管理、金融服务、人才培养、基础设施配套、本土需求促进等方面整体助推战略性新兴产业的发展。

3.有效整合全球价值链与国内价值链，重构分工优势

在欧美发达国家可能兼顾创新优势与成本优势的同时，中国应一方面继续融入全球价值链，按照发达国家的产业结构、技术结构、价值结构等产品和技术供给类型进行调整，强调对产品-结构等关系进行组合与配置，引入知识、技术、管理、资源等要素配置；另一方面重视国内价值链，以中国不同区域可能具有的资源特色、需求结构、消费结构等要素禀赋和市场需求类型为基础，强调对中国内部不同区域中要素、结构、制度、现实起点等因素进行新组合与新调整。需要通过深化改革建立统一开放、竞争有序的市场体系，让一切土地、劳动、资本、技术和数据要素的活力竞相迸发，推动中国经济战略转型。

4. 适应国际环境硬约束要求，建设美丽中国

过度依靠低端制造业和重化工业的发展模式给中国资源环境造成了巨大破坏。近几年，环境恶化的信号频频出现，各类自然资源的储量也已经逼近红线。面对资源约束趋紧、环境污染严重、生态系统退化的严峻形势，中国必须尽快调整当前的产业结构，将实现低碳替代高碳作为调整产业结构的主要目标，发展低碳经济和循环经济，淘汰各类重化工业和落后产能，努力建设美丽中国，实现全面协调可持续的发展。

5. 建设更有效的区域协调发展新机制，兼顾高质量发展的效率与公平

近些年中国区域发展差距逐渐扩大，不管是城市群内部还是南北方之间，高质量发展水平开始出现明显差异。这对区域之间资源的协同与优化配置提出更高要求，要促进各类生产要素的自由便利流动，需要消除市场壁垒，提高资源配置效率和公平性，也需要交通物流信息化等一系列的技术支撑。要在合适的区域经济空间尺度建设一批区域性经济中心城市，保证居民在自由迁徙的前提下，能够在不同地区享受均等化的发展成果。

二、科技计划管理改革对实施创新驱动发展战略、支撑高质量发展作用突显

国家科技计划是科技领域体现国家意志、实施战略科技任务工作的载体，也是科技创新体制改革的发力点。中国科技计划的设立和实施，凝聚着几代领导人的远见卓识和各个时期科技工作者的智慧与心血，是中国特色自主创新道路的重要体现，承载着实施创新驱动发展战略的重大使命。所取得的巨大成就，使中国已成为有重要影响力的科技大国。习近平总书记多次对重大项目、新型举国体制、基础研究、体制改革、科技人才等工作做出重要指示，为国家科技计划管理改革指明了方向。

（一）新时期国家科技计划改革主体架构和新型科技计划体系基本形成，增强打造先发引领发展的创新源头供给

按照"面向世界科技前沿、面向经济主战场、面向国家重大需求、面向人民生命健康"的战略方向，破解科技领域改革难题，充分认识深化科技计划管理改革的重要性、复杂性和艰巨性，加快

推进科技体制改革向纵深发展。先后出台《关于改进加强中央财政科研项目和资金管理的若干意见》（国发〔2014〕11号）、《关于深化中央财政科技计划（专项、基金等）管理改革的方案》（国发〔2014〕64号）、《关于进一步完善中央财政科研项目资金管理等政策的若干意见》（中办发〔2016〕50号）、《关于进一步深化项目评审、人才评价、机构评估改革的意见》（中办发〔2018〕37号）、《关于优化科研管理提升科研绩效若干措施的通知》（国发〔2018〕25号）、《关于抓好赋予科研机构和人员更大自主权有关文件贯彻落实工作的通知》（国办发〔2018〕127号）、《关于改革完善中央财政科研经费管理的若干意见》（国办发〔2021〕32号）等，坚持目标导向和问题导向，以优化科技资源配置、激发创新主体活力、完善科技治理机制为着力点，解决中国科技计划管理长期以来存在的中央财政科技计划（专项、基金等）管理统筹协调不够、资源配置"碎片化"、科研项目管理专业化不够、政府职能转变缓慢和科研资金管理不利于激发科研人员积极性和创造性等突出问题。由"一个制度、三根支柱、一套系统"构成的新的国家科技管理体系基本形成，在集聚和优化资源配置、突出高效产出和凸显知识价值方面取得重要成果，有利于提高科技创新供给的质量和效率，实现引领性发展。在近百项科技计划优化整合基础上形成新五类科技计划布局；统筹协调的科技计划管理体制基本形成，部际联席会议、特邀咨评委、专业机构等新型科技计划管理制度运行良好；结合国家科技体制改革总体推进，科研资金和项目管理日益成熟，相关制度进一步建立和完善。

通过国家科技计划管理改革，进一步优化资源配置、聚焦重点任务，坚持目标导向和问题导向，一批重要前沿方向取得突破，加快关键核心技术攻关，在战略高技术制高点，若干战略必争领域筑长板、补短板、强能力，实现"后发先至"。移动通信、油气开发、核电等科技重大专项产出了一批重大标志性成果。凝聚态物理、纳米材料等一批重要前沿方向研究进入世界第一方阵；"中国天眼""人造太阳"等国际领先的重大科技基础设施成为科研利器；超临界燃煤发电、特高压输变电技术世界领先，第三代核电"华龙一号"跻身世界前列，探索出全球首个第四代核电高温气冷示范堆实现并网发电，新型核电技术为国家能源安全提供了有力保障。"国和一号"核电机组、"人造太阳"等一批国之重器，为开展世界级研究夯实基础；探月工程、火星探测计划、载人航天工程等顺利实施，悟空、墨子、慧眼等科学实验卫星及一批科学卫星提升中国空间科学国际竞争力；支撑港珠澳大桥、川藏铁路等一批重大工程建设顺利实施；高性能装备、智能机器人、增材制造等技术突破，有力推动制造业升级发展，新能源汽车、新型显示产业规模居世界第一；超级计算、大数据、区块链等加快应用，推动人工智能、数字经济蓬勃发展。

（二）创新和完善国家科技计划管理方式，激发全社会创新创业活力

国家科技计划管理日益完善，符合科技管理规律的项目和资金管理方式逐步形成，制订和发布《国家重点研发计划管理暂行办法》。国家科技重大专项进一步完善管理制度，在优化管理流程、专业机构改建、信息平台建设等方面进行管理改革探索，通过"试机制、试流程、试机构"，不断总结经验，建立新的重大专项管理模式。国家科技计划管理改革全过程始终突出市场原则、突出知识

价值导向、突出以人为本，在"放、管、服"中深化科技计划管理改革，注重遵循科技创新内在规律和要求，更加关注和响应科技界诉求，最大限度地凝聚改革共识、形成改革合力，得到了科技界广泛认可，正在构建出一个生气勃勃、相互依存、共同发展的科技创新发展新生态。

科研项目管理更加科学化，聚焦重点突破方向，创新组织实施方式，强调产学研协同创新，特别是简化管理程序，切实做到放权、让利、减负，让管理服务于人的创造性活动；全面推行"预申报+正式申报"的申报评审方式，明确建立科研财务助理制度，去除繁文缛节，减轻科研人员经费管理方面的负担，切实解决科研人员反映的突出问题；突出创新规律，在科研项目预算调整、劳务费支出、间接费用分配、结转结余资金使用、差旅会议费标准等方面赋予科研单位和科研人员更大的自主权；从立项、实施到结题验收的全流程公开透明和痕迹管理，实现"可申诉、可查询、可追溯"；突出知识价值导向，激发科研人员创新活力。大幅提高人员费比例，继续改善科研创新环境，发挥法人单位作用，激发科研人员积极性，提高他们的获得感。

（三）科技计划管理全链条一体化部署显著加强，推动科技与经济结合日益紧密

国家目标导向的科技计划更加有效地瞄准重点领域、聚焦重大任务，全链条创新设计、一体化组织实施，对经济社会发展的支撑引领作用显著增强。新五类科技计划（专项、基金等）围绕科技创新链条，形成各有侧重、相互衔接的梯次配置格局，通过统一的国家科技管理平台建立跨计划协调机制和评估监管机制，按照基础研究、应用开发、成果转化、产业发展等各环节进行一体化设计，围绕产业链部署创新链，围绕创新链完善资金链，为中国经济发展提供创新动力。

在国家科技计划组织实施中注重及时做好科技成果转移转化，培育经济增长新动能。新的科技计划体系围绕科技成果转化进行系统设计，特别是聚焦国家重大战略产品和重大产业化目标的国家科技重大专项，按照"全链条一体化设计实施"的国家重点研发计划，以及以促进创新成果转化为第一要务的技术创新引导专项（基金），更是强化成果转化意识，加强协调联动，做到新科技成果的应用示范和研发产出并重。根据部署，每个重大项目与重点研发计划在实施结束时都要形成一批科技成果包，并及时在行业、产业中转化应用，真正解决实际问题，形成经济社会发展的创新源头，对稳增长、调结构、转方式形成显著促进作用。

（四）科技计划开放程度加强，全面融入全球创新网络

随着中国科技计划管理改革的深入推进，新型科技计划管理体制充分借鉴国际科技计划管理经验，逐步与国际接轨。在任务部署上更加突出国际化，在国家重点研发计划中设置国际科技合作专项，重点支持双边和多边科技合作项目，对"一带一路"创新共同体建设给予专项支持。在管理过程中，更加重视充分利用国际创新资源，强调国内外创新资源的协调与互动，鼓励国家重点研发计划项目及其任务（课题）承担单位与境外科研机构开展合作研究，对于重大国际科技合作类重点专项，探索按照对等原则扩大对外开放的合作机制。涵盖科技计划内容的国际交流与合作进一步深

化，中国目前参与国际大科学计划和大科学工程接近60项，深度参与国际热核聚变实验堆计划（ITER）、地球观测组织（GEO）、平方公里阵列射电望远镜（SKA）、国际大洋发现（IODP）等国际大科学计划和大科学工程。2020年科技部"战略性国际科技创新合作重点专项"支持设立了3项"国际大科学计划和大科学工程培育项目"，投入财政经费超过9000万元，"大科学装置前沿研究重点专项"立项9项，投入财政经费超过1.9亿元。

"十三五"以来，通过国家重点研发计划政府间国际科技创新合作重点专项和战略性科技创新合作重点专项，共支持与130多个国家、地区、国际组织和多边机制开展联合研究合作，国内参与单位800多个，全面覆盖信息通讯、生物、新材料、新能源、农林、环境等重点科技领域，共支持立项近2000项，项目总经费近100亿元人民币。国家科技计划国际化发展对充分利用国际科技创新资源、以全球视野谋划和推动创新发挥了重要作用。

三、深化国家科技计划管理改革对甘肃的启示与建议

近年来，全国财政投入持续增长的同时，地方财政科技投入增速高于中央财政科技投入，2007年地方财政科技投入在全国财政科技投入中占比51.5%，2020年提高到64.8%。中国国家科技计划管理改革已经取得显著成效，但与实施创新驱动发展战略、推动高质量发展的需求相比，中国国家科技计划管理改革还需进一步深入。面对新的形势，中国的科技管理工作必须与时俱进，深化改革，由研发管理向创新管理拓展，更加注重战略谋划和宏观布局，更加注重资源统筹和协调联动，强化目标导向，加快突破瓶颈制约，加速重大成果的产出应用。

（一）国家科技计划管理改革的思路

以科技计划改革引领推动科技体制机制改革，下好创新先手棋。一方面，新技术革命加速推进，各国围绕培育新增长动能的竞争更加激烈，要求中国科技计划必须瞄准世界科技和产业发展的制高点，更加密切地围绕"四个面向"，形成新的增长动力源泉，为提高社会生产力和综合国力提供有效的战略支撑；另一方面，创新驱动发展战略的实施要求坚持"双轮驱动"，加快建立适应创新驱动发展需求的体制机制，这对进一步完善科技计划管理方式、完善创新链条提出了更高的要求，必须通过体制机制改革，进一步释放活力和创造力，打破深层次体制机制壁垒，激发各类创新主体的积极性和创造性，让机构、人才、装置、资金、项目都充分活跃起来，形成推进科技创新发展的强大合力。

新时代推动科技计划管理改革需要处理好若干重大关系。一是政府与市场的关系。在完善市场机制基础上，充分发挥政府集中优势资源、实现重点突破、引领带动科技发展实现整体跃升的战略牵引作用。二是科技与经济社会发展的关系。尊重科技发展的规律，形成科技促进经济社会发展、经济社会发展拉动科技的良性互动格局。三是科学发展与技术发展的关系。处理好科学发展与技术发展间的平衡，加强基础研究能力。四是全面发展与重点突破的关系。既要进行全面部署推动全面

发展，又要抓住主要矛盾和矛盾的主要方面，选择重点予以突破。五是科技研发与生态营造的关系。坚持二者统一协同，既要坚持科技研发，实现核心技术突破，又要营造良好生态系统，形成经济和产业竞争力。

（二）对甘肃科技计划改革的启示与建议

习近平总书记指出："机会稍纵即逝。面向未来，可以说，新科技革命和产业变革将是最难掌控但必须面对的不确定性因素之一，抓住了就是机遇，抓不住就是挑战。"从发展需求来看，不能充分认识和把握新科技革命的规律与发展特征、抓住新科技革命提供的历史机遇，是科技创新发展所面临的最大风险。与科技发达的东部省份相比，甘肃科技创新自身存在能力差距以及外部环境压力，未来科技创新发展仍面临诸多挑战：一是科技体制改革滞后于科技创新发展的需要，重大源头创新能力仍然不强，科技体制仍存在着一些有待解决的深层次问题，可能制约科技持续创新能力的提升。二是甘肃科技长期处于追赶期，科技创新发展路径、管理方式以及思维方式仍然习惯于追赶型的发展路径，新办法、新模式、新路径的探索不够。三是科技人才队伍面临供给结构失衡和人才流失的双重挑战，人才缺口依然较大，而且引领创新型人才供给不足，特别是人工智能、生物等新兴技术领域"高精尖"人才更为缺乏。四是科技创新对内对外开放水平不高，对省外及国际创新资源吸纳利用不足。

做好甘肃科技计划管理改革需要解决好三个"联动"的问题，一是"横向联动"，解决好与地方相关厅局的协同创新问题；二是"向上联动"，解决好地方与中央科技计划体系衔接的问题；三是"向下联动"，解决好指导、带动市县两级政府科技管理的问题。使研发活动组织模式更加符合科技创新发展规律，更加适应环境变化和形势需求，进一步提升科技投入绩效，围绕需求凝练更精确、组织实施体系化、项目管理专业化、资源配置多元化的科技计划管理体系。为此，提出建议如下：

一是结合创新驱动发展战略的实施进行部署，促进项目、基地、人才、资金的紧密结合和一体化部署。基础研究更要应用牵引、突破瓶颈，从经济社会发展和国家安全面临的实际问题中凝练科学问题，弄通"卡脖子"技术的基础理论和技术原理。科技攻关要坚持需求导向和问题导向，加快突破一批关键核心技术。瞄准未来科技和产业发展的制高点，前瞻部署一批战略性、储备性技术研发项目。改革重大科技项目立项和组织管理方式，落实分类管理，实行"揭榜挂帅"、"赛马"等制度，压实验收环节主体责任。发挥企业出题者作用，围绕产业需求凝练任务，推进重点项目协同和研发活动一体化，加快构建龙头企业牵头、高校院所支撑、各创新主体相互协同的创新联合体。

二是进一步加强重大任务部署与国家发展战略需求和任务的衔接。依托甘肃的优势科技创新资源，加强部省联动，承接"十四五"科技创新发展重大任务布局，有效支撑"科技创新2030·重大项目"、国家实验室建设、军民深度融合等党中央国务院的重大决策部署，加强重点发展领域的跟踪和研判，全面提升科技创新供给的质量和效率。

三是全面完善科技计划管理制度，提升科技管理人员能力水平。加快修订和制订各类科技计划的政策制度，进一步完善管理制度体系，加快实现从研发管理到创新服务的转变。做好专家库建设和管理工作。探索人才为本的新型科研管理模式，在重大研发任务中，探索首席科学家负责制。开展对地方科技管理人员的培训工作，重点加强经济发展、民生改善、生态建设、依法行政、国际科技竞争等方面知识的培训，使科技管理人员的知识结构、管理能力能够尽快适应新时期科技管理工作的需要。

四是建立和完善基于信用和绩效导向的新型经费管理机制，创新财政科研经费投入与支持方式。强化科研项目预算柔性管理，完善科研项目经费拨付机制，改进结余资金管理，加大科研人员激励力度，改进监督检查和健全绩效管理机制，及时清理修改相关规定，加大政策宣传培训力度。试点顶尖科学家支持方式改革，支持新型研发机构实行"预算+负面清单"管理模式。

五是加大力度对接多层次资本市场，完善政府基金管理体系。提升对薄弱环节和重点领域金融支持的精准性和可持续性，围绕重点领域和重大项目提供融资保障，加大对先进制造业、战略性新兴产业金融支持力度。鼓励国有企业参与创业投资，引导社会资本"投早""投小"。建立政府基金协调联动机制，加强信息交流和项目资源共享，形成定位各有侧重，相互衔接联动的政府基金管理体系。

六是面向重大需求加强应用场景创新。面向碳中和碳达峰、乡村振兴、智慧城市等重大战略需求，在经济社会发展、科学研究发现、重大活动保障等领域形成一批示范性强、显示度高、带动性广的重大应用场景，阶段性发布场景需求清单，建立完善政府公开发榜和订购机制。不断完善和优化场景开放政策措施和制度成果，强化主体培育、加大应用示范、创新体制机制、完善场景创新生态，加速关键核心技术攻关、产品开发和产业培育。

"双碳"视域下甘肃新能源产业创新发展策略研究

马士聪[1] 徐浩田[2] 王铁柱[3] 罗 魁[4]

(1.中国电力科学研究院有限公司 副所长、教授级高级工程师
2.中国电力科学研究院有限公司 业务工程师、中级工程师
3.中国电力科学研究院有限公司 副主任、中级工程师
4.中国电力科学研究院有限公司 业务工程师、高级工程师)

能源危机和气候变化已经成为目前全球共同面临的严峻问题之一,为了减缓温升、应对能源危机,积极寻求新的可替代能源,成为世界各国的必然选择。近几年,发展新能源成为可持续发展的必然趋势,各国分别提出了自身的碳中和或者绿色清洁化目标及路径,如中国2020年正式提出2030年碳达峰、2060年碳中和目标,美国在2021年通过了《美国清洁能源法案》提案等。各国在积极探索新能源产业发展路径的过程中,也逐步面临诸多问题,近年来受全球疫情、战争冲突等各种因素影响,全球均不同程度出现了能源短缺、价格飞涨、市场停摆、停电事故等问题。如欧洲2022年2月以来,由于能源供给不足导致持续不断的价格暴涨;澳大利亚2022年6月在全国范围内暂停了电力市场交易;以及在美国、英国等国家由新能源引发的一系列停电事件。

在上述背景下,甘肃新能源产业应该如何发展,如何在保障能源安全的前提下,推动新能源产业的健康可持续发展,围绕上下游产业链应该开展哪些科研布局和政策研究?对甘肃新能源发展具有至关重要的意义。

一、中国新能源产业发展现状及前景

中国以风、光为代表的新能源发展成效显著,装机规模稳居全球首位,发电量占比稳步提升,成本快速下降,能源结构调整和减碳效果也逐渐显现。为进一步推进节能减排和可持续发展,近年来,中国政府出台了一系列政策以鼓励和支持新能源行业的发展。2022年,国家发改委、国家能源局发布《关于促进新时代新能源高质量发展的实施方案》,方案指出要实现到2030年风电、太阳能发电总装机容量达到12亿kW以上的目标,加快构建清洁低碳、安全高效的能源体系,更好发挥新能源在能源保供增供方面的作用,助力扎实做好碳达峰、碳中和工作。随着碳达峰碳中和相关政策逐步出台,风电、光伏装机计划陆续发布,中国新能源产业面临着巨大的机遇与挑战。

(一) 风能产业概述

全球风能理事会（GWEC）发布2022年版《全球风电报告》，全面总结了2021年全球风电产业发展情况。2021年全球风电累计装机容量达到837GW，全球新增风电装机容量93.6GW，中国、美国、巴西占据前三。见图1。

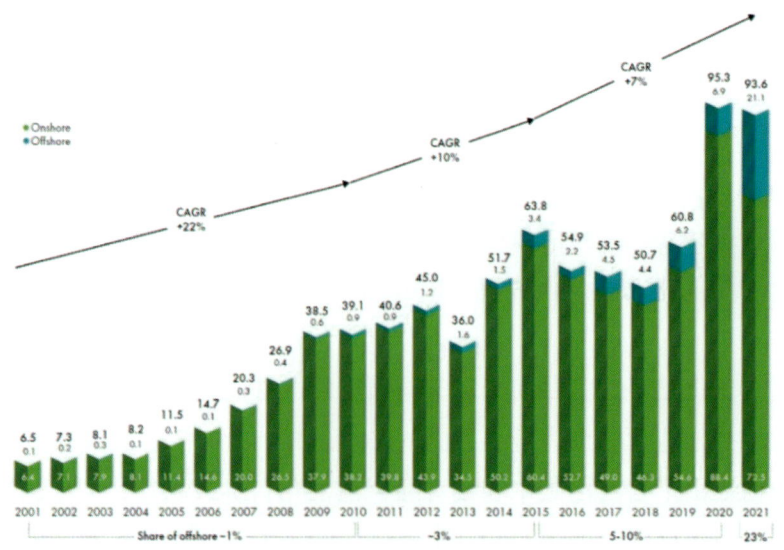

图1　2001-2021年全球风电新增装机走势（GW）来源：GWEC

在绿色低碳及数字化转型的背景下，未来中国风力发电将迎来新一轮机遇。根据国家发改委、国家能源局发布的《以沙漠、戈壁、荒漠地区为重点的大型风电光伏基地规划布局方案》，到2030年规划建设风光基地总装机约4.55亿kW，"十四五"规划建设风光基地总装机约2亿kW。风电技术的不断进步也推动了效率提升和成本下降，未来风电市场将不断扩大。

风能制造产业链中，上游产业叶片行业已经基本上达到了国际主流水平。由于中国风电行业在全球化的竞争优势，以及关键原材料本地化，中国风电叶片行业经过三十多年的发展，已经形成了相对完整的产业链，已经由产能过剩转向有序的发展状态。仅剩作为叶片芯材的轻木受限于木材产地，仍需进口。中游风电主机方面，整机商全球2021年排名中，中国风电整机商占据了前十名中六个席位，主要的产业包括发电机、轮毂、轴承、齿轮箱和控制系统。但在轴承和控制系统两大部分，是国产化难度最高的环节，主要市场仍然被国际巨头所占据。在产业链下游塔架方面，因高昂的陆运成本为关键影响，产业主体都受本地风电规模影响，国内风电塔筒受益于陆上风电和海上风电快速发展，2021年需求爆发，市场规模增长超一倍。

(二) 光伏产业概述

中国已经成为世界上光伏发电装机量最大的国家，到2025年可贡献全球新增装机量的15%~20%。2013年至今，全国光伏发电累计装机容量增长超过10倍，与此同时，光伏发电量也实现了28倍的增长。此外，随着技术的迅猛发展和政策的大力扶持，中国的光伏发电成本也迅速下降。资料显示，2019年光伏发电成本较2015年下降了40%以上。而随着海外市场占比提升、关键技术的突破和平价上网的逐步实现，光伏制造业产业也逐渐脱离了政策和补贴的影响，逐步向市场化发展迈进。见图2。

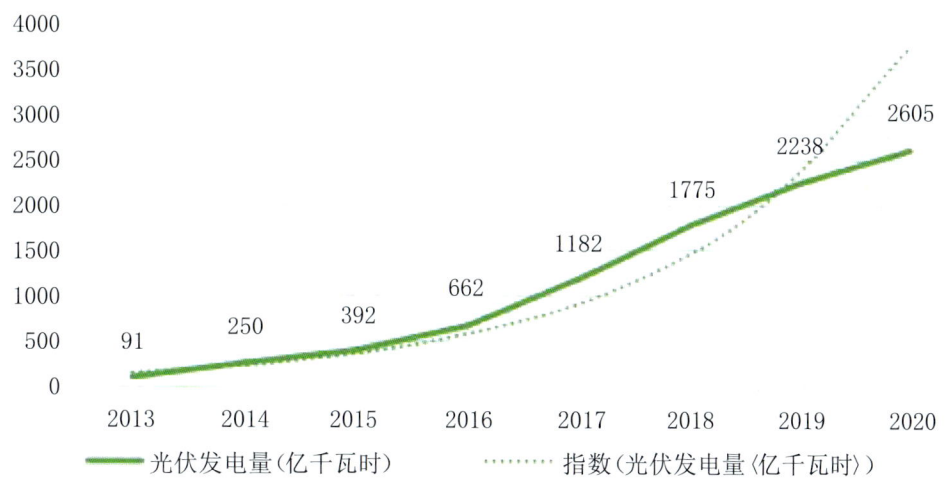

图2 中国光伏发电量变化趋势（数据来源：国家能源局）（作者手工整理）

经过近十几年的发展，中国建立了相对完整的光伏发电制造业产业的市场和配套环境，包含高纯多晶硅原材料生产、太阳能电池生产、太阳能电池组件生产、相关生产设备的制造等多个方面。目前中国的光伏制造业产业在制造规模、产业化水平、应用市场及产业体系等方面均居全球领先地位，并具备发展智能光伏的基础条件，但依然存在重点环节与国际领先水平存在差距的问题。随着工艺技术的进步和市场的发展，世界范围内的光伏发电制造业产业结构愈发明晰。在多晶硅的加工环节中，中国主要引进俄罗斯的改良西门子法，但仍存在技术差距，导致产能较低。在硅片的加工环节中，国际上的单晶、多晶技术相对成熟。中国单晶硅技术比较成熟，已实现国产化的单晶炉，但多晶硅浇筑炉仍需依赖进口，价格昂贵。在电池及组件工序环节上，中国的生产工艺领先，光伏电池封装产业发展迅猛。

（三）生物质能产业概述

生物质能占到全世界总能耗的15%，是21世纪能源供应中最具潜力的能源之一。中国生物质能充足且种类丰富，每年产生的生物质资源总量有20亿t（干重），相当于20亿t油当量，但利用率不到总量的5%。中国生物质能转化为能源量可达4.6亿t标准煤，已经开发利用的能量约达2200万t标准煤，还有约4.4亿t可用做能源开发利用，生物质开发利用潜力巨大。

生物质能制造产业链上游为生物质原材料及生产设备，其中，生物质原材料主要包括农作物剩余物、林业剩余物、畜禽粪便、生活垃圾及工业废物，生产设备主要包括垃圾焚烧设备、发电机组等；生物质能制造产业链中游为生物质转化，主要包括厌氧发酵、生物质气化、生物质液化、生物质成型等；下游为生物质能的应用领域，具体包括生物质能发电、生物质能燃料、生物基化工、生物质供气等。

(四) 储能产业概述

2021年全球电化学储能装机功率达205.3GW，规模同比增长55.4%，2018-2022年装机规模达16.9GW。其中，抽水蓄能在储能装机规模中占主导地位，占装机规模的86.42%，但受限于水文地理等条件，难以大幅增加新的抽水蓄能。同时，新型电力系统引发的灵活性缺口随着新能源占比的不断增加而相应的扩大，电化学储能未来将进入快速发展阶段。

电化学储能产业链的上游为各种原材料，包括锂矿、石墨矿、钴矿以及电池的原材料，包括正极材料、负极材料、电解液、隔膜以及结构件等。储能产业链的中游由电池组、电池管理系统（BMS）、能量管理系统（EMS）以及储能逆变器（PCS）以及其他电气设备构成。下游由储能的应用和回收利用组成，其中储能的应用主要分为电网侧、发电侧和用户侧三种。见图3。

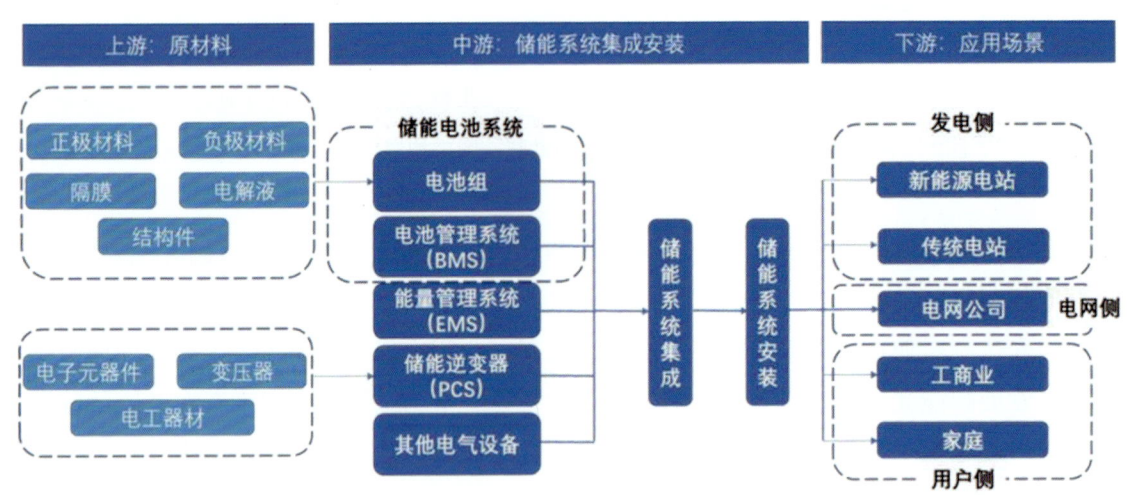

图3 储能制造行业全产业链（图片来源：国泰君安证券研究）

(五) 氢能产业概述

氢能源是一种二次能源，它是通过一定的方法利用其他能源制取的。氢能源作为一种高效、清洁、可持续的能源已得到世界各国的普遍关注，被誉为21世纪的新能源。随着世界范围内对绿色经济发展重视程度的提升，氢能源的需求和应用领域不断扩展。

中国是世界上最大的制氢国，年制氢产量约3300万t，其中，达到工业氢气质量标准的约1200万t。同时中国新能源装机量全球第一，在清洁低碳的氢能供给上具有巨大潜力。中国已初步掌握氢能制备、储运、加氢、燃料电池和系统集成等主要技术和生产工艺，在部分区域实现燃料电池汽车小规模示范应用。见图4。

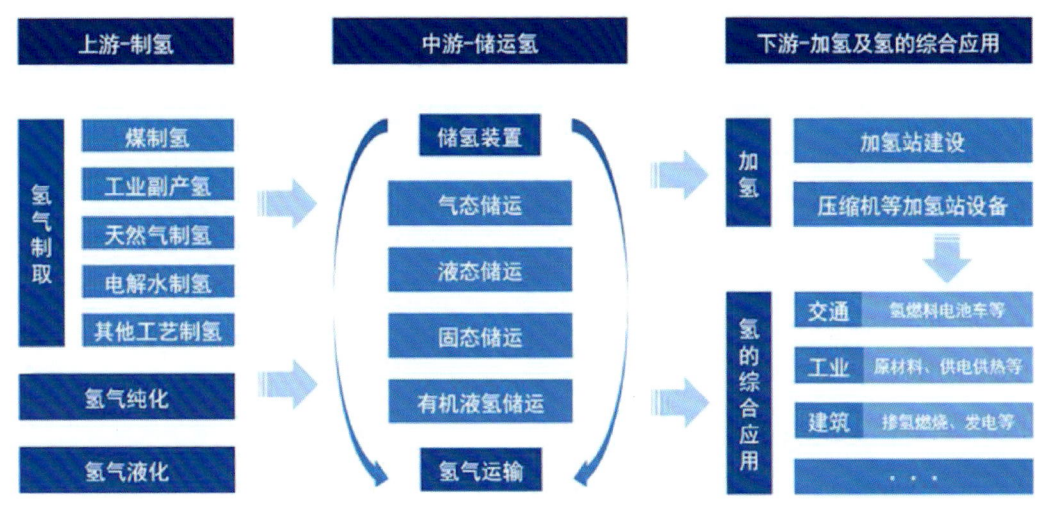

图4　中国氢能源行业产业链结构图（图片来源：前瞻产业研究院）

二、甘肃省新能源产业发展的现状及短板弱项

（一）甘肃省新能源产业整体概况

截至2021年底，甘肃省新能源装机容量（含风电、太阳能、储能、生物质发电）达2896.54万kW，占全省发电总装机容量的47.08%。其中，风电新增装机容量351.37万kW，总电装机容量达1724.6万kW，占全省发电总装机容量的28.03%；太阳能发电装机容量1145.78万kW，占全省发电总装机容量的18.62%。2021年，甘肃省新能源发电量445.72亿kWh，占全网总发电量的23.07%。其中，风电发电量288.44亿kWh，占全省发电总量的14.93%；光伏发电量149.8亿kWh，占全省发电总量的7.75%。

（二）甘肃省风能产业现状

根据《2021年中国风能太阳能资源年景公报》，其中甘肃、新疆、西藏、黑龙江、辽宁、吉林、内蒙古7个省（区、市）年平均风功率密度超过200W/m²，表明甘肃省具有发展风电产业的有利资源条件。甘肃省境内风能资源丰富，风能总储量在全国各省份排名第五，可开采量排名第三，分布集中。甘肃省的风电产业发展迅速，是全省经济社会发展的有力支柱。

甘肃省在风电产业具备链条完整，企业竞争力强的特点。表1显示了甘肃省风电行业企业在风电产业链上中下游的分布情况，可以看出甘肃省风能制造全产业链完整，细分产业均有涉及。为加快培育风光电全产业链体系，地方政府在着力打造产业集群的同时，还突出关键零部件项目攻关，通过不断优化营商环境，提供政策服务支持，加强延链补链龙头企业的招引。国内最大的新能源装备制造产业基地已具雏形。

表1 甘肃省风电产业链上中下游企业概况

产业链	代表性企业	业务范围
上游:叶片	甘肃中航惠腾风电设备有限公司	生产各种风力发电机组的系列化叶片产品和风力发电机组机舱罩、整流罩及各类复合材料制品
	中复连众(酒泉)复合材料有限公司	风力发电叶片、玻璃钢、玻璃纤维、树脂及其他复合材料制品的开发、安装及技术咨询、技术服务、技术转让,复合材料相关设备的制造
	甘肃九鼎风电复合材料有限公司	风力发电机用叶片和机舱罩的研发、生产、销售、运行维护,风力发电设备维修、检测、清洗、保养,防腐保温工程施工,风电场运行维护
中游:风电主机	甘肃升辉新能源科技股份有限公司	风力发电项目的建设、维护,电力设备器材的生产与销售,提供风力发电规划,技术咨询及运行维护服务,风力发电机组制造
	甘肃龙源风力发电有限公司	投资;建设及经营风力发电场,风电场勘测、设计、施工,风力发电机组成套安装、调试、维修
	瓜州县发宇新能源开发有限公司	风力发电,光伏发电,发电机组安装
	国投酒泉第一风电有限公司	开发、建设经营风力项目,电力销售,风力发电机组的调试和检修,有关技术咨询和培训
	中国水电四局(兰州)机械装备有限公司	风力发电机塔架、法兰、轮毂的制造、安装及技术开发,风力发电机组附属设备制造,机械设备及零部件生产,压力器的安装、改造、维修、环保工程
	甘肃航天万源风电设备制造有限公司	风力发电设备及配件的销售,发电机设备,齿轮箱设备,变频器设备,液压设备的销售、维修,劳动力外包,新能源技术咨询
	华锐风电科技(甘肃)有限公司	风电场的建设及运营,风力发电工程的设计及工程承包机械设备销售,塔筒、叶片的维修、保养及清洗,齿轮箱维修、维护、保养及换油,风机机组备件销售
	白银中科宇能科技有限公司	风力发电整机及配件,风轮叶片,风机控制系统设备的生产及销售,风电场建设及运营
下游:塔架	甘肃中水电水工机械有限公司	风力发电机塔架、法兰、轮毂产品的开发、生产、销售、安装及技术咨询
	中国水电四局(酒泉)新能源装备有限公司	风力发电机塔架、法兰、轮毂产品的开发、生产、技术咨询、技术转让,风力发电机基础土石方工程及进出场道路工程的施工

(三)甘肃省光伏产业现状

甘肃省太阳能资源丰富,属于全国太阳能资源较丰富地区,年辐射总量高于$5000MJ/m^2$,部分地区年日照时达3200h以上,具有利用太阳能的良好条件。截至2020年底,甘肃电网装机5620万kW,其中,光伏981万kW,占比17%。到2030年,中国风电、太阳能发电总装机容量要达到12亿kW以上,未来10年,风电、太阳能装机至少增加7.2亿kW,每年新增装机不少于1亿kW。

甘肃光电全产业链体系正在崛起，光伏发电涉及的切片、组件、逆变器、支架等中下游环节已初步引进落地；储能的电池成套设备制造、共享电站建设也具备一定规模。同时，甘肃省积极支持能源投资企业攻坚太阳能光热发电关键技术，为全国大规模发展太阳能光热发电奠定坚实基础。

（四）甘肃省生物质能产业现状

甘肃的可利用生物质能资源主要有农作物秸秆、薪柴、畜粪及城镇生活垃圾等。全省农业生活和生产所需能量超过一半来自生物资源，但人均资源并不富足。

甘肃省在生物质能厌氧发酵产沼气开发利用部分领域发展较快，体现出了良好的发展势头，但生物质能整体开发利用水平仍较低，问题相对突出；生物质能资源规模开发总量小，开发利用途径少；生物质能开发利用方式较落后，效率低下（综合利用率未达到40%）；甘肃省自然条件相对严酷，植被稀少，生态环境脆弱。

（五）甘肃省储能产业现状

甘肃省储能产业规模近几年来实现快速增长。甘肃新能源已经超过火电成为第一大电源。目前，甘肃新能源出力波动在600万~800万kW，省内调峰缺口350万~450万kW。

甘肃省储能产业链的上游发展规模较大，这也得益于甘肃省的矿石资源丰富，贵金属、黑色金属、稀有稀散金属、非金属矿产资源具有较大潜力。但是相较于上游，甘肃省储能产业链的中游和下游发展较为落后，主要表现为产业技术范式不成熟，目前还缺乏新能源的大规模产业化应用，很多新能源技术还停留在以示范应用为主的阶段；消纳和外送通道压力大；商业模式无法形成闭环，目前新能源储能的成本主要由开发商支付，单侧单边交易的形成使得价格信号无法传导到用户侧，不利于行业长远的发展；储能产业链下游的回收利用体系不完善，储能电池回收利用问题亟待规划解决；系统集成设计参差不齐，储能系统如何做到高安全、低成本、智能化和模块化，仍是目前储能产业亟待解决的问题。

（六）甘肃省氢能产业现状

近年来，甘肃省氢能源产业发展加快，产业规模不断增大。预计"十四五"时期，甘肃省氢气产能约为每年2×10^5t。在已经发布的地方规划中，预计到2025年，甘肃省燃料电池汽车累计推广量将超过1200辆，加氢站将超过30座，氢能产业累计产值将超过1500亿元。从研发投入来看，尽管甘肃省的氢能源布局较晚，但正逐渐增加研发预算投入，努力实现甘肃省新能源远景目标。

产业创新联动有待加强。当前，甘肃省在发展氢能过程中存在"多地开花"现象，氢能产业横跨能源、材料、装备制造等多个领域，既能有效带动传统产业转型升级，又能催生新产业链。因此，各地政府发展氢能的积极性高，多地发起氢能产业园区建设，各企业也在寻求项目落地。但由于缺少氢能产业链上、中、下游的统筹，各地政府和企业规划雷同性较高，甚至出现低水平的重复建设，短时间内面临产能过剩风险。

（七）短板和劣势

1.在能源消费增速由高速向中低速转变的过程中，受内外部市场消费水平降低等因素的影响，实现能源稳定发展的不确定因素增多；风电和光伏发电固有的间歇性和波动性给电力系统稳定运行带来挑战，调峰能力短板突出，电力系统灵活性亟待提升；大规模新能源开发与电网安全、输送消纳之间的关系还需进一步协调，电网的输配电能力和智能化水平还有待提高。

2.核心技术缺乏，技术的提升动能不足。在产业体系较不完善的情况下，整体研发能力低下，技术水平亟待提高。

3.电力市场建设在省级层面没有统一牵头机构。据调研，发电计划、省间购售电计划以及省内现货市场建设由甘肃省工信厅牵头负责，省内直接交易由甘肃省发改委负责，辅助服务、省内替代发电市场又由国家能源局甘肃监管办公室负责，多头管理导致统筹协调不足，制约了甘肃省能源产业的发展和电力市场建设。

4.缺乏统一的规划标准及相应的管理政策，未对市场进行明确的管理，阻碍了甘肃省新能源市场的更好发展，对其发展造成了一定的影响。

5.甘肃东西狭长，各市州地理条件、气候条件、电源结构、电网结构、经济发展水平等差异较大、情况复杂。新能源资源较好的河西地区，远离负荷中心，使消纳难、调节难等问题更加突出。尽管甘肃新能源资源丰富，但全省能源生产和消费中，化石能源仍占60%以上。

三、双碳视域下甘肃新能源产业发展的重点方向、路径、政策建议

（一）推动风光氢储一体化，建设新能源产业生态圈

1.风光氢储一体化

通过以市场换项目、以项目育产业等方式，迅速培育新能源装备制造龙头企业，加快引进配套零部件生产企业，打造新能源汽车制造、风电装备制造、光伏设备制造三条新能源装备制造产业链，大力发展氢能装备、储能装备、工程机械、应急装备和电子装备等制造业。推动新产品研发及新技术产业化应用，推动传统制造向高端制造、智能制造、服务型制造转型。

2.新能源产业生态圈

推进新能源大数据创新平台建设，构建线上线下全面支撑的新能源产业生态圈，形成跨行业、跨专业以及跨地域的融合发展模式，推动"数字经济"发展和新能源发展。加大已建成新能源电站接入大数据中心的工作力度，促进新能源电站全量接入，积极推进智慧能源综合服务平台建设，为地方政府、入驻发电企业及上下游企业创造更大的价值，共同推动新能源发展上台阶。

（二）风光强链，氢储补链

1.风光强链

完善风电装备制造产业，补齐光伏装备制造产业链，提升新能源智能运维水平。首先，布局风电装备制造业，加快风力发电机组、铸件、高端精密轴承、传动机械设备、液压及机械自动化设备、预应力锚栓等核心部件的落地生产，逐步提升自主研发能力。其次，依托清洁能源基地建设，引导光伏制造企业集中，打造重点光伏装备制造产业体系，促进形成完整光伏产业链。最后，围绕专业化信息化工具，建立西北地区清洁能源生产运营管理中心，建设智能电站管理系统，提升新能源发电能力。

2.氢储补链

推动氢能产业发展落地示范，加快发展新型储能产业技术。首先，坚持储能技术多元化，加快培育储能电池应用，形成储能电池制造、储能装备制造、电池回收利用等为一体的生产基地，推动锂离子电池等相对成熟的新型储能技术成本持续下降。其次，培育氢能产业，加快推进电解水制氢试点，有序推动制氢产业基础设施建设，谋划制氢、氢存储、氢运输、加氢站、氢燃料电池"五位一体"的氢能产业园。

（三）新兴产业延链，电力外送增链

1.新兴产业延链

培育现代绿色高载能产业，培育壮大大数据等新型用电产业，积极发展新能源汽车产业，发展智能输变电设备制造及系统集成。首先，补强补齐产业链空白薄弱环节，形成主导产品竞争优势强、龙头企业带动作用明显、产业链条较为完整、创新能力较强的特色优势产业。其次，结合"东数西算"全国一体化大数据中心体系国家枢纽节点建设，积极打造大型绿色数据中心集聚区，增大新能源利用率，提高算力资源跨域调度服务水平。再次，以电动汽车、燃料电池汽车为新能源汽车发展主方向，统筹推动纯电动汽车、混合动力汽车、燃料电池汽车协调发展。最后，围绕构建新能源为主体的新型电力系统，重点引进电力电缆、变压器、开关、电子式互感器等新能源汇集外送输变电设备制造商，推进高压输变电装备、智能变电站成套装备和智能配电网成套设备落地制造。

2.电力外送增链

提升电网系统调峰能力，推进源网荷储一体化发展，积极落实电力外送通道。首先，积极开展现有火电机组灵活性改造，提升火电机组深度调峰能力。积极推进抽水蓄能电站布局及建设，不断提升系统调峰能力。鼓励支持企业建设"风光+储能"多能互补项目，优化配套储能规模，充分发挥配套储能调峰作用，降低风光储综合发电成本。其次，结合增量配电网建设，积极探索源网荷储一体化示范。最后，结合甘肃新能源资源禀赋和外送条件，积极开展甘肃清洁能源外送通道规划研究，落实受端电力市场，争取国家支持纳入相关规划。

（四）培育多主体协同的生态圈

1.多主体协同

多主体（"政-产-学-研""大-中-小""国企-民企-外企""军-民企"等）推动新能源产业链、创新链与教育链、人才链深度融合，通过资源融合互补、知识协同共享、共创价值实现协同创新发展模式和成长路径。

2.多要素赋能

以金融、技术、人才等要素为依托，赋能"专精特新"企业成长，深化产融结合，推动其成长发展的创新路径，以及与之相伴生的资本市场制度变迁与公司治理创新。

3.数智化引领

结合数字经济时代和新能源制造产业发展的机遇和挑战，根据"专精特新"企业内在特点，以数智化为引领，紧密对接企业价值链推动其转型升级，包括"专精特新"企业的战略定位、模式创新、组织变革、新型治理和创新驱动创业过程等重要议题。

（五）打造全生命周期的数字化新能源产业链

数字化智能运维制造产业链需要从设备制造期、建设施工期、运行维护期、退役废置期等全生命周期考虑产业链的发展战略。加强系统整合与业务协同，提高新能源产业信息化管控水平，增强资源共享和业务整合能力。在广泛采用现代数字信息处理和通信技术基础上，利用集成智能的传感与执行、控制和管理等技术，形成更安全、高效、环保运行，与智能电网相互协调的新能源发电站。

以风电为例，在建设施工阶段，把设计、建设以及运行过程中产生的图纸数据在同一平台上集成应用，利用三维可视化技术和三维定位技术，实现设备安装、运行巡检过程中的三维仿真和实时互动功能。在智能电站的各个层级实现针对全厂设备的全生命周期管理，实现全程可视化和全生命周期管理透明化。在运行维护阶段，通过建立风电场数据的统一管理、分析的运行管理智能化系统，为运行人员提供更为方便的管理手段。通过风电场智能监控、机组效能分析等模块，借助移动终端等设备，全面实现运行管理的移动化和智能化，减轻运行人员工作强度，提高工作效率。在退役废置阶段，通过二维码、移动终端等数字技术，通过备件入库、存储、出库及报废等各个阶段的管理，通过数据共享，实现联合备件和动态调拨，优化资源配置。

甘肃省新材料产业高质量发展研究与思考

周旗钢[1] 李志辉[2] 赵鸿滨[3] 熊柏青[4] 屠海令[5]

(1.中国有研科技集团有限公司　副总经理、正高级工程师
2.中国有研科技集团有限公司　科技发展部总经理、正高级工程师
3.中国有研科技集团有限公司　科技发展部高级工程师
4.中国有研科技集团有限公司　总经理、正高级工程师
5.北京有色金属研究总院　名誉院长、中国有研科技集团有限公司科技委　主任、中国工程院　院士)

新材料产业是支撑国民经济发展的基础性产业和工业绿色发展的主战场，也是新一轮科技革命和产业变革的物质基础。当前新材料产业高速发展，并与信息、能源、生物等高新技术领域深度融合，正在加速推动以数字化、网络化、智能化、绿色化为特征的新发展模式。甘肃省新材料产业经过多年创新发展，在重大工程与高端装备用关键金属材料、高性能低成本新能源材料等关键领域取得了一系列重大突破，经济效益显著提高。面向"十四五"乃至更长时期经济社会发展新形势，甘肃省新材料产业还需着眼长远和全局，着力推进新型工业化进程，统筹谋划未来高质量发展新格局，为提升中国新材料产业链供应链韧性和安全水平做出甘肃贡献。本文系统梳理了国内外新材料产业发展现状及趋势，分析了甘肃省新材料产业发展的特点和形势，按照科技强国、制造强国、质量强国建设要求，提出了甘肃省新材料产业高质量发展的重点方向、路径和建议。

一、全球新材料产业发展概况

进入21世纪以来，全球科技创新进入空前密集活跃时期，新一轮科技革命和产业变革正在重构全球创新版图、重塑全球经济结构。当前，全球新材料产业竞争格局发生重大调整。新材料与信息、能源、生物等高技术领域融合加速，二维材料、拓扑绝缘体等新物态陆续涌现，大数据、机器学习等技术在新材料设计和研发中的作用更加突出，材料基因工程、增材制造等新技术、新模式蓬勃兴起，新材料创新步伐持续加快。据行业咨询机构数据，2021年全球新材料产业产值规模接近3.3万亿美元，年均增长率超过10%。

世界主要发达国家和地区均在部署和发展新材料优势领域，美国不断加强量子信息材料、生物医用材料、纳米材料、极端环境材料及材料计算等方面的前沿技术研发，以强化其在新材料领域的优势。日本在信息功能材料、纳米材料、半导体材料、碳纤维复合材料、特种钢等领域具有举足轻重的地位。韩国依托三星、LG等制造业巨头，在显示材料、存储材料、能源材料等方面保持优势

地位。欧洲在化工新材料领域一直占据较大市场份额，在结构材料、高性能聚合物、石墨烯材料等领域优势明显。俄罗斯在耐高温材料、宇航材料方面具有较强竞争力。中国在新能源材料、稀土永磁材料、功能晶体材料等方面占据全球主导地位。

发达国家的大型跨国公司，在新材料重点领域占据全球市场垄断地位。日本信越（Shin-Etsu）、日本胜高（SUMCO）、德国世创（Siltronic AG）等企业占据国际半导体硅材料70%的市场份额。日本东丽（Toray）基本垄断了高性能碳纤维及其复合材料的市场。美国铝业（Alcoa）掌握了飞机用金属新材料80%的专利，美国杜邦、日本帝人（Teijin）控制了对位芳纶90%的产能。高端新材料市场垄断带来了技术壁垒，削弱了其他国家新材料产业的竞争力。

世界主要科技强国不断强化新材料战略，全力提升面向未来的新材料研发及产业竞争能力。美国仅2022年就提出了包括《先进制造业国家战略》（National Strategy for Advanced Manufacturing）、新版《关键和新兴技术清单》（Critical and Emerging Technologies，CETs）、《6G路线图：构建北美6G领导力基础》等几十项措施与法案，旨在提升美国各个领域的创新能力，并在"制造业美国"（Manufacturing USA）、能源部先进能源研究计划署（ARPA-E）"OPEN 2021"、美国国家纳米技术计划、"增材制造发展计划"（AM Forward）等计划资助机器人用材料、变革性清洁能源技术用新材料、纳米材料等前沿和颠覆性新材料的研发。2022年，欧盟人脑计划（HBP）科学和基础设施委员会发布《未来10年的数字大脑研究》报告，欧盟清洁氢合作伙伴关系"清洁氢能联合行动计划"（Clean Hydrogen JU）发布《2021-2027年氢能战略研究与创新议程》，着力发展脑科学和能源用新材料。德国联邦教研部（BMBF）发布"材料研究资助要点文件"，对材料研究资助进行战略性调整，以确保德国材料研究的国际竞争力。英国研究与创新署（UKRI）发布《2022-2027年战略：共同改变未来》文件，将先进材料与制造列入世界一流影响力的优先发展事项。

总体来看，世界各国新材料规划的目标，一是旨在建立安全、弹性和多样化的新材料产业体系，保障国家安全和产业竞争力；二是探索、识别并扩大突破性和颠覆性创新，抢占新材料科技创新制高点。

二、未来新材料产业发展趋势

进入21世纪以来，人工智能、量子信息、移动通信、物联网、区块链等新一代信息技术加速突破应用，合成生物学、基因编辑、脑科学、再生医学等孕育着生命科学领域新的变革，新材料正在推进制造业向智能化、服务化、绿色化转型，不断涌现的新材料以及制备加工和应用技术为上述领域的拓展提供了更广泛的创新基础，新材料产业正在成为影响国家命运、人民福祉的战略高地。总体上看，新材料产业发展趋势呈现如下特征：

（一）信息功能材料创新是未来科技革命和产业变革的重要引擎

新一代信息技术正在经历新的发展阶段。量子通信和量子计算已经成为信息领域的竞争焦点。

移动通讯、大数据、先进制造业、航空航天电子需求快速增长，汽车电子化趋势日益增强，智能家居、智能穿戴设备、医疗电子、消费娱乐电子方兴未艾，这些都将促进信息新材料需求急剧攀升，并推动信息功能材料快速发展。

2021年全球硅片消耗约142亿in^2，预计2025年可能达到210亿in^2。新型半导体材料与硅材料的结合将有利于突破硅的极限。绝缘体上硅（SOI）、硅上化合物半导体、新型相变材料、阻变材料、自旋电子材料、新型纤锌矿铁电材料、宽禁带SiC、GaN以及二维半导体材料等是目前成熟硅集成电路和砷化镓功率器件的重要补充和未来的发展方向。

在显示领域，有机发光显示材料作为全色、高亮度发光材料已经占据市场重要地位，Micro-LED正加速产业化，印刷显示和激光显示可能成为下一代平板显示的佼佼者。面对未来信息显示和海量信息处理的挑战，需要进一步提高光电材料的转换效率，急需为高临场感的显示技术和无所不在的贴身信息传输、收集、处理及服务提供关键材料。

激光晶体、非线性光学晶体等是全固态激光器（DPL）的核心元器件，Nd:YAG、Nd:YVO$_4$等激光晶体，LBO、BBO、KTP等非线性光学晶体、以及新型光纤材料等具有较大的市场空间和良好的应用前景。

在电子元器件材料领域，随着电子信息产品进一步向小型化、集成化、宽带化的方向发展，信息功能陶瓷的细晶化、电磁特性的高频化、低温共烧陶瓷技术等将成为发展新一代片式电子元器件的关键技术。系列化新型电子元件用材料将形成应用潜力巨大的市场。

（二）材料绿色生产和新能源材料颠覆性技术将成为实现碳中和的关键

习近平主席在第七十五届联合国大会一般性辩论上宣布，中国将提高国家自主贡献力度，采取更加有力的政策和措施，二氧化碳排放力争于2030年前达到峰值，努力争取2060年前实现碳中和。新能源材料颠覆性技术将成为实现双碳目标的关键。

在新能源革命的推动下，具有潜在颠覆性应用的新材料不断涌现。热电材料可实现热能-电能直接转换，是太阳能全光谱高效发电、工业余热发电、微小温差发电、热电制冷等前瞻性、战略性新能源技术的关键材料。有机无机杂化钙钛矿材料作为太阳能电池的吸光材料，因其消耗的资源更少，在超薄以及柔性能源领域有着广阔的应用前景。多电子体系电池已被应用于传统的锂离子电池和其他新型二次电池的领域，锂空气电池（5217Wh/kg）和锂硫电池（2567Wh/kg）有望实现比当前锂离子电池能量密度高2~10倍的突破。风电行业需要继续降低成本，通过研发新材料解决方案，减轻部件重量、增加耐用性并改善机械性能；还需开发更轻、更耐用、更易回收的新材料，以提高风电发展的可持续性。

从国际能源署（IEA）发布的2021年全球光伏报告来看，全球光伏市场再次强势增长，2021年新增装机量超过175GW，全球累计装机容量超过942GW。中国、美国和欧盟分别以54.9GW、26.9GW和26.8GW的规模位列全球前三。未来10~20年，晶体硅太阳能电池的主导地位预计不会发生根本性变化。同时，新一代光伏技术不断取得突破，钙钛矿太阳能电池有利于降低光伏产业度电成本，正在迈向商业化应用。

在储能及动力电池需求高速增长拉动下，2020年动力电池和储能电池的市场规模已达174GWh，预计未来10年复合增长率将超过30%，交通和储能对锂离子电池的需求激增，将显著带动上游正极、负极、铜箔、电极液、隔膜等锂离子电池材料增长，不断引领技术创新。此外，钠离子电池正在进入加速发展阶段，可减少锂、钴和镍等昂贵元素的使用，降低成本，与锂离子电池形成互补，有望在低速电动车、电动船、家庭/工业储能、5G通信基站、数据中心、可再生能源大规模接入和智能电网等多个领域获得应用。

过去十年，全球燃料电池的部署和开发实现了强劲增长，当前燃料电池的商业化进程加速，针对质子交换膜燃料电池关键基础材料及气固相储氢材料的需求将成倍增加。同时也将带动一系列新材料的发展，例如重型卡车用的质子交换膜燃料电池，需要开发新型高性能双极板，以进一步增强电池性能和寿命（寿命要达到25 000h），降低成本；开展高性能、低成本的大型电解槽研发，以实现高效低成本产氢；针对重型卡车用的加氢站开发一系列低成本高性能新材料，包括软管、接头、喷嘴、冷却器、压缩机、高精度流量计和控制阀等，实现氢燃料的高流量快速加注。

膜材料在中国海水淡化、溶剂回收、自来水净化方面已经获得应用，成为节能环保领域重要材料。同时绿色环保的工艺流程也成为关注重点，高纯超细陶瓷粉体原料制造向降低能耗、控制污染的绿色合成技术发展。

新材料的研发与生产更加重视节能环保与可再生，低碳及环境友好的制备技术正快速发展，并进行全生命周期评价。有毒材料的替代，中重稀土的减量使用，生物基材料的研发以及"短小轻薄"理念付诸实践多方加速节能环保与绿色低碳化进程。

（三）新材料在生物技术中的应用成为创新热点

生物医用材料、生物医药、生物基材料、生物农业日趋成熟，生物制造、生物能源、生物环保快速兴起。全球生物产业的年均增长率高达30%。

新材料与生物技术的融合促进了以治疗性细胞和分子、聚合物、化学物质、药物为代表的生物制造加速发展。轻薄的二维材料、柔性有机半导体材料推动新型传感器不断进步，深刻影响脑认知原理解析、脑疾病发病机理与干预技术、类脑计算与脑机智能技术等脑科学研究进展。

纳米新材料和技术应用于医学，将成为未来诊断与治疗发展的重要趋势，例如羧基修饰的钆基金属富勒烯水溶性纳米颗粒可以在射频辅助下快速杀死小鼠体内的肿瘤。未来发展的机会还包括：再生工程材料（水凝胶）和器官芯片技术；开发新的、更易于操作的生物油墨材料系统，以创建与器官和功能组织一样具有精确排列的特定细胞的复杂图案结构；开展纳米颗粒在无血管软骨组织和血脑屏障等神经系统疾病治疗的应用；建立包含纳米载体与一系列肿瘤相关细胞相互作用的重要数据库，以指导针对肿瘤或肿瘤细胞的纳米载体设计。

生物学材料与半导体技术集成带来巨大的机遇与挑战，有望发展可用于设备和系统的酵母-InP、M. thermoacetica-CdS等新型生物材料平台，以及数据存储时间超过100年且存储容量超过当前存储技术1000倍的下一代信息存储技术。

(四) 新材料支撑深空深海、交通、核能等领域高端装备未来发展

新材料广泛应用于高端装备制造业，成为其发展的重要推动力，在深空深海、高铁、核电、航空航天、武器装备等领域的高端装备制造中发挥着无可替代的作用。

深空深海探测对推动新材料、新工艺、新技术发展具有重大意义。深空探测长周期任务面临长期极端温度（高温或低温以及高低温循环）、强辐射、酸性大气、尘与尘暴等更加复杂恶劣的太空环境，对深空探测器材料和工艺提出新的挑战。未来需要进一步开发轻质结构材料、提高合金类材料的强度和综合性能、研制高性能非金属基或金属基复合材料、开展结构功能一体化设计、发展柔性材料、提升热控制材料效率。同时，深空探测长寿命、多载荷和多任务的特点需要开发新型高费效比的新材料来满足更高的空间能源需求。深海底部蕴藏着丰富的油气、水合物、矿产、生物资源，其种类多、储量大，具有巨大的开发利用前景，世界各国都在加快深海资源开发装备研制。深海装备的发展依赖于新材料关键技术的突破，特别是耐低温高韧性新型材料、耐低温耐腐蚀厌冰涂层材料、低温焊接材料与技术等。

轨道交通装备制造产业将向智能化、集成化、高速化、绿色化方向发展。随着钛合金材料、焊接工艺、制造工艺的进步，利用钛合金比强度高的优点，可实现在铸锻件、轮对等部件中的应用，并进一步拓展应用到磁悬浮车，降低车辆重量，提高零部件品质。

新一代核能发电技术方兴未艾，未来超高温气冷堆耐热材料尚未开展研究，蒸发器传热管和石墨材料的应用性能尚需进一步研究，高温金属结构材料是超高温气冷堆技术发展的主要瓶颈。目前高温气冷堆堆芯氦气出口温度为750℃，未来超高温气冷堆堆芯氦气出口温度将提高到 900℃~1000℃，相应的蒸汽发生器、堆内金属构件、氦-氦中间换热器等耐热材料均需满足高温力学性能和物理性能的要求。此外，铅冷快堆、钠冷快堆、超临界水堆和行波堆燃料及包壳材料尚在研发与选材阶段。

民用航空产业对于新材料的需求迫在眉睫。在"绿色航空"的背景下，民用飞机将向更安全、更经济、更舒适、更环保的方向发展。在安全性方面，从材料、设计、制造、试验和使用等全过程考虑，不断提高最低适航要求。通过采用新型轻质材料和一体化综合设计、进行全寿命经济评估、降低保障费用等策略来有效提高经济性。

随着世界海洋油气开发的不断推进，海工新材料正在成为海洋高端装备制造业的重要内容。未来海洋运载装备的设计、建造、营运、拆解过程中，在满足功能和使用性能要求的基础上，还需实现降低资源和能源消耗、减小或消除环境污染等目标，EH47以上高强度钢材、钛合金材料、低温材料（≤-50℃）、轻型复合材料、环境友好型防污减阻新材料等成为未来发展重点。

(五) 新材料与其他学科、领域的深度融合加剧

新材料联用或与其他学科、领域的深度融合成为其发展的另一特点。钙钛矿材料和有机材料联

用催生了有前景的新型太阳电池，并已经向商业化迈进。智能材料与3D打印结合形成4D打印技术。有机复合材料、生物活性材料与临床医学结合分别产生和发展了"电子皮肤"和组织再生工程。碳纤维及复合材料已用于航空航天和先进交通工具。化合物半导体材料使太赫兹技术在环境监测、医疗、反恐方面得以应用。超材料以微结构和先进材料结合，在电磁波和光学领域获得引人注目的成果。柔性电子学材料、新能源材料、生物医用材料的市场前景广阔。自旋电子学材料、铁基及新型超导材料的研究方兴未艾。阻变、相变、磁存储材料，以及纤锌矿铁电材料和氧化物半导体材料将改变传统的半导体存储器。富勒烯、石墨烯、碳纳米管开辟了碳基材料的发展前景；石墨烯剥离成功，更引发了二硫化钼、单层锡、黑磷、硅烯、锗烯等二维材料的研究热潮。材料基因工程有机融合了材料高效计算设计、先进实验技术与大数据、人工智能等前沿技术，有利于加速研发模式的变革，对于提高研发效率、降低研发成本、满足日益增长的高性能新材料需求具有重要意义。

总的看来，当前新材料发展呈现出结构功能一体化、材料器件一体化、高纯化、纳米化、复合化、制备和使用过程绿色化的新特点。新材料正在加速与其他学科领域的深度融合。

三、加快甘肃省新材料产业高质量发展

近年来，中国新材料产业蓬勃发展，产值从2012年约1万亿元增加到2021年的5.9万亿元，年均增速达20%，研发投入强度大幅提高，科技论文和发明专利数量全球第一。2012年至今有300余项材料技术获得国家科学技术奖，关键新材料不断突破，C919大飞机用铝合金厚板、特种工程塑料、电子化学品等一批新材料实现应用突破，超导材料具备全流程生产能力。应用于"天和号"空间站核心舱的复合材料结构件等一批自主研发的新材料有力保障了航空航天、信息通信等重大装备和重大工程实施。先进储能材料、光伏材料、超硬材料、新型显示材料等百余种材料产量居世界首位。重点新材料企业主体装备总体达到国际先进水平。截至2021年底，建成了170余家材料类国家重点实验室和工程（技术）研究中心、26家国家新材料重点平台，培育形成以材料为特色的单项冠军企业196家、专精特新"小巨人"企业998家。形成环渤海、长三角和粤港澳大湾区为代表的新材料产业聚集区，新材料领域培育了4个先进制造业集群、14个战略性新兴产业集群、19个创新型产业集群、96个新型工业化产业示范基地，综合实力稳步增长，国际竞争力持续增强。

甘肃是全国"有色金属之乡"，不仅探明矿种多、储量丰富，而且拥有一批在国内外占有重要地位的大型、超大型矿床，综合利用价值很高。截至目前，已探明的有色金属矿种158种，矿产地3500余处，大中型矿床180余处，铜、铅、锌、镍等主要资源在全国占有较高比重，丰富的矿产资源条件决定了甘肃省是中国重要的有色金属工业基地。近年来，甘肃省新材料产业经济指标持续保持增长，经济效益水平显著提高，产业总体技术水平显著提升，优质企业快速成长，新材料产业体系逐步完善。甘肃省新材料产业在《甘肃省新材料产业发展专项行动方案》等规划指引下，不断创新发展。

（一）甘肃省新材料产业综合实力不断增强

目前新材料已经成为甘肃国民经济的支柱产业和优势产业。特别是"十三五"以来，甘肃省立足资源优势和产业发展基础，推进材料先行、产用结合，着力构建以企业为主体、以高校和科研机构为支撑、军民深度融合、产学研用协同促进的新材料产业体系，以创新驱动促进新材料产业蓬勃发展。2021年甘肃省新材料产业产值700亿元。其中以金川公司、白银公司、酒钢集团等龙头企业为主的有色金属新材料产值约520亿元，占全省新材料产业产值的74%。依托金川集团、酒钢集团、兰石集团、中农威特等企业组建了"镍钴资源高效利用及新产品开发创新联合体""甘肃省钢铁新材料研发及产业化应用创新联合体"，引领带动相关产业链企业加快协同创新，形成产业链上下协同和创新链高低协同的梯次发展格局，带动科研院所和企业抱团发展。积极推进专精特新新材料生产研发基地建设，累计开展医药中间体、电子化学品等项目74个，集聚奇正藏药等生物医药企业200多家，实现总产值200多亿元，同时加快推进循环化工、生物医药、特色新材料"三基地"建设。构建了金昌、白银和嘉峪关等地协同发展的产业布局，形成了以镍钴精深加工、优质钢材和精品铜铝等重点产业链。金川集团开发出高精度系列高温合金薄带材，实现进口替代；三元电池材料打通技术路径向中镍高压、高镍发展。酒钢集团形成高端剃须刀用马氏体不锈钢产品的成套生产工艺，填补了国内工艺空白。兰石重装研制出基于固溶强化耐热合金N08120的首台国产冷氢化流化床反应器，打破了国际垄断。方大炭素生产的KS-9石墨在"神舟一号"、"神舟二号"、"神舟五号"成功使用。不断深化开放合作，充分发挥"科技部、上海市、甘肃省"三方会商工作机制的作用，推动"张江·兰白·上中医中药经典名方研究院"和"大湾区·兰白自创区中医药创新发展示范区"建设，促成甘肃博克斯生物与上海西浦医药合作建成医药中间体项目，白银赛诺生物与中科院上海高等研究院合作开发的酶制剂产品成功打入国际市场。

近年来，甘肃省新材料产业虽取得了较好发展，但仍存在产品"两头"在外、产业链不长等短板弱项。急需落实落细"强工业"行动，统筹推进延链补链强链、技术攻关和绿色低碳发展，全力推动资源优势向经济优势转化，切实提升新材料产业提质增效和发展水平。特别是要盘活基础存量，促进产业转型升级，推动新材料产业主要工艺装备和技术指标达到国内先进水平，加快具有一定优势的镍钴铜、铝、不锈钢等产业转型升级向高端化发展。积极引进有色冶金延链补链项目，大力发展有色冶金精深加工，培育发展长板强项。进一步强化新材料关键核心技术攻关，促进科技成果就地转化。聚焦新材料产业链重点环节技术短板和瓶颈，围绕低品位资源绿色高效开发利用和新材料新产品研发，组织实施一批重大科技项目，助力新材料产业链由中低端向中高端迈进。加强同省内外高等学校、科研院所及企业协同创新，加大研发投入，加快科技成果转移转化，带动社会资本投入，突破研发产品与市场之间的壁垒，促进优质产品的研发及转化。有效提升企业核心竞争力，形成一批具有核心竞争力的新材料、新产品、新技术，不断加快新材料产业集群建设。加强人才队伍创新能力建设，开展有计划、有组织的科研攻关，使更多人才在科技创新主战场上得到锤炼并脱颖而出。

（二）新发展格局下加快甘肃省新材料产业高质量发展

党的二十大报告提出，高质量发展是全面建设社会主义现代化国家的首要任务。今后十五年是中国新材料产业高质量发展的关键时期，甘肃省既有发展的大好机遇，也面临诸多挑战。从机遇看，新发展格局加快构建，国内超大规模市场优势进一步发挥，新兴领域和消费升级对高端材料的需求为新材料产业持续健康发展提供了广阔空间。未来国内产业不只是集中在沿海地区，同时也要有计划地在内地布局发展，特别是各种资源要素向内地优势领域和企业集聚，为强化新材料产业链安全和韧性提供基础支撑，同时也为甘肃新材料产业转型升级锻造新优势提供了动力源泉。从挑战看，面对经济全球化逆流和地缘政治的广泛影响，贸易保护主义抬头，产业链供应链安全风险凸显，拓展国际市场难度明显增加。

甘肃省新材料产业未来发展的主体方向应包括促进产业供给高端化，攻克关键技术、发展关键材料、提升产品质量；支持企业牵头组建创新联合体，构建企业为主体、市场为导向、产学研深度融合的技术创新体系；不断推动甘肃省新材料产业结构合理化，健全有色金属材料长效发展机制，扩展新能源材料产能，做大做强龙头企业，培育壮大一批中小企业，加强上下游衔接联动，推进产业深度协同；加快绿色发展，强化产品全生命周期绿色发展观念，加速数字化转型，加快探索新材料产业与信息产业的融合发展，推进高水平智能制造平台建设；围绕先进制造、新能源等产业链，设立新材料产业发展专项资金，用于新材料产业核心技术攻关、创新能力提升、重点企业发展以及重大产业化项目建设，加快在甘肃省建成千亿级新材料产业集群。

1.在先进基础材料方面

依托酒泉钢铁（集团）有限责任公司、兰州兰石集团有限公司等龙头企业，围绕新能源领域应用需求，研究开发第四代核电快堆用关键不锈钢、光热发电用耐高温熔盐特种合金及高温高耐蚀不锈钢、高耐蚀光伏支架用钢、高性能风电用钢；核工程乏燃料后处理用钢及其关键技术；发挥不锈钢板、碳钢板、铝板生产优势，开展复合板系列产品的研发应用，通过研究减振板、不锈钢薄膜板等粘结复合板和不锈钢/碳钢复合、铝/钢复合、钛/钢复合等爆炸复合板产品，快速推进产业化项目建设，延伸产业链，为高质量发展提供新的经济增长点；着力发展高端特钢（模具钢）、马氏体沉淀硬化不锈钢、汽轮机耐热钢（F92），为重大工程提供高端钢材；实施精准研发与生产，走多品种、小批量、差异化的发展之路，着力发展碳钢涂镀产品、铝电系列用钢等新材料。

依托金川集团股份有限公司、白银有色集团股份有限公司、甘肃德福新材料有限公司、中国铝业股份有限公司西北铝加工分公司等龙头企业，开发高档电解铜箔、高强高导铜合金线材、精密铜/镍合金加工材、高性能特种铜管、新型铜基电工材料等；发展高纯铼粉、纳米氧化锌、高纯锗、碲等高附加值有色金属新材料；开发与下一代新能源电池、5G通讯相关的高抗铜箔、超高强度铜箔、超薄铜箔、超低轮廓铜箔等新产品；开发钛合金异性锻件制造技术，快速布局钛材生产全产业链；攻关钛铜合金的制造工艺，开发高强度、高弹性、耐热性、抗疲劳性优异的钛铜及铍铜合金；发展高强度、高精度挤压材，加快石油钻探管、核工业配套用管材、海水淡化工程、船舶关键材料散热器用型材的研发，推进高能铸造铝合金、变形铝合金在光伏、高铁配套、汽车、建筑等行业的应用，巩固核工业用高强度铝管材、汽车阀体用铝型材、轨道车辆车体铝合金、军用铝挤压材、电子产品用新型铝合金材料制品的生产；面向国防军工、航空航天等高端应用领域，研究开发高纯度、高强度、高精度、高性能有色金属新材料产品，加快向产业链高端进发，提高产品附加值。

依托兰州石化公司，以构建兰州石化特种橡胶生产基地为目标，积极发展溶聚丁苯橡胶、异戊橡胶，替代进口天然橡胶；发展卤化丁基、氢化丁腈等具有特殊性能的橡胶，探索不同橡胶品种的共交联技术，大幅提高高端产品牌号比例。

依托兰州新区科天集团等企业，发展水性超纤合成革、水性智能膜、水性智能化模块式多功能墙体材料、绿色水性聚氨酯及其应用等系列化环保产品，形成水性高分子材料、水性合成革制品、环保家居、水性树脂功能化、智能化产品产业链，推动水性树脂、水性合成革、水性建筑涂料、水性装修材料、水性家具材料以及水性高分子材料功能化、智能化产品的应用和市场拓展。

依托敦煌西域特种新材料股份公司技术优势，构建聚芳硫醚从原料开发、合成、改性到最终产品的完整技术创新链，开发芒硝、元明粉、硫化钠、聚苯硫醚等基本产品，延伸发展注塑级聚苯硫醚树脂、聚苯硫醚改性注塑件等聚苯硫醚多级产品，培育工程塑料、电子封装和机械密封材料等产业。

发挥甘肃省膜科学技术研究院技术优势，开展中空纤维纳滤膜研究及产业化，优化复合隔膜等新材料产品质量，发展苦咸水淡化、膜生物反应器（Membrane Bio-Reactor，MBR）、微生物水处理、膜集成污水处理及模块化污水处理等技术，扩大应用范围。

充分开发利用甘肃省盐硝资源，依托甘肃秦昱生物科技有限公司、甘肃奥得赛生物科技有限公司、甘肃永鸿染化有限公司、甘肃豫中明达化工科技有限公司等企业，发展二甲基二硫、DSD酸、H酸、吐氏酸、J酸、间苯二酚、甲基磺酰氯等化工催化剂和助剂产品，不断延伸产业链条，提升资源开发和综合利用率，形成以盐硝化工为引领、精细化工为补充，具有一定规模和影响力的盐硝精细化工循环经济产业基地。

以甘肃恒亚水泥有限公司、玉门老君庙特种水泥有限责任公司、临夏海螺水泥有限责任公司为依托，研发生产高铁、核电专用水泥，以及低磁性、高标号等特种高端水泥，打造建材提质改性的新材料产业链。

2.在关键战略材料方面

依托金川集团股份有限公司、兰石集团有限公司、甘肃德福新材料有限公司、方大炭素新材料科技股份有限公司、甘肃金拓锂电新能源有限公司在镍钴原材料、石墨材料方面的优势，拓展新能源材料产业链。优化低成本、高品质镍钴原料配套，致力高能量密度、高安全、长寿命、低成本电池材料迭代开发；大力发展锂离子电池石墨类负极材料；加快全固态锂电、钠离子电池正极材料以及新型液流储能电池等研发，壮大和培育新能源电池材料产业；发展氢能制、储、加等环节用关键材料，攻关电解水制氢、高压（98MPa）气态储氢容器、离子液氢压缩机用关键新材料，加快氢能领域产业布局。

依托金川集团镍钴资源综合利用国家重点实验室，开发"两机"高温合金用高品质镍、钴金属，发展高温合金母合金，为镍钴基高温合金的开发与应用提供高质量原辅材料。推进金川公司与航空航天、核电、国防军工领域形成战略合作，提升高温合金产品市场竞争力，助力实现高品质高温合金进口替代。

依托甘肃稀土公司等骨干企业，扩大稀土新材料、新技术、新产品研发投入，优化产业结构。发展高容量、长寿命、宽温域、高功率密度的稀土贮氢合金，开发轻质、耐压、高贮氢密度的新型储能元器件，实现稀土储氢材料产业化关键技术突破；研发性能优越，切削能力强，抛光时间短、抛光精度高的高档研磨材料，攻克产业关键核心技术，实现高端研磨材料国产化；积极研发高剩磁、高内禀矫顽力、无重稀土低成本永磁体，满足电机向更高效率、更高功率密度、更高可靠性、更低成本方向发展的需求。

依托天水华洋电子科技股份有限公司、甘肃金川兰新电子科技有限公司等企业，发展壮大集成电路冲压型引线框架材料、蚀刻型引线框架材料及新型蒸发材料优势产业，满足国内集成电路的需求。

依托兰州蓝星纤维有限公司、甘肃郝氏炭纤维有限公司等企业，提高碳纤维原丝低成本工程化运营水平，扩大高强型碳纤维原丝生产能力。加快碳纤维下游复合材料制品研发，发展碳纤维基础材料、复合材料制品和新型无机纤维材料以及超高分子量聚乙烯纤维、聚苯硫醚纤维、PTT纤维等高端产品，加大碳纤维在航天航空等领域和汽车零部件、体育休闲用品等高端民用市场的推广应用。

3.在前沿新材料方面

依托中国科学院兰州化学物理研究所、甘肃省科学院、兰州大学、金川集团等产学研团体，开展低碳零碳负碳和储能新材料、新技术、新装备，纳米药物及载体材料，以及高效率太阳能电池、可再生能源制氢、可控核聚变、零碳工业流程再造等低碳前沿技术用新材料攻关。

围绕骨（牙）科材料、心脑血管系统修复材料、高端医用耗材等方向，发展新一代生物材料设计与制备的关键共性技术，促进新一代生物材料成果产业化。建立以材料基因数据库、高通量制备表征和计算技术为核心的生物医用材料研发新模式，优化新一代骨/软骨诱导性材料设计，并应用于高性能骨/软骨修复材料及产品的研发；开发新型具肿瘤治疗作用的新型硬/软组织修复器械以及具有肿瘤治疗性功能生物新材料；研究服役环境下血管支架材料的性能，实现全降解血管支架材料的高通量设计筛选。

加强新型超导材料探索，发展超导磁体、超导电力技术和产业化，大幅度降低超导应用装备制造和使用成本，布局超导磁悬浮用无液氦超导磁体制备技术等。

利用人工智能辅助新药研发，集中力量开发新一代尖端生物药物，如CAR-T等基于基因治疗药物的新型免疫抗癌药物，进行源头技术创新。

关注大规模量子材料设计、合成、生长和应用以及量子传感、计量、通信和信息处理系统等。重点研究各种量子和拓扑材料，拓扑与自旋轨道耦合之间复杂相互作用的新科学现象。

探索光电子功能材料在光放大、传感、成像、太阳能等领域的前沿应用，特别是涉及上转换发光、长余辉发光、应力发光等发光领域的热点方向。

（三）政策建议

甘肃省新材料领域的自然资源和科技资源较为雄厚，共建"一带一路"、形成西部大开发新格局、推进黄河流域生态保护和高质量发展等国家重大决策部署深入实施，将给全省新材料产业发展带来前所未有的机遇，赋予新的活力和前景。在《甘肃省国民经济和社会发展第十四个五年规划和二〇三五年远景目标纲要》《甘肃省强工业行动实施方案（2022-2025年）》等发展规划的指引下，通过系统谋划，充分发挥甘肃的资源优势和产业基础优势，面向新材料产业中长期发展机遇，开展补短板、锻长板、固底板，夯基础、育产业、扩增量的高层设计，提升发展质量效益和综合实力，进一步增强新发展格局下甘肃省新材料产业竞争的新优势。

1.充分发挥资源和产业基础优势，推进先进金属材料产业链高级化

甘肃省拥有丰富的镍、钴、铜等优质原材料，结合中国"两机"专项、新能源、超超临界电站、核电、太阳能光热发电、半导体、石油化工等制造领域发展需求，不断优化品种结构，提高质量稳定性和服役寿命，降低生产成本，实现产业化和规模应用，提高行业竞争力。以提供镍钴等高端原辅材料为切入点，通过与重点企业合作，深耕航空发动机和燃气轮机用涡轮叶片、涡轮盘等高端高温合金材料制造，推动产业链向高精尖方向拓展，保障国家关键材料产业链的战略安全。

甘肃省电解铝产业规模居国内前列，甘肃省可紧密结合现有产业基础，进一步推进铝产业向深加工、高附加值方向发展。一是瞄准航空航天、交通运输、新能源装备和消费电子等领域应用，加大新产品与市场客户开发力度，扩大铝合金挤压材产销量，打造规模产业；二是大力推广电解铝液直接铸造高附加值铝合金锭坯技术，延伸产业链，提升产品附加值，促进产业转型升级。

2.立足双碳目标和区位优势，打造新能源光伏材料和电池材料等发展高地

加快构建清洁低碳安全高效的能源体系，推进新旧能源有序替代正在成为甘肃新材料产业发展的重大契机。落实国家光伏产业创新发展专项行动和沙漠戈壁荒漠地区大型风电光伏基地建设要求，甘肃省正在加快5700万kW新能源基地纳入国家沙漠戈壁荒漠地区大型风光基地规划布局，加快推进河西走廊清洁能源基地建设等项目。

新能源产业的发展需要大量新材料的支撑，甘肃具有新能源材料发展的资源优势和产业基础，布局建设若干全产业链式的新能源材料及其装备制造产业聚集区应成为甘肃未来产业转型发展的战略重点。甘肃省光伏产品具有巨大市场，建议在光伏产业链的中、后段关键环节重点布局，如硅片加工、太阳能电池制备和光伏组件等。未来，这些光伏产品不但可以在甘肃省和国内消纳，还可销

往"一带一路"沿线国家。建议积极推进光伏用铝、风电用大丝束碳纤维材料、新能源电池材料、制储运氢材料、核能用特种材料等方面的产业化建设，形成新能源材料的产业生态环境。

3.聚焦生物经济领域快速发展机遇，加快建设西部生物精炼品产业基地

生物医用材料科技迅速发展，近几年世界生物医用材料市场以每年13%的速度增长，是全球经济低迷的大环境下，少数保持高增长的朝阳产业之一。甘肃生物医用材料产业具有良好的产业基础，中国生物西北地区科技健康产业园、兰州生物所年产20亿剂重组新冠疫苗车间、中农威特基因工程疫苗车间、天水旭康药用玻璃管及制瓶、奇正藏药医药产业基地等重大项目建设正在为生物医用材料产业发展注入新的活力，建议甘肃继续扶持培育生物医用材料产业链，做强做大重点企业，形成具有强大生命力和广阔发展前景的产业集群。

生物经济的核心是生物精炼，全球生物精炼产品市场规模年复合增长率为9.3%。生物精炼需要靠近农产品、生物质残留物和林业等原料。核心是将中小型生产设施设置在靠近原料的位置并符合分布式制造的需求。

甘肃省具有丰富的生物资源，宜以生物质原料为基础，发展生物工业、生物技术集群，加快布局生物精炼材料与产品领域。利用生物质能满足省内生活能源需求，建立分布式生物炼制厂，实现农业产业炼制高值化学品，助力甘肃生物经济高速发展。

4.服务国家信息产业发展战略，充分发挥现有产业基础，培育西部信息功能材料配套产业

甘肃是国家电子信息制造业发展的重要区域，以集成电路封装测试为核心，形成设计、模具、材料、芯片制造等聚集发展的产业特色，具有人力、动力成本低廉的优势。近年来，甘肃集成电路产业龙头企业带动作用明显，通过内生发展和外延并购不断增强实力，产业规模逐步扩大，产业链逐步完善，已具备良好的发展基础。

在中美微纳电子高科技竞争日趋激烈的大格局下，应加快发展和壮大集成电路工艺和封装用材料及产品（如高纯钴及溅射靶材等），特别要注重扶持和发展省内相关的"专精特新"企业群体，融入集成电路制造材料的产业生态。先进封装是延续摩尔定律的关键，也是集成电路下一步发展的重头戏，建议充分发挥华天集团等龙头企业的带动引领作用，做大做强甘肃集成电路封测产业，做精做优集成电路引线框架等配套材料产业。进一步发挥甘肃省集成电路制造材料创新联合体等平台作用，加强在新型半导体封装研发及产业链上的战略布局，在集成电路制造和封装材料等"卡脖子"领域实现技术创新与新的突破。加强与周边半导体产业强省联合，培育若干家大型信息功能材料制造企业，引导中小企业加速形成配套能力，形成大中小企业融通发展的产业生态。引进和培育集成电路制造材料企业，为甘肃信息功能材料产业实现高质量发展提供有力支撑。

5.加快新兴产业集群建设，联合相邻省份共同建设西部新材料产业发展特区

2019年国家发改委发布《关于加快推进战略性新兴产业集群建设有关工作的通知》（发改高技

〔2019〕1473号），在十二个重点领域公布了第一批国家级战略性新兴产业集群建设名单，共涉及22个省市自治区的66个集群，主要集中在东部沿海和中部地区。甘肃省在新材料领域具有坚实的基础和发展潜力，已形成各具特色、结构合理的新材料产业链，"十四五"期间应加快新材料产业集群建设，努力进入国家发改委战略性新兴产业集群建设体系。

甘陕宁区位邻近，产业具有很强的互补性，"一带一路"建设、新时代推进西部大开发新格局、黄河流域生态保护和高质量发展、关中平原城市群发展等重大战略机遇，为甘陕宁三省完善长效合作机制，进一步推动基础设施互联互通，联手打造省际产业链条和产业集群创造了有利条件。陕西和宁夏两地目前在光伏组件、集成电路制造等领域都形成了一定的产业规模和优势，甘肃在上游集成电路封装材料、新能源材料、先进钢铁、有色金属材料等领域具有资源和产业的坚实基础，三地可通过共同组建产业共性技术研究平台，加速推进产业链创新链跨省协同，着力提升动力电池材料、光伏电池材料、集成电路制造与封装材料自主可控能力，加大产业链互补，培育壮大新材料产业集群，塑造西部新材料产业发展新格局，为实现更高水平、更高质量的区域协调发展做出新的更大贡献。

结束语

党的二十大对全面建设社会主义现代化国家、全面推进中华民族伟大复兴进行了战略谋划，对统筹推进"五位一体"总体布局、协调推进"四个全面"战略布局做出了全面部署。本文在认真学习二十大精神后进行了一些关于甘肃省新材料发展的初步思考，在中国工程院重大咨询项目"甘肃省冶金与新材料发展战略研究"项目研究的基础上提出了一些建议，仅供甘肃省政府相关部门和企业参考。

科技大事记

科技大事记

1月5日

由甘肃省科技厅、甘肃省人社厅联合组织实施的特聘科技专家遴选工作结束，9名专家成为甘肃省首批特聘科技专家。首批特聘的专家中有院士2人，外国专家2人，分布在节能环保、清洁能源、清洁生产、循环农业、中医中药、先进制造等6个生态产业。

1月5日

甘肃省科技厅、甘肃省交通运输厅召开甘肃省交通运输科技创新工作座谈会，签订《关于科技创新驱动加快交通强国建设甘肃实践协同发展合作协议》。甘肃省科技厅副厅长葛建团、甘肃省交通运输厅副厅长王贵玉代表双方签署协议。

1月8日

中共甘肃省委直属机关工作委员会公布了省直机关党员干部助推脱贫攻坚帮扶工作优秀微视频征集展播活动获奖作品名单，甘肃省科技厅报送的微视频《科技飞入山区百姓家》获二等奖。

1月12日

国家机关事务管理局、国家发展和改革委员会、财政部印发《关于公布2019-2020节约型公共机构示范单位和能效领跑者名单的通知》（国管节能〔2020〕400号），甘肃省科技厅荣获国家级"公共机构能效领跑者"荣誉称号，成为本次评选中全国科技管理系统和甘肃省级党政机关中首家获此殊荣的单位。

1月19日

科技部火炬中心按照《国家火炬特色产业基地建设管理办法》（国科火〔2015〕163号）要求，对2015、2016年核定的52家火炬特色产业基地建设情况进行了复核。经有关专家及第三方评价机构独立评价，甘肃省武威天祝高性能碳基材料特色产业基地顺利通过复核。

1月22日

甘肃省科技厅、甘肃省政府国资委共同组织工作会商并签署合作协议，共同推动省属国有企业科技创新工作。甘肃省科技厅副厅长葛建团和甘肃省政府国资委党委委员成平和共同签订《共同推动省属企业科技创新工作合作协议》。

1月26日

科技部火炬中心公布了2020年度新认定国家级科技企业孵化器名单，甘肃西软科技孵化器、金昌科创孵化器2家科技企业孵化器在列。截至"十三五"期末，甘肃省国家级科技企业孵化器总数达到了12家。

1月29日

甘肃省科技厅与甘肃省卫健委、甘肃省药监局联合组织召开2020年度新建省级临床医学研究中心建设推进会。截至2021年1月，甘肃省已有省级临床医学研究中心25家，国家临床医学研究中心分中心6家。

2月1日

由科技部（国家外专局）与深圳市人民政府主办的第十八届中国国际人才交流大会于2020年7~11月以网上大会为主要展洽形式成功举办，甘肃省科技厅因在本次大会展示科技创新及引才引智成果内容上的形式新颖、功能丰富而荣获最佳展示奖，并收到大会组委会的感谢信。

2月4日

2021年甘肃省科技工作会议召开。会议总结回顾"十三五"和2020年甘肃省科技工作成效，擘画部署"十四五"和2021年重点工作任务。甘肃省政府副省长张世珍、副秘书长王晓阳出席会议。甘肃省科技厅党组书记、厅长张世荣主持会议并作工作报告。

2月7日

科技部火炬中心印发《关于通报国家高新区评价（试行）结果的通知》（国科火字〔2021〕48号），根据公布的2020年度国家高新区评价结果，兰州、白银高新区在全国169家高新区中综合排名分别位列第65名和第128名，较上年排名分别上升5位和1位。

2月23日

甘肃省政府下达批复，同意庆阳市依托庆城驿马工业集中区设立甘肃省庆城高新技术产业开发区，同意定西市依托陇西经济开发区设立甘肃省陇西高新技术产业开发区。截至2021年2月，甘肃省省级高新区数量达到9家。

3月5日

甘肃省科技厅联合甘肃省政府外事办、省（市）欧美同学会、兰州市科技局、兰州市公安局、兰州高新区经科局在兰州高新区中国·兰州留学人员创业园组织了"引智服务政策进院企"政策宣讲活动，为兰州高新区内50余家有聘请外国人工作需求企业的负责人、业务办理人提供了面对面的政策宣讲和答疑。

3月11日

甘肃省政府副省长张世珍带领甘肃省科技厅厅长张世荣等有关同志，先后在北京拜会了中国工程院和中国科学院，并举行深化合作座谈会。中国工程院院长李晓红、副院长何华武及三局有关同志，中国科学院副院长张涛、相关业务局负责同志和兰州分院院长肖国青等出席了座谈会。

3月15日

甘肃省科技厅采取线上线下融合的方式组织召开甘肃省科技重大专项"丝绸之路经济带食品质量安全检验检测技术创新合作研究与平台建设"国际合作项目验收会。甘肃省科技厅党组成员、副厅长巨有谦出席会议并致辞，塔吉克斯坦国家科学院前院长伊洛洛夫院士、生物安全实验室主任纳西诺娃，甘肃省商业科技研究所有限公司董事长杜建泉参加会议并讲话。

3月19日

由甘肃省科技厅（兰州白银国家自主创新示范区办公室）、上海市张江国家高新技术产业开发区联合主办，兰州科技大市场管理有限责任公司、《中国企业报》中企视讯共同承办的"张江·兰白服务企业直通车暨兰白试验区、兰白自创区生物医药领域专场线上推介会"活动成功举行。

3月29日

科技部科技监督与诚信建设司副司长马宏建、评估评价指导处处长邱旭生一行来甘开展"落实科技评价改革政策 推动作风学风转变问题"调研工作。甘肃省科技厅党组成员、副厅长巨有谦陪同调研。

4月13日

甘肃省科技厅党组书记、厅长张世荣率有关高校、科研院所、市州科技局负责同志，专程赴天津市就做好新发展阶段两地科技协作、巩固拓展脱贫攻坚成果同乡村振兴有效衔接开展对接交流。

4月15日

甘肃省科技厅党组书记、厅长张世荣带队赴科技部农村中心拜访了科技部农村中心主任邓小明，就甘肃省"100+N"开放协同创新体系建设有关工作进行了对接并举行了座谈会，农村中心副主任孙传范及各处室负责同志参加座谈会。

4月21日

甘肃省科技厅举办甘肃省技术经纪人培训班暨技术市场工作推进会，厅党组成员、副厅长巨有谦、二级巡视员任贵忠参加会议。会上宣布了甘肃省第三批省级技术转移示范机构名单、宣读了通报表扬2020年度甘肃省技术市场先进集体和先进个人的通知，并为甘肃省第三批技术转移示范机构授牌、向甘肃省技术市场先进集体、个人代表颁发荣誉证书。

4月24日

科技部基础司会同甘肃省科技厅，邀请相关领域专家在兰州召开了"省部共建干旱生境作物学国家重点实验室建设运行实施方案论证会"。会议由甘肃省科技厅党组成员、副厅长王彬主持。科技部基础司基地处副处长李旭彦、甘肃农业大学党委书记赵凯、校长赵兴绪、副校长郁继华、柴强等出席会议。

5月6日

甘肃省扶贫开发办公室和天津市东西部扶贫协作和支援合作工作领导小组办公室联合下达天津市2021年东西部协作财政援助资金支持计划，支持津甘东西部科技协作设立科技创新专项资金，每个帮扶县不低于100万元，共计3400万元。

5月6日

甘肃省脱贫攻坚帮扶工作协调领导小组印发《关于2020年省直和中央在甘单位帮扶工作考核情况的通报》（甘帮领发〔2021〕2号），对甘肃省289个省直和中央在甘单位2020年度帮扶工作考核情况进行了通报。经考核，甘肃省科技厅被评为"好"等次。

5月8日

科技部公布国家国际科技合作基地2020年度评估结果，全国698家国合基地参加评估，甘肃省18家国家国际科技合作基地参评，其中"草地农业生态国际联合研究中心"和"国际反质子与离子大科学研究国际科技合作基地"评估结果为优秀。

5月13日

科技部火炬高技术产业开发中心副主任李有平一行围绕"兰白两区高质量发展、产业转移和营商环境建设"专程来甘开展考察调研，召开了兰州白银国家自主创新示范区、兰白科技创新改革试验区建设协调会。会议由甘肃省科技厅党组成员、副厅长朱晓力同志主持。

5月14日

甘肃省科技厅召开2021年度第一批甘肃省企业创新联合体重大科技项目评审会，邀请甘肃省相关领域的5名专家对2021年度第一批甘肃省企业创新联合体承担的项目进行了评审。

5月15日

由甘肃省科技厅、甘肃省科协主办，甘肃省生产力促进中心承办的2021年全国科普讲解大赛预选赛暨甘肃省第六届科普讲解大赛总决赛在兰州落下帷幕。来自甘肃科技馆的张曜红、甘肃省第二人民医院的梁磊和兰州资源环境职业技术学院的李旭炯获得一等奖，甘肃省第二人民医院的柳伟等7名选手获得二等奖，甘肃省气象局的王维等10名选手获得三等奖，决赛还评选出了"2021年度甘肃十佳科普使者"。

5月21日

由科技部中国农村技术开发中心和甘肃省科技厅共同主办的"100+N"开放协同创新体系建设暨甘肃农业科技创新发展研讨会在兰州召开。甘肃省人民政府副省长张世珍、科技部农村中心主任邓小明出席会议并讲话。会议由甘肃省科技厅党组书记、厅长张世荣主持。

5月22日

2021年甘肃省科技活动周启动仪式暨中国共产党领导甘肃科技发展成就展在兰州举行。甘肃省副省长张世珍出席启动仪式。活动周举办中国共产党领导甘肃科技发展成就展、科普展览互动体验、2021年"十佳科普使者"讲解、"科学之夜"、科技为民重大示范活动等。

5月24日

科技部中国农村技术开发中心、甘肃省科技厅在科技特派员制度发源地——福建南平，共同主办甘肃省科技特派员能力素质提升专题培训班。来自甘肃省各市（州）及相关高等院校、科研院所近50名科技特派员参加此次培训班。

6月9日

中国工程院三局副局长黄海涛一行，专程来甘肃省科技厅调研指导省院战略合作系列活动筹备工作。厅党组成员、副厅长朱晓力陪同调研并主持召开座谈会，厅二级巡视员何维华，厅机关相关处室、后勤服务中心和省科技情报研究所负责同志参加座谈。

6月10日

由甘肃省科技厅组织的甘肃省科技型中小企业科技创新政策培训班共三期，分别在兰州（兰白片区）、天水（河东片区）、张掖（河西片区）成功举办。各市州科技主管部门负责同志及科技型中小企业负责人共计240余人参加培训。

6月16日

兰州大学动物医学与生物安全学院成立，中国农业科学院党组书记张合成，兰州大学党委书记马小洁，中国科学院院士、兰州大学校长严纯华，中国科学院院士、武汉大学副校长舒红兵，甘肃省科技厅党组书记、厅长张世荣等共同为兰州大学动物医学与生物安全学院揭牌。

6月19日

由甘肃省教育厅、甘肃省科技厅、共青团甘肃省委等共同主办，甘肃农业大学和临夏州人民政府联合承办的第十一届全国大学生电子商务"创新、创意及创业"挑战赛甘肃赛区决赛在临夏州顺利收官，来自甘肃省36所高校的3691支项目团队、21 000名师生报名参加此次大赛，参赛规模创历史新高。

6月26日

由中国有色金属学会主办，甘肃省科技厅、甘肃省科协、甘肃省金属学会和有研科技集团联合承办的中国有色金属学会第十三届学术年会在甘肃国际会展中心开幕。甘肃省副省长张世珍，中国科学技术协会党组成员、书记处书记吕昭平，中国有色金属学会理事长贾明星出席开幕式并致辞。来自全国各地的14位院士、国内外知名专家学者及企业管理者1500余人参会。

6月28日

甘肃省科技厅在科技部（国家外专局）举办的深圳第十九届中国国际人才交流大会上因筹备组织工作中的优秀表现，被大会组委会授予最佳组织奖，这是继去年第18届国际人才交流大会线上展示荣获最佳展示奖后再次获得的殊荣。

科技大事记

7月2日

由科技部成果转化与区域司、国务院发展研究中心创新发展研究部、北京长城战略咨询公司等专家组成的调研组，围绕"总结自创区建设成果、提炼高质量发展经验模式、找准'两区'职能发挥面临困难瓶颈"专程来甘考察调研，并召开了自创区建设座谈会。会议由甘肃省科技厅党组书记、厅长，自创区领导小组办公室主任张世荣主持。

7月8日

由甘肃省科技厅和甘肃省发展和改革委员会等部门联合主办的第十届中国创新创业大赛（甘肃赛区）正式启动。

7月8日

天津援甘科技项目启动会在天水召开。天津市科技局总工程师王凤云，天津市科技局二级巡视员、农社处处长刘建军，津甘"双地"科技特派员、企业代表及甘肃省科技厅农村科技处、有关市（县）科技局、农业农村局、乡村振兴局有关负责同志参加会议。

7月9日

以"科技创新、成果转化、知识产权"为主题的第27届兰洽会系列活动"'一带一路'科技创新、知识产权高峰论坛"在兰成功举办。本次论坛由甘肃省政府主办，甘肃省科技厅、甘肃省市场监管局承办，丝绸之路国际知识产权港有限责任公司、上海新净信知识产权服务股份有限公司、弘毅天承知识产权股份有限公司具体协办。

7月12日

由甘肃省科技厅（兰州白银国家自主创新示范区办公室）、上海市张江国家高新技术产业开发区联合主办，兰州科技大市场管理有限责任公司、《中国企业报》中企视讯共同承办的"张江·兰白服务企业直通车暨第27届兰洽会兰白自创区、兰白试验区创新政策线上推介会"活动成功举行。

7月13日

中共甘肃省委办公厅、甘肃省人民政府办公厅印发《关于深化科技体制机制改革创新 推动高质量发展的若干措施》（甘办发〔2021〕28号），从加强平台建设、完善投入机制、促进成果转化、推动科技金融融合、完善科技管理和评价机制、提升创新主体创新能力、加强人才培育、强化组织保障等8部分，重点解决甘肃省科技领域存在的短板及问题。

7月15日

甘肃省科技厅党组成员、副厅长巨有谦带队赴甘肃省公安厅会商共建"科技兴警"合作机制，调研甘肃省公安厅科技信息化工作，参观甘肃公安融媒体中心、甘肃省公安厅合成作战中心及相关重点实验室。

7月30日

由甘肃省科技厅、甘肃省工业和信息化厅、张掖市人民政府、中国科学院兰州化学物理研究所共同主办的第十五届中国凹凸棒石高层论坛在张掖市临泽县成功举办。中国科学院院士程津培、吴云东、段雪、刘维民，中国非金属矿工业协会、甘肃省相关部门、中国科学院兰州分院、中国科学院兰州化物所，安徽省明光市，甘肃省张掖市、白银市等相关领导，凹凸棒石产业领域专家学者、企业代表共300多人参会。

7月31日

山东省科技厅党组书记、厅长唐波带领有关处（室）、单位负责同志一行赴甘肃省调研考察东西部协作工作，并在甘肃省科技厅召开鲁甘东西部科技协作工作座谈会。

8月1日

甘肃省人民医院在兰举行甘肃省睡眠临床医学研究中心授牌及分中心成立签约大会。甘肃省科技厅党组成员、副厅长巨有谦，省卫健委二级巡视员王彦成参加会议并致辞。

8月21日

由甘肃省科技厅、甘肃省发展和改革委员会、兰州高新技术产业开发区管委会联合主办的第十届中国创新创业大赛（甘肃赛区）复赛在兰州高新区科技孵化大楼圆满落幕。本届大赛甘肃省共有328家企业报名参赛，最终确认241家企业进入初赛，171家企业晋级复赛。

8月24日

甘肃省科技厅联合教育、财政、人社、审计、国资委等部门印发了《关于推进赋予科研机构和人员自主权有关政策落实的通知》，为高等学校、科研院所和企业等创新主体在落实政策时"扶上马"再"送一程"，指导创新主体用好用活创新政策，为科研人员"松绑"又打出一记新招。

8月26日

中国工程院、甘肃省人民政府合作协议签约暨中国工程科技发展战略甘肃研究院揭牌仪式在兰州举行。中国工程院党组书记、院长李晓红，甘肃省委书记、省人大常委会主任尹弘共同为甘肃研究院揭牌，甘肃研究院是全国第19家地方战略研究院。甘肃省委副书记、省长任振鹤向受聘担任甘肃研究院名誉院长、专家委员会主任和副主任的院士颁发聘书。中国工程院副院长邓秀新、甘肃省副省长张世珍代表双方签署合作协议。屠海令、康绍忠院士作交流发言。张世珍主持仪式并介绍甘肃科技创新情况。

9月9日

由甘肃省科技厅、甘肃省发展和改革委员会、兰州高新技术产业开发区管委会联合主办的第十届中国创新创业大赛（甘肃赛区）决赛圆满落幕。本次大赛产生一等奖2项、二等奖4项、三等奖6项，企业优秀奖33项，优秀组织奖11名。

9月16日

科技部成果转化与区域创新司副司长张勇强一行围绕"陇沪相关合作开展、合作机制建立情况"专程来甘考察调研，并召集兰白两区建设实施主体及相关企业代表召开座谈会。甘肃省科技厅副厅长李兴华陪同调研并主持座谈会。

10月11日

甘肃省科学技术（专利）奖励大会在兰州举行，表彰为甘肃省科技进步和经济社会发展做出突出贡献的集体和个人。与会领导为甘肃省科技功臣奖获得者和2020年度甘肃省科学技术奖、专利奖获得者代表颁奖。2020年度甘肃省科学技术奖授奖项目153项，专利奖授奖项目65项。

11月3日

2020年度国家科学技术奖励大会召开，2020年度国家科学技术奖共评选出获奖成果264项，由甘肃省相关单位主持或参与的10项成果获得奖励。

11月18日

2021年中国科学院和中国工程院院士增选结果揭晓，甘肃省4名科学家入选。其中，兰州大学黄建平教授、周又和教授当选为中国科学院院士，兰州空间技术物理研究所李得天研究员、中国科学院西北生态环境资源研究院冯起研究员当选为中国工程院院士。

12月7日

由甘肃省科技厅、兰州市科技局主办的第六届中国创新挑战赛（甘肃·兰州）线上竞争对接会成功举办。来自省内外高校、院所、企业的62支挑战团队的75个解决方案，与本届赛事发布的53项个性化技术需求进行线上一对一"揭榜攻关",经过深入洽谈,41支挑战团队对接成功并签订产学研合作协议,签约金额2860万元。

12月11日

津甘"双地"科技特派员牦牛产业专家工作站揭牌仪式暨津甘东西部科技创新协作专项项目启动会在甘肃省夏河县成功举办。甘肃省科技厅二级巡视员任贵忠、天津市科技局社农处处长吴晓、天津市援甘指挥部高级工程师尤宏争、甘南州畜牧工作站站长包永清分别致辞,并共同为津甘"双地"科技特派员牦牛产业专家工作站揭牌。

12月16日

甘肃省科技厅区域处会同中国工程科技发展战略甘肃研究院及省内项目参与单位代表一行,赴北京有研科技集团有限公司,拜会甘肃研究院名誉院长、"甘肃省冶金及新材料产业发展战略研究"项目负责人屠海令院士,召开项目对接会,并赴中国工程院三局专题汇报对接院地合作计划相关事宜。

12月23日

甘肃省科技厅组织召开甘肃省中西医结合防治新冠肺炎科研攻关项目研讨会,这是继2020年紧急启动"甘肃省应对新冠肺炎疫情科研攻关特别专项"以来,甘肃省科技厅再次启动有关新冠肺炎疫情的专项科研攻关。兰州大学第一医院、甘肃省中医院、兰州大学、甘肃中医药大学等有关单位专家,甘肃省科技厅社发处及项目管理专业机构有关同志参加了会议。

12月25日

依托兰州大学第一医院建设的甘肃省放射影像医学临床医学研究中心及分中心授牌仪式在兰举行。甘肃省科技厅社发处负责同志为中心成立授牌并致辞。

12月27日

甘肃省科技厅下达2021年落实《甘肃省支持科技创新若干措施》奖补资金项目,对科技部2020年度评估结果为优秀等次的兰州大学"草地农业生态国际联合研究中心"和中科院近物所"国际反质子与离子大科学研究国际科技合作基地"分别奖补300万元。

附 录

2021–2022年甘肃省出台的重大科技创新政策及文件目录

文件名称	发布部门	文号
《甘肃省人民政府办公厅关于统筹推进全省算力资源统一调度的指导意见》	甘肃省政府办公厅	甘政办发〔2022〕115号
《甘肃省人民政府办公厅印发关于支持全国一体化算力网络国家枢纽节点（甘肃）建设运营若干措施的通知》	甘肃省政府办公厅	甘政办发〔2022〕103号
《甘肃省人民政府办公厅关于印发甘肃省省级高新技术产业开发区认定管理办法的通知》	甘肃省政府办公厅	甘政办发〔2022〕106号
《甘肃省人民政府办公厅关于印发甘肃省进一步强化金融支持中小微企业纾困发展实施方案的通知》	甘肃省政府办公厅	甘政办发〔2022〕101号
《甘肃省人民政府办公厅关于印发进一步加大对中小微企业纾困帮扶力度若干措施的通知》	甘肃省政府办公厅	甘政办发〔2022〕32号
《甘肃省人民政府办公厅关于印发甘肃省科技成果评价办法的通知》	甘肃省政府办公厅	甘政办发〔2021〕118号
《甘肃省人民政府办公厅关于印发振兴河西国家玉米繁育制种基地实施方案的通知》	甘肃省政府办公厅	甘政办发〔2021〕110号
《甘肃省人民政府办公厅关于印发甘肃省"十四五"科技创新规划的通知》	甘肃省政府办公厅	甘政办发〔2021〕90号
《甘肃省省级科技计划专项资金管理办法》	甘肃省财政厅 甘肃省科学技术厅	甘财科〔2022〕4号
《甘肃省科技成果登记办法》	甘肃省科学技术厅	甘科成规〔2022〕2号
《甘肃省新能源关键共性技术攻坚行动实施方案（2022-2024年）》	甘肃省科学技术厅 甘肃省发展和改革委员会	甘科高〔2022〕3号
《甘肃省高新技术企业倍增工作方案（2022-2025年）》	甘肃省科技厅 甘肃省财政厅 国家税务总局甘肃省税务局	甘科高〔2022〕2号
《甘肃省技术先进型服务企业认定管理办法》	甘肃省科学技术厅、甘肃省财政厅、国家税务总局甘肃省税务局、甘肃省商务厅、甘肃省发展和改革委员会	甘科高规〔2022〕1号
《甘肃省新型研发机构认定管理办法》	甘肃省科学技术厅	甘科计规〔2022〕4号
《甘肃省科技专员管理办法（试行）》	甘肃省科学技术厅	甘科高规〔2022〕3号

主要参考文献

1. 甘肃省统计局，国家统计局甘肃调查总队.甘肃发展年鉴2021 [M] .北京：中国统计出版社，2021
2. 甘肃省科学技术厅，甘肃省统计局，甘肃省教育厅.2021甘肃科技统计年鉴 [R] .2021
3. 甘肃省科学技术厅.2021甘肃科技发展报告 [M] .兰州：甘肃科学技术出版社，2021
4. 甘肃省科学技术厅，甘肃省科学技术奖励委员会办公室.甘肃省科学技术奖励公报.2022
5. 甘肃省知识产权局.甘肃省专利统计分析报告 [R] .2021
6. 中国科技发展战略研究院.中国区域科技创新评价报告2022 [R] .北京：科学技术文献出版社，2022
7. 2021年世界前沿科技发展态势及2022年趋势展望——综述篇
https://mp.weixin.qq.com/s/eVItHn885p8yHX8ttuA4vw
8. 风物长宜放眼量——2021年世界科技发展回顾·科技政策
https://www.cas.cn/kj/202201/t20220104_4820706.shtml
9. 两院院士评出"2021年中国/世界十大科技进展新闻"
https://nsfc.gov.cn/csc/20340/20289/59330/index.html
10. 2021年世界前沿科技发展态势总结及2022年趋势展望——信息篇
https://mp.weixin.qq.com/s/jCBrwfqiCa44-nWPCOG5HQ
11. 2021年世界前沿科技发展态势总结及2022年趋势展望——先进制造篇
https://mp.weixin.qq.com/s/oqFq3HBKoCN-oQFdw8cWig
12. 巡天探月问终极——2021年世界科技发展回顾·空间技术
https://www.cas.cn/kj/202201/t20220106_4820973.shtml
13. 中华人民共和国科学技术部网.http://www.most.gov.cn
14. 中华人民共和国中央人民政府网.http://www.gov.cn/
15. 新华网.http://news.china.com
16. 甘肃人民政府网站.http://www.gansu.gov.cn/
17. 甘肃省科学技术厅网.http://kjt.gansu.gov.cn/
18. 科聚网.https://www.gskeju.cn/
19. 甘肃统计信息网.http://www.gstj.gov.cn/
20. 甘肃省工业和信息化厅网.http://gxt.gansu.gov.cn/
21. 每日甘肃网.http://www.gansudaily.com.cn/

22.王宏广.关于地方科技管理改革及国家科技管理体系建设[R].战略研究参考（中国科学技术发展战略研究院），2015，32

23.郑健健.国家重点研发计划管理改革与项目遴选机制[Z].科技部项目管理培训，北京，2022-8-24

24.习近平.努力成为世界主要科学中心和创新高地.求是，2021，6:1-4

25.王欣，赵鹏，李清扬，等.半导体合成生物学的研究进展[J].化工学报，2021，72（05）:2426-2435

后 记

《2022甘肃科技发展报告》（以下简称"报告"）在保持原有框架结构稳定的基础上，进一步丰富和完善内容，力求图文并茂、直观生动地反映甘肃省科技创新工作的新进展、新成果和新动向，为管理部门和科研人员全面、客观、深入了解科技创新进展，进行科学决策和科学研究提供基础数据和决策参考。

"报告"简述了国内外科技创新的进展和态势，全面反映了2021年甘肃省科技工作进展和取得的重大科技成就；展示了甘肃省具有代表性的新型研发机构建设进展及创新成效；围绕科技支撑甘肃"四强"行动、科技计划管理改革、新能源、新材料产业等方面的热点、重点和难点问题，邀请省内外知名专家开展专题研究和探讨；收录了2021-2022年甘肃省出台的重大科技创新政策和文件目录。

"报告"编写过程中得到了中国科学技术发展战略研究院、中国电力科学研究院有限公司、中国有研科技集团有限公司、甘肃省政府文史研究馆、甘肃省部分新型研发机构等单位的大力支持，甘肃省科技厅各业务处室及甘肃省市场监督管理局参与编写工作。在此对所有支持和参与"报告"编写工作的专家和领导致以深深的谢意！

感谢广大读者对"报告"的长期支持和关注，欢迎对本书的编辑工作提出宝贵的意见和建议。

"报告"中未作单独说明的数据均来自于甘肃省科技厅相关业务处室统计报表。"报告"中数据如与国家统计年鉴有出入，请以权威统计年鉴为准。

编写组

2022年12月